数据科学中的并行计算：以R，C++和CUDA为例

Parallel Computing for Data Science with Examples in R,C++ and CUDA

[美] 诺曼 · 马特洛夫 著
汪 磊 寇 强 译

Norman Matloff

Parallel Computing for Data Science with Examples in R,C++ and CUDA

Norman Matloff

ISBN: 978-1-4665-8701-4

图书在版编目（CIP）数据

数据科学中的并行计算：以 R，C++和 CUDA 为例/
〔美〕诺曼・马特洛夫（Norman Matloff）著；汪磊，寇强译.
—西安：西安交通大学出版社，2017.9
书名原文：Parallel Computing for Data Science：with Examples in R,C++ and CUDA
ISBN 978-7-5605-9958-8
I. ①数… II. ①诺… ②汪… ③寇… III. ①并行算法-研究
IV. ①TP301.6
中国版本图书馆 CIP 数据核字(2017)第 196220 号

书　名　数据科学中的并行计算：以 R，C++和 CUDA 为例
著　者　〔美〕诺曼・马特洛夫
译　者　汪磊　寇强

出版发行　西安交通大学出版社
（西安市兴庆南路 10 号　邮政编码 710049）
网　址　http://www.xjtupress.com
电　话　(029)82668357　82667874(发行中心)
(029)82668315 (总编办)
传　真　(029)82669097
印　刷　陕西宝石兰印务有限责任公司

开　本　720 mm×1000 mm　1/16　印 张　20.75
印　数　0001~2000 册　字 数　362 千字
版次印次　2017 年 12 月第 1 版　2017 年 12 月第 1 次印刷
书　号　ISBN 978-7-5605-9958-8
定　价　72.00 元

读者购书、书店添货如发现印装质量问题，请与本社发行中心联系、调换。
订购热线：（029）82665248　（029）82665249
投稿热线：（029）82665397
读者信箱：banquan1809@126.com

译者序

21 世纪的第二个十年，随着计算能力的巨大提升和移动互联网的迅猛发展，大数据时代拉开了它的帷幕。大数据时代的显著特点就是数据量大，对数据处理的速度和时效提出了苛刻的要求。

在传统的串行计算下，多核的计算机/集群等只有一个内核能够进行有效的工作，这就造成了计算性能的浪费。并行计算概念的提出，则解决了这个性能浪费的问题。它能够协调多个内核共同计算，极大地提升了计算速度，从而满足了大数据时代人们对高速处理数据的需求。

Norman Matloff 教授在加州大学戴维斯分校教授计算机科学，对计算机架构和算法了然于心。更值得一提的是，他还是该校统计系的创始人之一，不但教授本科的统计课程，还在统计系硕士和博士的考试委员会担任多个职务。对于统计理论的熟悉，使得他在使用计算机编程处理统计问题的时候，更加得心应手。该书即是他在并行计算方向上多年经验的总结。

本书不是一本并行计算的理论教材。该书别出心裁，使用实例手把手地教会读者掌握并行计算的基本概念和操作。在提纲挈领地介绍了如何在 R 中使用并行方法之后，作者带领我们学习了多线程和多进程，以及并行调度等方面的知识和技能。随后，作者用详尽的篇幅讲述了如何使用 R、C++ 和 CUDA 分别来进行共享内存范式编程和消息传递范式编程。本书在讲述了当前流行的 MapReduce 之后，又详细讲解了如何并行地实现串行计算下所对应的排序、扫描、矩阵乘法等经典算法。在本书的最后，作者讲述了如何使用并行计算来进行统计。此外，本书的附录中对线性代数、R 和 C 也做了简明的介绍，方便不熟悉的读者迅速入门。

值得一提的是，Matloff 教授的汉语也非常熟练，在本书的翻译过程中，他也给出了相应的建议和意见。编辑李颖为本书的编辑工作提出了不少中肯的建议和意见，并为本书的顺利出版做出了巨大的努力。在这里对他们一并表示感谢。

本书两位译者的协作，跨越了大洋和时差。翻译的日子中酸甜苦乐，都化作段子互相慰藉。不禁让人想到，人的命运啊，当然要靠自我奋斗，但是也要考虑到历史的行程。时代带给我们的，永远值得珍惜。

译者于北京
2017 年 8 月

前 言

感谢你对本书感兴趣。我很享受写书的过程，也希望这本书对你非常有用。为达此目的，这里有几点事情我希望说清楚。

本书目标：

我很希望这本书能充分体现它标题的含义——数据科学中的并行计算。和我所知道的其他并行计算的书籍不同，这本书里你不会碰到任何一个求解偏微分方程或其他物理学上的应用。这本书真的是为了数据科学所写——无论你怎样定义数据科学，是统计学、数据挖掘、机器学习、模式识别、数据分析或其他的内容 [1]。

这不仅仅意味着书里的实例包括了从数据科学领域中选取的应用，这也意味着能够反映这一主题的数据结构、算法和其他内容。从经典的“n 个观测，p 个变量”的矩阵形式，到时间序列，到网络图模型和其他数据科学中常见的结构都会囊括其中。

本书包含了大量实例，以用于强调普遍的原理。因此，在第 1 章介绍了入门的代码实例后（没有配套的实例，这些普遍的原理也就没有任何意义），我决定在第 2 章里解释可以影响并行计算速度的一般因素，而不是集中介绍如何写并行代码。这是一个至关重要的章节，在后续的章节中会经常提到它。事实上，你可以把整本书看成如何解决第 2 章开头所描述的那个可怜的家伙的困境：

> 这里有一个很常见的情景：一个分析师拿到了一台崭新的多核机器，这台机器能做各种神奇的事情。带着激动的心情，他在这台新机器上写代码求解他最

[1] 比较讽刺的是，我个人并不是很喜欢数据科学这个术语，但它的确可以包含很多不同的观点，这个词也可以强调本书是关于数据的，而不是物理学问题。

喜欢的大规模的问题，却发现并行版本的运行速度比串行的还慢。太令人失望了！现在让我来看看究竟什么因素导致了这种情形……

本书标题里的计算一词反映了本书的重点真的是在计算上。这和诸如以 Hadoop 为代表的分布式文件存储等的并行数据处理不同，尽管我还是为相关话题专门写了一个章节。

本书主要涵盖的计算平台是多核平台、集群和 GPU。另外，对 Thrust 也有相当程度的介绍。Thrust 极大地简化了在多核机器和 GPU 上的编程任务，并且同样的代码在两种平台上都可以运行。我相信读者会发现这部分材料非常有价值。

需要指出一点，这本书不是一本用户手册。尽管书中使用了诸如 R 的 **parallel** 和 **Rmpi** 扩展包、OpenMP、CUDA 等特定工具，但这么做仅仅是为了让问题具体化。本书会给读者带来有关这些工具的非常扎实的入门介绍，但不会提供诸如不同函数的参数、环境选项等内容。本书的目的是，希望读者阅读完本书后，为进一步学习这些工具打下良好基础，更重要的是，读者今后可以使用多种语言编写高效的并行代码，无论是 Python、Julia，还是任何其他语言。

必要的背景知识：

如果你认为你已经可以相对熟练地使用 R，那本书的大多数内容你应该都可以读懂。在一些章节里，我们需要使用 C/C++，如果你想仔细阅读学习相关章节，需要具备相关的背景知识。然而，即使你不怎么了解 C/C++，你也应该会发现这些章节很容易读懂，并且相当有价值。附录里包括了针对 C 程序员的 R 简介和针对 R 用户的 C 语言简介。

你需要熟悉基础的矩阵运算，主要是相乘和相加。有时我们也会使用一些更高级的运算，比如求逆（以及与之相关的 QR 分解）和对角化。这些内容在附录 A 中有涉及。

机器设备：

除了特别说明的地方，本书中所有的计时实例都运行在一台 16 核允许两个超线程的 Ubuntu 机器上。我一般使用 2 到 24 个核，这应该和多数读者可以使用的平台类似。希望读者可以使用 4 到 16 核的多核系统，或者一个有几十个节点的集群。但即使你只有一个双核机器，应该仍会发现本书的材料非常有用。

对于那些少数有幸可以使用拥有几千个内核的集群的读者，书中的内容仍然适用。依据本书中对这种系统的观点，那个著名问题“这可扩展吗？”的答案一般是否定的。

CRAN 扩展包和代码：

本书使用了我在 CRAN，即 R 的软件贡献库（`http://cran.r-project.org`）上的几个扩展包：**Rdsm**、**partools** 和 **matpow**。

本书的示例代码都可以从作者的网站下载,`http://heather.cs.ucdavis.edu/pardatasci.html`。

关于字体的说明：

函数名和变量名，还有 R 扩展包（不包括其他语言的扩展包）使用粗体。代码片段使用 LaTeX 中的 **lstlisting**，并根据 R 或 C 语言有所改动。数学量使用斜体[2]。

致谢：

感谢所有为本书提供直接或间接有用信息的各位人士。按照姓氏字母排序，他们有 JJ Allaire、Stuart Ambler、Matt Butner、Federico De Giuli、Matt Dowle、Dirk Eddelbuettel、David Giles、Stuart Hansen、Richard Heiberger、Bill Hsu、Michael Kane、Sameer Khan、Bryan Lewis、Mikel McDaniel、Richard Minner、George Ostrouchov、Drew Schmidt、Lars Seeman、Marc Sosnick 和 Johan Wikström。我非常感谢 Hsu 教授为我提供了 GPU 的高级设备，也非常感谢 Hao Chen 教授允许我使用他的多核系统。

在 Michael Kane 和 Jay Emerson 开发 **bigmemory** 扩展包的同时，我开始了 **Rdsm** 扩展包的开发，本书里部分章节也使用了它。自从我们发现了彼此的工作之后，开始了非常有价值的邮件交流。事实上，在我新版本的扩展

[2]原书中排版前后多处不一致，现已根据我国习惯进行了统一调整。正文与程序段有相同的变量时，字体已作统一。——译者注

包中，之所以决定使用 **bigmemory** 作为底层之一，是因为它可以使用外部存储。在和 Michael 以及 Bryan Lewis 后来的对话中，我也获益良多。

这里非常感谢内部的审阅者 David Giles、Mike Hannon 和 Michael Kane。我要特别感谢我的老朋友 Mike Hannon，他提供了非常详尽的反馈。非常感谢 John Kimmel，Chapman and Hall 出版社的统计主编，他从一开始就非常支持我。

我的妻子 Gamis 和女儿 Laura 那感染性的幽默感和对生活的热情，极大地帮助了我的所有工作。

作者简介

Matloff 博士出生于洛杉矶，在东洛杉矶和圣盖博谷两个地方长大。他在加州大学洛杉矶分校获得了纯粹数学的博士学位，学术研究方向为概率论和统计。他在计算机科学和统计学方向发表了大量论文，现在的研究方向是并行处理、统计计算和回归方法。他也是 *Journal of Statistical Software* 的编委之一。

Matloff 教授曾是国际信息处理联合会 11.3 工作组的成员，该组织是联合国教科文组织（UNESCO）下设的一个数据库软件安全国际委员会。他也是加州大学戴维斯分校统计系的创始人之一，并参与了该校计算机科学系的建立。他在戴维斯分校被授予了杰出教学奖和杰出公众服务奖。

目录

译者序 **1**

前 言 **3**

作者简介 **7**

第 1 章 R 语言中的并行处理入门 **1**

1.1 反复出现的主题：良好并行所具有的标准 1
1.2 关于机器 2
1.3 反复出现的主题：不要把鸡蛋放在一个篮子里 3
1.4 扩展示例：相互网页外链 3

第 2 章 “我的程序为什么这么慢?”：速度的障碍 **15**

2.1 速度的障碍 15
2.2 性能和硬件结构 16
2.3 内存的基础知识 17
2.4 网络基础 20
2.5 延迟和带宽 21
2.6 线程调度 26
2.7 多少个进程/线程? 27
2.8 示例：相互外链问题 27
2.9 “大 O”标记法 28
2.10 数据序列化 29
2.11 “易并行”的应用 29

第 3 章 并行循环调度的准则 31
3.1 循环调度的通用记法 32
3.2 snow 中的分块 33
3.3 关于代码复杂度 36
3.4 示例：所有可能回归 36
3.5 partools 包 48
3.6 示例：所有可能回归，改进版本 48
3.7 引入另一个工具：multicore 54
3.8 块大小的问题 61
3.9 示例：并行距离计算 62
3.10 foreach 包 67
3.11 跨度 71
3.12 另一种调度方案：随机任务置换 71
3.13 调试 snow 和 multicore 的代码 74

第 4 章 共享内存范式：基于 R 的简单介绍 76
4.1 是什么被共享了？ 77
4.2 共享内存代码的简洁 80
4.3 共享内存编程的高级介绍：Rdsm 包 80
4.4 示例：矩阵乘法 82
4.5 共享内存能够带来性能优势 88
4.6 锁和屏障 90
4.7 示例：时间序列中的最大脉冲 93
4.8 示例：变换邻接矩阵 95
4.9 示例：k-means 聚类 102

第 5 章 共享内存范式：C 语言层面 112
5.1 OpenMP 112
5.2 示例：找到时间序列中的最大脉冲 113
5.3 OpenMP 循环调度选项 121
5.4 示例：邻接矩阵的变换 124
5.5 示例：邻接矩阵，R 可调用的代码 130
5.6 C 加速 142
5.7 运行时间与开发时间 143

5.8 高速缓存/虚拟内存的深入问题 143
5.9 OpenMP 中的归并操作 149
5.10 调试 152
5.11 Intel Thread Building Blocks(TBB) 154
5.12 无锁同步 155

第 6 章 共享内存范式：GPU **157**
6.1 概述 157
6.2 关于代码复杂性的再讨论 158
6.3 章节目标 158
6.4 英伟达 GPU 和 CUDA 简介 159
6.5 示例：相互反向链接问题 169
6.6 GPU 上的同步问题 172
6.7 R 和 GPU 174
6.8 英特尔 Xeon Phi 芯片 175

第 7 章 Thrust 与 Rth **176**
7.1 不要把鸡蛋放在一个篮子里 176
7.2 Thrust 简介 177
7.3 Rth 177
7.4 略过 C++ 相关内容 177
7.5 示例：计算分位数 178
7.6 Rth 简介 182

第 8 章 消息传递范式 **186**
8.1 消息传递概述 186
8.2 集群模型 187
8.3 性能问题 187
8.4 Rmpi 188
8.5 示例：计算素数的流水线法 190
8.6 内存分配问题 200
8.7 消息传递的性能细节 201

第 9 章 MapReduce 计算 **204**
9.1 Apache Hadoop 204

9.2 其他 MapReduce 系统 209
9.3 MapReduce 系统的 R 接口 210
9.4 另一个选择："Snowdoop" 210

第 10 章 并行排序和归并 **214**
10.1 难以实现的最优目标 214
10.2 排序算法 214
10.3 示例：R 中的桶排序 218
10.4 示例：使用 OpenMP 的快排 219
10.5 Rth 中的排序 222
10.6 计时比较 224
10.7 分布式数据上的排序 225

第 11 章 并行前缀扫描 **227**
11.1 一般公式 227
11.2 应用 228
11.3 一般策略 229
11.4 并行前缀扫描的实现 232
11.5 OpenMP 实现的并行 cumsum() 232
11.6 示例：移动平均 236

第 12 章 并行矩阵运算 **244**
12.1 平铺矩阵 244
12.2 示例：snowdoop 方法 246
12.3 并行矩阵相乘 247
12.4 BLAS 函数库 252
12.5 示例：OpenBLAS 的性能 253
12.6 示例：图的连通性 256
12.7 线性系统求解 259
12.8 稀疏矩阵 263

第 13 章 原生统计方法：子集方法 **266**
13.1 分块均值 266
13.2 Bag of Little Bootstraps 方法 273
13.3 变量子集 274

附录 A 回顾矩阵代数 **275**

A.1 术语和符号 275
A.2 矩阵转置 277
A.3 线性独立 277
A.4 行列式 277
A.5 矩阵求逆 278
A.6 特征值和特征向量 279
A.7 R 中的矩阵代数 279

附录 B R 语言快速入门 **282**

B.1 对照 282
B.2 启动 R 283
B.3 编程示例一 283
B.4 编程示例二 287
B.5 编程示例三 290
B.6 R 列表类型 291
B.7 R 中的调试 295

附录 C 给 R 程序员的 C 简介 **296**

C.1 示例程序 296
C.2 分析 297
C.3 C++ 298

索引 **301**

第 1 章 R 语言中的并行处理入门

抛开并行处理的理论总结，我们先从一个 R 语言的具体示例开始。理论总结的部分可以放在后面。但我们需要先把 R 语言放到一个恰当的语境中。

1.1 反复出现的主题：良好并行所具有的标准

本书大部分的示例都涉及到 R 编程语言，这是一种解释性语言。R 的核心操作都在语言内部进行了高效的实现，因而只要正确使用，R 语言一般能够提供较好的性能。

1.1.1 足够快

在亟需最大化执行速度的情景下，你可能希望使用编译语言，比如 C/C++，我们在本书中也偶尔这样做。但是，使用这些编译语言所得到的速度上的提升，相比付出的精力而言，有些不值。换句话说，我们有和 Pretty Good Privacy 安全系统[1]的一个类比：

良好并行所具有的标准：

在大多数情形下，“比较快”就足够了。从 R 语言换到 C/C++ 语言，可能使得编程、调试、维护所花费的时间变得非常长，因而把运行速度的提升作为更换语言的理由，显得不那么充分。

这就是各种并行 R 扩展包流行起来的原因。它们满足了编写并行代码，但仍然使用 R 的需求。例如，**Rmpi** 包提供了将 R 与消息传递接口（message

[1] Pretty Good Privacy，缩写为 PGP，是一个基于 RSA 公钥加密体系的加密软件。——译者注

passing interface, MPI）连接起来的功能。MPI 是一个被大范围使用的并行进程系统，通常 MPI 应用程序是用 C/C++ 和 FORTRAN [2] 所开发的。**Rmpi** 包可以让分析师在 R 语言中使用 MPI。**Rmpi** 包实际上是调用了 MPI，除此之外，R 用户也可以用 C/C++ 编写自己的应用代码，调用 MPI 函数，然后在 R 里面调用生成的 C/C++ 函数。要是这么做，用户就用不到前面提到的编程便捷性以及 R 中丰富的包。因此，最好的选择是通过 **Rmpi** 接口使用 MPI，而不是直接使用 C/C++。

本书的目标是给数据科学中的并行处理提供一个一般性的介绍。R 为数据与统计运算提供了一个强大、高级的丰富集合，这使得使用 R 语言编写的示例通常要比使用其他语言编写的示例更加简短。这样读者可以更加关注并行计算的方法本身，而不是被复杂的嵌套循环等其他细节分散注意力。这不仅在学习并行计算这个角度上很有用，而且当读者把这里所展示的代码和技术移植到 Python 和 Julia 等其他语言时，也会比较简单。

1.1.2 “R+X”

现在 R 中有个很主流的趋势叫做“R+X”，其中，“X”指的是一些别的语言或函数库。R+C 早在 R 的初期就很常见了，人们用 R 语言写主要的代码，用 C 或 C++ 写那些对速度有要求的部分代码。现在，X 可能是 Python、Julia、Hadoop、H_2O 或者其他很多东西。

1.2 关于机器

本书将会描述三种类型的机器：多核系统、集群以及图形处理单元（graphics processing unit, GPU）。就像在前言中所述，本书的目标读者不包括那些能够操作超级计算机的少数幸运儿（尽管这里所述的方法也适用于这些机器）。相反，本书假设大多数读者都能操作稍微普通一些的系统，比如 $4\sim16$ 核的多核系统，或者有几十个节点的集群，或者一块并非最新版的 GPU。

本书的大多数多核的示例都在一个 32 核的系统上运行过，在这个系统上我几乎没用过全部的内核（因为我的账户只是一个来宾帐户）。通常我都是由较小数目的核来开始计时的试验的，比如 2 到 4 个内核。

对于集群来说，我的“消息传递”软件通常都是在多核系统上运行的，有时也会在真的集群上运行，来演示一下开销的影响。

[2]为了简洁，后面将不再提及 FORTRAN，因为它在数据科学领域用的不多。

关于 GPU 的示例，通常都是运行在普通硬件上。

再说一遍，这里所用的方法，同样可以用在更强大的系统上，比如拥有多个 GPU 的庞大的超级计算机等。在这种系统上通常需要对代码进行调整，但这不在本书的讨论范围之内。

1.3 反复出现的主题：不要把鸡蛋放在一个篮子里

就在我写这段话的 2014 年，我们正处于一个令人激动的并行处理的时代。我们可以购买的家用硬件所具有的速度和并行能力，是十年前普通 PC 用户所不能想象的。软件也有巨大的进步；现在 R 语言中有很多并行处理的方法，本书中将会对其进行介绍；Python 也终于在几年前摆脱了它的 GIL 限制 [3]；C++11 内建了并行机制，等等。

尽管如此，由于这些丛生的乱象，如果展望未来的几年，我们会发现现在正处于一个相当不确定的状态。GPU 会变得越来越主流吗？如果 GPU 这个硬件类型一直保持性能优良，多核芯片还会继续包含很多内核吗？像 Intel Xeon Phi 这样的加速芯片会取代 GPU 吗？编程语言能跟上硬件的发展吗？

由于这个原因，可以使用多种硬件、也能被多种编程语言调用的软件包对用户有着巨大的吸引力。第 7 章和一些后面小节将要讨论的 **Thrust**，就是这种现象的缩影。同样的 **Thrust** 代码，既能在多核平台上运行，也能在 GPU 平台上运行，并且由于它是基于 C++ 的，它能被 R 和其他大部分语言调用。长话短说，**Thrust** 使得我们在开发并行代码的时候能够“两面下注”。

消息传递软件系统，比如 R 的 **snow**、**Rmpi** 和 **pbdR** 扩展包，也有基本相同的优势，因为它们既能在多核机器上运行，也能在集群上运行。

1.4 扩展示例：相互网页外链

好，我们来看看说好的具体示例。

假设我们正在分析网页流量，其中一个问题就涉及到两个网站都链接到同样的第三个网站的频率。假设我们有 n 个网页的外链信息。我们希望找到所有网页两两之间的、相互外链的平均数目。

实际上，这个计算模式跟许多统计方法都很相似，比如 Kendall 的 τ 和

[3]即全局解释器锁（Global Interpreter Lock），它妨碍在 Python 中进行真正的并行运算。GIL 现在还存在，但 Python 已经可以绕过它了。

U 统计量。这个模式采用如下的形式。对包含 n 个观测值的数据，模式就如下面的伪代码一样，对每一对观测值计算某个量 g，然后将这些值求和（伪代码的框架如下）：

```
sum = 0.0
for i = 1, ..., n-1
    for j = i+1, ..., n
        sum = sum + g(obs.i, obs.j)
```

代码 1.1 一段求和的伪代码

在本书中你会发现，类似这样的嵌套循环，与内层循环进行并行相比，对外层循环进行并行一般来说更为简单。例如，如果我们有一个双核机器，我们可以给一个内核分配任务，让它处理上述代码中的某些 `i` 值，让另一个内核处理剩下的。最终我们会这么做的，但让我们先退一步，好好想想这个思路。

1.4.1 串行代码

先用串行代码实现这个过程：

```
1  mutoutser <- function(links) {
2      nr <- nrow(links)
3      nc <- ncol(links)
4      tot = 0
5      for (i in 1:(nr-1)) {
6          for (j in (i+1):nr) {
7              for (k in 1:nc)
8                  tot <- tot + links[i, k] * links[j, k]
9          }
10     }
11    tot / (nr * (nr - 1) / 2)
12 }
```

这里 `links` 是一个矩阵，它表征了各个网站的外链，其中 `links[i, j]` 为 1 或 0，代表了是否有从网站 `i` 到网站 `j` 的外链。这个代码是对伪代码 1.1 的直接实现。

这个代码的性能怎么样？考虑如下模拟：

```
sim <- function(nr, nc) {
    lnk <- matrix(sample(0:1, (nr*nc), replace=TRUE),
                  nrow=nr)
    system.time(mutoutser(lnk))
}
```

我们生成随机的 1 和 0，然后调用这个函数。下面是一个运行结果样例：

```
> sim(500, 500)
   user  systems  elapsed
 106.111    0.030  106.659
```

运行时间 106.659 秒——太差了！我们只处理了 500 个网站，这只是已有的上百万网站中的很小一部分，但对这组数目很少的网站，仍运行了将近两分钟来找到平均相互外链的值。

众所周知，R 中的显式 `for` 循环很慢，但我们仍使用了两次。第一个避免 `for` 循环的方法是向量化，即用向量运算来替代循环。这样可以享受到向量运算底层 C 代码带来的速度，而不用每次迭代对循环中的每一行都重复解释、编译 R 代码。

在上面的 `mutoutser()` 代码中，内层循环可以重写成如下的矩阵乘积，这样可以消除两层循环 [4]。

来看看矩阵公式，假如我们有如下矩阵：

$$\begin{pmatrix} 0 & 1 & 0 & 0 & 1 \\ 1 & 0 & 0 & 1 & 1 \\ 0 & 1 & 0 & 1 & 0 \\ 1 & 1 & 1 & 0 & 0 \\ 1 & 1 & 1 & 0 & 1 \end{pmatrix} \tag{1.1}$$

考虑上述伪代码 1.1 中，`i` 为 2，`j` 为 4 的情形。涉及到 `k` 值的最内层的循环，计算结果为

$$1 \cdot 1 + 0 \cdot 1 + 0 \cdot 1 + 1 \cdot 0 + 1 \cdot 0 = 1 \tag{1.2}$$

这其实就是矩阵中行 `i` 和行 `j` 的内积！换句话说，它就是：

[4] 在 R 中，矩阵是向量的特殊形式，所以，如我们所说，我们确实是在使用向量化。

```
links[i, ] %*% links[j, ]
```

接着继续。再考虑 i 为 2 的情形。同样的推理可知，对所有的 j 和 k 计算两个内层循环，可以写成：

$$\begin{pmatrix} 0 & 1 & 0 & 1 & 0 \\ 1 & 1 & 1 & 0 & 0 \\ 1 & 1 & 1 & 0 & 1 \end{pmatrix} \begin{pmatrix} 1 \\ 0 \\ 0 \\ 1 \\ 1 \end{pmatrix} = \begin{pmatrix} 1 \\ 1 \\ 2 \end{pmatrix} \tag{1.3}$$

等号左侧，左边的矩阵是原始矩阵中第 2 行之下的部分，右边的向量是第 2 行本身。

数字 1, 1, 2 是当 i 为 2 且 j 为 3, 4, 5 时，代码的运行结果（自己计算一下，以便更好地理解它的原理）。

从而，我们可以如下消除这两个循环：

```
1  mutoutser1 <- function(links) {
2      nr <- nrow(links)
3      nc <- ncol(links)
4      tot <- 0
5      for (i in 1:(nr-1)) {
6          tmp <- links[(i+1):nr, ] %*% links[i, ]
7          tot <- tot + sum(tmp)
8      }
9      tot / nr
10 }
```

这么改写确实带来了巨大的改进：

```
sim1 <- function(nr, nc) {
    lnk <- matrix(sample(0:1, (nr * nc), replace = TRUE),
        nrow = nr)
    print(system.time(mutoutser1(lnk)))
}
> sim1(500, 500)
   user  systems  elapsed
```

```
1.443    0.044    1.496
```

太棒了！然而，这只是一个仅有 500 个网站的小示例。我们来运行一下 2000 的示例：

```
> sim1(2000, 2000)
   user  systems  elapsed
 92.378    1.002   94.071
```

超过 1.5 分钟！并且 2000 也并不是一个很大的数。

我们可以继续精细调整代码，但看起来并行应该是个更好的选择。我们来试试并行的方案。

1.4.2 并行工具的选择

R 语言中并行最流行的工具有 **snow** 包、**multicore** 包、**foreach** 包和 **Rmpi** 包。前两个工具是 R 基础包中一个名叫 **parallel** 包的一部分，因此在本章中使用它们中的任何一个，都比让用户先去安装其他的包更方便。

我们可以进一步缩小选择范围，因为 **multicore** 包只能运行在 Unix 家族（即 Linux 和 Mac）的平台上，而不能运行在 Windows 上。所以，在本书刚开始时，我们把注意力集中在 **snow** 包上。

1.4.3 本书中 “snow” 包的意义

如前所述，R 中有一个比较旧的 **snow** 包，它后来被包含在了 **parallel** 包中（有少量的修改），进入了 R base 里面。我们会经常使用这个包的这一部分，因此我们给它取了简称。“**parallel** 扩展包中从 **snow** 扩展包中改写的那一部分”这个描述太长了，所以我们就喊它叫 **snow** 扩展包。

1.4.4 snow 包的简介

先来总结一下 **snow** 包的操作：上面所述的四个流行的包，包括 **snow** 包，都使用了 *scatter/gather* 范式：我们同时有多个 R 的实例在运行，它们可能在集群中的好几个机器上，也有可能在一个多核的机器上。我们把其中的一个实例称为 *manager*，其他的称为 *worker*。并行计算将如下进行：

- **scatter:** manager 把要做的计算分解成块，然后把块发送（“分发”）给 worker。
- **块计算:** worker 在每个块上进行计算，将结果发送回 manager。
- **gather:** manager 把结果接收（“收集”）起来，整合结果来解决最开始的问题。

在我们的相互外链的示例中，每个块仅包含代码 1.4.1 外层循环中 `i` 值的一部分。换句话说，每个 worker 都计算分配给它的 `i` 值所指定的相互外链的总数，然后将这个数返回给 manager。后者将这些数收集起来，求和以计算最后的总数，然后将其除以节点对的数目 $n(n-1)/2$，得到平均值。

1.4.5 相互外链问题，解法 1

下面是我们对相互外链问题的第一次尝试：

1.4.5.1 代码

```
1  library(parallel)
2
3  doichunk <- function(ichunk) {
4      tot <- 0
5      nr <- nrow(lnks)  # lnks 在 worker 处是全局变量
6      for(i in ichunk) {
7          tmp <- lnks[(i+1):nr, ] %*% lnks[i, ]
8          tot <- tot + sum(tmp)
9      }
10     tot
11 }
12
13 mutoutpar <- function(cls, lnks) {
14     nr <- nrow(lnks)  # lnks 在 manager 处是全局变量
15     clusterExport(cls, "lnks")
16     # 目前，每个“块”仅有一个 i 值
17     ichunks <- 1:(nr-1)
```

```
18     tots <- clusterApply(cls, ichunks, doichunk)
19     Reduce(sum, tots) / nr
20 }
21
22 snowsim <- function(nr, nc, cls) {
23     lnks <<-
24         matrix(sample(0:1, (nr*nc), replace=TRUE),
25                nrow=nr)
26     system.time(mutoutpar(cls, lnks))
27 }
28
29 # 在多核机器上设置一个有 nworkers 个 worker 的集群
30 initmc <- function(nworkers) {
31     makeCluster(nworkers)
32 }
33
34 # 在制定的机器上设置集群
35 # 每个机器一个 worker
36 initcls <- function(workers) {
37     makeCluster(spec=workers)
38 }
```

1.4.5.2 计时

在解释代码如何运行之前，我们先来看看它在运行速度上是否有所改进。我使用了同一台电脑，但这次使用了两个 worker，即用了两个内核。结果如下：

```
> cl2 <- initmc(2)
> snowsim(2000, 2000, cl2)
   user  systems  elapsed
  0.237    0.047   80.348
```

显然速度确实有了提升，运行时间减少了近 14 秒，但是注意加速的倍数只有 94.071/80.348 = 1.17，这与我们期待的两个 worker 时加速倍数是 2.00 的预想不同。这表明了通信和其他开销也确实是一个主要因素。

注意 `user` 和 `elapsed` 时间之间的差异。记住，这是 manager 运行的时间。主要的计算都是由 worker 完成的，它们运行的时间只包括在 `elapsed` 中。

你可能会想，两个内核是不是就足够了，因为我们总共有三个进程——两个 worker，一个 manager。但是，由于当这两个 worker 计算的时候，manager 是处于空闲状态，因此即使我们还有一个单独的内核（在某种程度上我们真的有一个带有超线程的内核，下面将会解释），让 manager 运行在这个单独的内核上，效率也不高。

这次代码是在一个双核机器上运行的，因此我们用了两个 worker。但是，我们可以做得更好一些，因为这个机器有*超线程处理器*。这意味着在某种程度上，每个内核都能同时运行两个程序。因此，我尝试用四个 worker 运行代码：

```
> cl2 <- initmc(4)
> snowsim(2000, 2000, cl2)
  user  systems  elapsed
 0.484    0.051   70.077
```

显然，超线程确实有改进，它将我们的加速倍数提升到了 1.34。但是注意，现在离我们期望的从四个 worker 所能得到的 4.00 的加速倍数更远了。这些问题会在本书中经常提起；我们会讨论开销代价的来源，并给出补救方案。

使得我们的加速逊色的另外一个原因是我们的代码在底层上不公平——它让一部分 worker 比其他的 worker 做更多的工作。这个问题被称为负载均衡问题，它是并行处理领域的核心问题。我们会在第 3 章中更详细地讨论。

1.4.5.3 代码分析

那么，代码是如何运行的呢？我们来剖析代码。

虽然 **parallel** 包中的 **snow** 包和 **multicore** 包现在是 R 中的一部分，这个包并没有被自动地加载。因此我们需要先处理这个问题，添加下面一行：

```
library(parallel)
```

到我们的源文件的顶部（如果所有的函数都在一个文件中），或直接在命令行执行上面的 `library()` 命令。

我们也可以将下面一行

```
require(parallel)
```

添加到调用 **snow** 包的函数中。

那么，每个进程都做什么呢？我们串行版本中的大部分代码是由 manager 执行的，理解这一点很重要。worker 只负责运行 `doichunk()` 代码，虽然主要的工作是在这里面做的。就像即将看到的那样，manager 将函数（和数据）发送给 worker，worker 根据 manager 的指导来执行函数。

基本想法是将代码 1.4.1 中 `i` 循环里面的 `i` 值分解成多个块，然后让每个 worker 在分配给它的块上进行计算。我们的函数 `doichunk()`（"在 `ichunk` 中处理元素 `i`"），

```
doichunk <- function(ichunk) {
    tot <- 0
    nr <- nrow(lnks)  # lnks 在 worker 处为全局变量
    for(i in ichunk) {
        tmp <- lnks[(i+1):nr, ] %*% lnks[i, ]
        tot <- tot + sum(tmp)
    }
    tot
}
```

会在每个 worker 上执行，且每个 worker 上的 `ichunk` 都不同。

我们的 `mutoutpar()` 函数将整个过程包装起来，把 `i` 值划分成块，然后在每个块上调用 `doichunk()`。这样，函数 `mutoutpar()` 把串行代码的外层循环进行了并行。

```
mutoutpar <- function(cls, lnks){
    nr <- nrow(lnks)
    clusterExport(cls, "lnks")
    ichunks <- 1:(nr-1)
    tots <- clusterApply(cls, ichunks, doichunk)
    Reduce(sum, tots) / nr
}
```

来看一下这个函数的概览，注意它的主要行为是通过下列对 **snow** 包和 R 函数的调用而构成的。

- 我们调用 **snow** 包的 `clusterExport()` 来发送数据，此处即将 `lnks` 矩阵发送给 worker。
- 我们调用 **snow** 包的 `clusterApply()` 来指导 worker 对分配给它们的块进行计算。
- 我们调用 R 的核心函数 `Reduce()` 来方便地将 worker 返回的结果结合起来。

具体细节是这样的：在调用 `mutoutpar()` 之前，我们先设置 **snow** 集群：

```
makeCluster(nworkers)
```

这会成功设置 `nworkers` 个 worker。记住，每个 worker 都是独立的 R 进程（manager 也一样）。在这个简单的问题里，它们都是运行在同一台机器上，我们默认它是台多核机器。

虽然我们可以在一个物理集群上设置一个 **snow** 集群，但集群实际上是 **snow** 的抽象，而不是物理实体。稍后我们可以详细看到，集群是一个 R 的对象，它包含了各种 worker 以及如何与其交互的信息。因此，如果我运行

```
cls <- initmc(4)
```

我就创建了一个 4 节点的 **snow** 集群（有 4 个 worker），并把它的信息保存在了一个 R 的对象 `cls`（类型为“`cluster`”）中，在接下来对 **snow** 包中函数的调用时会用到它。

每个 worker 在 `cls` 中都对应有一个组件。当上面的调用之后，运行

```
length(cls)
```

输出 4。

我们可以在一个物理集群上运行 **snow**，比如通过网络连接的多个机器。可以通过调用上面的 `initcls()` 函数来进行设置。例如，在我的系里，我们有几台学生实验室机器，名为 `pc1`、`pc2` 等，那么

```
cl2 <- initcls(c("pc28", "pc29"))
```

会设置一个包含两个节点的 **snow**。

无论如何，上述对 `makeCluster()` 的默认调用中，manager 和 worker 都是通过网络接口来通信的，即使它们在同一个多核机器上。

现在，我们来仔细看看 `mutoutpar()`，首先是函数调用

```
clusterExport(cls, "lnks")
```

它把我们的数据矩阵 lnks 发送给 cls 中的所有 worker。

值得指出的是，clusterExport() 默认要求被传输的数据在 manager 的工作空间中是全局的。数据之后又被放入每个 worker 的全局工作空间中（不提供其他的选项）。要满足这个要求，我在 snowsim() 函数中创建这个数据时，就用超赋值运算符 <<- 使得 lnks 是全局的：

```
lnks <<- matrix(sample(0:1, (nr*nc), replace=TRUE),
                nrow=nr)
```

在软件开发世界中，使用全局变量是非常有争议的。在我的书《R 语言编程艺术》（NSP, 2011）中，我列举了一些程序员对全局变量的反对意见，并做了反驳，我认为在某些情形下（尤其是 R）中，全局变量是最好（或者最不差）的解决方案。

无论如何，这里的 clusterExport() 结构强迫我们使用全局变量。对细节挑剔的人，可以不使用 manager 的全局工作空间，转而使用一个 R 的环境对象。我们可以把上面 mutoutpar() 的调用修改成

```
clusterExport(cls, "lnks", envir=environment())
```

R 函数 environment() 返回当前环境，即 mutoutpar() 中的代码语境，而 lnks 是其中的局部变量。但即使这样，在 worker 那里数据仍是全局的。

下面是 clusterApply() 函数调用的细节。我们把 clusterApply() 的第二个参数称为“工作分配”参数，因为它负责给 worker 分配工作，此例中即为 ichunks，

为了让这个介绍性质的示例保持简单，我们给每个块仅分配一个 i 值：

```
ichunks <- 1:(nr-1)
tots <- clusterApply(cls, ichunks, doichunk)
```

（我们会在 3.2.1 节中扩展到更大的块。）

此处 clusterApply() 会把向量 ichunks 看成一个包含 nr-1 个元素的 R 列表。在调用那个函数时，我们让 manager 把 ichunks[[1]] 发送给 cls[[1]]，也就是第一个 worker。同样地，把 ichunks[[2]] 发送给 cls[[2]]，即第二个 worker，以此类推。

除非问题太小了（小到不需要并行！），我们会有比 worker 数目多很多的

块。clusterApply() 函数用轮询 (round robin) 的方式来处理这个问题。比如我们有 1000 个块，4 个 worker。在 clusterApply() 将第四个块发送给第四个 worker 之后，它从头开始，把第五个块发送给第一个 worker，第六个块发送给第二个 worker，以此类推，不停地在所有 worker 中循环。实际上，内部代码使用 R 的循环操作[5]来进行实现。

manager 告诉每个 worker，要在发给它们的块上运行 doichunk()。例如，第二个 worker，会在 ichunks[[2]]、ichunks[[6]] 等等上调用 doichunk()。

因此，每个 worker 都在分配给它的块上进行计算，并将结果——块中所发现的相互外链数目——返回给 manager。clusterApply() 函数把这些结果收集起来，将它们放入一个 R 列表并赋值给 tots。这个列表包含 $nr - 1$ 个元素。

读者可能会想，我们只需要简单地调用 R 的 sum() 函数，就能找到 worker 返回的所有总数的加和了：

```
sum(tots)
```

如果 tots 是个向量的话，这完全没有问题，但它是个列表，因此我们要使用 R 的 Reduce() 函数。在这里，Reduce() 函数会对 tots 列表中的每个元素使用 sum() 函数，得到想要的总和。你会发现 Reduce() 经常跟 **snow** 等包中的函数一起使用，这些函数一般都把列表作为返回值。

应该指出，许多并行 R 包都要求用户擅长使用 R 列表。对 clusterApply() 的调用，返回了一个列表类型，并且函数的第二个参数通常就是一个 R 列表，尽管在这里并不是。

这个示例展示了一些主要问题，但它只涉及到了皮毛。下一章会深入挖掘这个多元化的主题。

[5]这里指 R 中的 recycling 操作。——译者注

第 2 章 “我的程序为什么这么慢?”: 速度的障碍

这里有一个很常见的情景：一个分析师拿到了一台崭新的多核机器，这台机器能做各种神奇的事情。带着激动的心情，他在这台新机器上写代码求解他最喜欢的大规模的问题，却发现并行版本的运行速度比串行的还慢。太令人失望了！

毋庸置疑，现在的你渴望接触更多的代码，但是，先在架构方面打下扎实的基础是非常值得的，这也是本章的目的。架构方面的问题会在本书剩下的内容中重复出现。如果你愿意的话，可以直接跳过本章，当你遇到问题时再跳回本章，但是现在先了解一下比较好。那么，我们来看看有什么因素导致了上文中我们的倒霉分析师的美好计划出了问题。

2.1 速度的障碍

我们把计算实体称为进程，比如 **snow** 包中的 worker。并行计算中主要有两个性能相关的问题：

- 通信开销：通常，数据会在进程间来回传输。传输所花费的时间会带来性能上的代价。

  另外，不同的进程都去读取同一个数据时，会互相阻塞。它们在访问同一个通信信道、同一个内存模块时会互相碰撞。这些也减慢了运行速度。

  粒度（granularity）这个名词用来粗略地指表示计算和开销的比值。大粒度或者粗粒度算法涉及到非常大的块的计算，开销显得不是个问题。在细粒度算法中，我们要尽量避免开销。

- *负载平衡*：在上一章中提到过，如果我们不注意把任务分配给进程的方式，我们可能会给一些 worker 分配较多的任务。这样就影响了性能，因为它使得还有正在运行的任务的时候，一部分进程在它们运行结束后仍处于不工作状态。

这种问题经常发生，很多可以归入本章中，我们可以把它们当做对可能会发生的问题的“预警”。这里只是做了一个总览，细节会在后续的章节中进行描述，但对这些问题预警会使得我们在遇到它们时更方便地将其识别出来。

2.2 性能和硬件结构

记分卡，记分卡！区分选手全靠记分卡！

——垒球运动中记分卡赞助商的老口号

足骨连着踝骨，踝骨连着胫骨……

——童谣《枯骨》

在上一节中，我们倒霉的分析师的代码在并行机器上运行得更慢，这使他很惊讶，但基本可以肯定这是因为他缺乏对底层硬件和系统软件的理解。虽然我们不需要在电子的层面上来理解硬件，但对“什么与什么相互连接”这种基础知识的了解是有必要的。

在本节中，我们将概览主要的硬件问题，以及用户最有可能遇到的两个并行硬件技术——*多处理器和集群*[1]：

- 多处理器系统，就像它的名字所说一样，有两个或多个处理器，例如，有两个或多个 CPU，因此，两个或多个程序（或同一个程序的多个部分）可以同时进行运算。我们会在后面讲到，家庭中常见的*多核系统*，本质上就是低端的多处理器。由于共享同一个物理内存，多处理器也被称为*共享内存系统*。

  现在，几乎所有的个人电脑和笔记本电脑都至少是双核的。如果你拥有这样一台机器，恭喜你，你拥有一个多处理器系统！

  如果你的电脑中有作为*图形处理单元*（graphics processing unit, GPU）的高级视频卡，同样恭喜你拥有一个多处理器系统。GPU 是特殊的共享内存系统。

[1]什么是云？云是在后台运行的，也是由多核机器与集群构成的。

- 一个集群是由多个可以独立运行的电脑构成的，这些电脑由网络连接在一起，使得它们能够协同起来解决大型的数值问题。

  如果你的家里有网络，比如使用无线或者有线路由器的网络，恭喜你，你拥有一个集群！[2]

我要强调一下上面所提到的“家用”，这意味着它们并不是专用的架构。它的规模可能小到你家里能够购置，也有可能大到十分的复杂且昂贵的系统，或者规模居中的种种系统。

上文中*共享内存*和*联网*这两个术语，其实反映了提升计算速度时所遇到的主要障碍。因此，我们将在第 2.3 节和第 2.4 节讨论这两个硬件结构的高级运行方式。

随后，我们会讲述，针对多核（第 2.5.1.1 节）和集群（第 2.5.1.2 节）两种基本类型的平台，该如何降低开销。我们会在本章的最后详细描述性能的问题，进而在后续的几章中进行更加深入地探讨。

2.3 内存的基础知识

在高性能计算中，最常遇到的问题是内存存取的速度太慢。因此，对内存有个基础的理解是很重要的。

考虑一个普通的赋值语句，将一个变量（例如，一个整数）复制给另一个变量：

```
y = x
```

一般来说，x 和 y 都被保存在内存——例如 RAM（随机存储器，random access memory）——中的某个位置。内存是由*字节*和*字*构成的，每个字节可以存放一个字符，每个字可以存放一个数字。一个字节是由八个位组成的，即八个 0 或 1。现在普通电脑上，一个字的长度是 64 位，即八个字节。

每个字都有一个 ID 号，它被称为*地址*（每个字节也都有地址，但我们在这里不讨论）。因此编译器（如 C/C++/FORTRAN）或解释器（如 R 等语言），会在保存 x 和 y 的内存中分配具体的地址。通过机器将一个字赋值到另一个字，来执行上述的赋值操作。

一般来说，向量会被存储在一个由连续字构成的集合中。矩阵也是同样

[2]需要指出的是，对于用于做大量计算的集群来说，用户需要安装软件来控制在哪台机器上运行哪个程序。但你的两个节点的家用系统仍算是一个集群。

的，但它还涉及到是按行存储还是按列存储。C/C++ 使用*行主序*：先存储第一行（称为“第 0 行”）中的所有元素，然后存储第二行的所有元素，以此类推。R 和 FORTRAN 使用*列主序*：先存储第一列（称为“第 1 列”）中的所有元素。因此，如果 z 是 R 中一个的 5×8 的矩阵，那么 z[2, 3] 在 z 所使用的内存空间中，是第 12 个字（$5+5+2$）。我们将会看到，这些方式会影响性能。

内存存取的时间，尽管是在几十纳秒（一秒的十亿分之一）量级，对 CPU 来说仍然太慢。这不仅是因为内存芯片中本身的电子延迟，通往内存的线路也是瓶颈。接下来会具体讲一讲这个事情。

2.3.1 高速缓存

*高速缓存*是一个常用来解决内存读取缓慢问题的设备。它是一个很小但是运行速度很快的内存块，位于处理器芯片附近。出于这个目的，内存按块进行划分，块的大小是 64 字节。例如，内存地址 1200 位于第 18 个块，因为 1200/64，商为 18，且有余数（第一个块被称为第 0 块）。

高速缓存又被划分为行，每个都是内存块的大小。在任何指定的时间，高速缓存都包含一些内存块的本地拷贝，这些内存块的选择是动态的——某个时刻高速缓存中包含一些内存块的拷贝，过一会儿它可能就包含其他内存块的拷贝[3]。

如果我们幸运的话，在大多数情形下，处理器想读取的大多数内存字（例如，程序员在代码中想读取的变量）在高速缓存中已经有一份拷贝——*高速缓存命中*。如果这是一个读取操作（例如上面小示例中的 x），那就太棒了——我们可以避免缓慢的内存读取。

另一方面，在写入的情形下（上面示例中的 y），如果被请求的字当前在高速缓存中，那也非常好，它可以省去我们查找内存的长途跋涉（如果我们不是立刻“直接写入”并且更新内存，正如我们在这里所假设的）。但它也带来了内存中指定的字与高速缓存中的拷贝会出现不相同的问题。在我们讨论的高速缓存的架构中，这个问题是可以容忍的，下面我们将会看到，这最终会在“回收”出现问题的块时被解决（在多核机器中，高速缓存运算就更复杂了，常见情形是每个核都有自己的高速缓存，因此潜在地会产生严重的字节不相同的问题。这将在第 2.5.1.1 节中讨论）。

如果在读写存取时，所需的内存字当前不在高速缓存中，这被称为*高速缓*

[3]下面是对常见高速缓存设计的描述。它的很多变种，我们就不进行讨论了。

存未命中。这时运算就比较昂贵了。当它出现时，包含请求字的整个块都被载入高速缓存。换句话说，我们必须存取内存中的多个字，而非一个字。并且，通常当前在高速缓存中的一个块必须要被*回收*，才能给要载入的新块腾出空间。如果旧的块已经被写入，我们必须立刻把整个块写回到内存中来更新内存[4]。

因此，尽管当高速缓存命中时节省了内存存取时间，但当高速缓存未命中时，我们还是会受到相当严重地惩罚。良好的高速缓存设计可以使得这种惩罚很少发生。当发生读取未命中时，硬件先做一个"有根据的推测"，估计哪些块最不可能在最近被请求，并把它们回收。这种推测大多都很不错，使得高速缓存命中率一般都超过 90%。需要注意的是，高速缓存命中率也受编程方式的影响。这会在后续的几章中进行讨论。

一台机器通常都有两级或多级高速缓存。在 CPU 内部或其附近的被称为 L1 或 1 级高速缓存。对于 L2 高速缓存，也被称为"高速缓存的高速缓存"。如果所需的项在 L1 高速缓存中没有找到，CPU 会先去 L2 高速缓存中查找，然后再去内存中存取该项。

2.3.2 虚拟内存

尽管在正文里不会多次提到，我们至少应该简单讨论一下*虚拟内存*。考虑上面的示例，程序中包含了变量 x 和 y。假设它们分别被分配了地址 200 和 8888。那么，如果在同一台机器上还运行着其他的程序呢？编译器/解释器可能也会把它的变量，比如 g，分配给地址 200。我们该如何解决这个问题？

标准的解决方案是让地址 200（以及其他的地址）变为"虚拟的"。例如，可能的结果是，第一个程序的 x 实际上保存在物理地址 7620。程序依然会说 x 的地址是第 200 个字，但硬件会在程序执行时，把 200 翻译成 7620。如果第二个程序的 g 实际上是在第 6548 个字，硬件也会在每次程序请求存取第 200 个字时，把 200 替换成 6548。硬件有一个表来做这些查询，在这台机器上当前运行的每个程序都有一个表，而这张表是由操作系统来维护的。

虚拟内存系统把内存划分成*页*，比如每个页为 4096 个字节，这可以类比高速缓存块。通常，在某个时刻，只有部分程序的页是*驻留*在内存中的，其余的页都保存在硬盘上。如果你的程序需要当前未驻留的内存字——*缺页错误*，这可以类比高速缓存未命中——硬件探测到这种情形，把控制权转交给操作系统。操作系统必须把请求的页从硬盘读入内存，这是一个在时间上极其昂贵

[4]我们并不记录哪些字被影响了，而是用一个脏位来记录我们是否已经对这个块进行了写操作。因此，整个块都是要被写入的。

的操作，这是因为硬盘驱动器是机械的，而不像 RAM 一样是电子的 [5]。因此缺页错误会使程序速度明显下降，并且就像高速缓存的情形一样，你也可以通过仔细设计代码来减少缺页错误。

2.3.3 监测高速缓存未命中及缺页错误

高速缓存未命中和缺页错误都是良好性能的敌人，所以最好能够监测它们。

在缺页错误的情形下，这个真的可以实现。注意到，缺页错误触发操作系统，后者可以对其进行记录。在 Unix 家族的系统里，**time** 命令不仅可以给出运行时间，也可以对缺页错误进行计数。

相反的是，高速缓存未命中则纯由硬件来处理，因而不能被操作系统所记录。但是我们可以试着通过计算缺页错误的数目，来对一个程序的高速缓存的行为做计数。我们也有仿真器，例如 **valgrind**，它可以用来测量高速缓存的性能。

2.3.4 引用的局部性

很明显，高速缓存和虚拟内存的有效性取决于在短时间内 (*时间局部性*) 重复地使用同一个块的项目 (*空间局部性*)。就像以前提到的那样，这反过来也会在某种程度上影响程序员编写代码的方式。

假如我们希望找到矩阵中所有元素的加和。我们的代码应该是按行还是按列来遍历矩阵? 例如，在 R 中，正如前面提到的，矩阵是按照列主序来存储的，我们就应该按列来遍历，这样可以获得更好的局部性。

高速缓存行为的详细案例研究将在第 5.8 节进行描述。

2.4 网络基础

一个单独的以太网（或者其他类似的系统），可以被称为*网络*，比如一个建筑内部的以太网。*互联网*就是由许多（几百万个）网络的互相连接而构成的。

假如你位于旧金山，在自己的计算机上使用浏览器浏览美国有线新闻网（cable network news, CNN）的主页。由于 CNN 的总部是在亚特兰大，信息

[5]一些更贵的驱动器，比如固态硬盘（Solid State Drives, SSDs），实际上是电子的。

包会从旧金山发送到亚特兰大。（实际上，也可能没走这么远，因为互联网服务供应商（Internet service providers, ISP）通常都对网页进行缓存，但我们假设没有进行缓存。）实际上，一个包所走的旅途是相当复杂的。

- 你的浏览器程序会把你的网页请求写入到 socket。后者不是一个物理对象，而是一个从你的程序到网络的软件接口。
- socket 软件会把你的请求组成包，然后经过你的操作系统上网络协议栈的多个层。一路上，由于添加了更多的信息，这个包的大小会逐渐增加，但它也会被分成多个较小的包。
- 最后，当包抵达你的计算机上的网络接口硬件，从那里它们发送到了网络上。
- 网络上的网关会注意到最终的目的地是在这个网络的外部，因而包会被发送给这个网关所连接的其他网络。
- 你的包会横穿整个国家，从一个网络发往另一个网络 [6]。
- 当你的包抵达 CNN 的计算机，它们会根据操作系统的层级找出上行的路径，最后抵达网络服务器程序。

2.5 延迟和带宽

到达目的地只是乐趣的一半。

——关于旅行乐趣的谚语

通信信道的速度——不管是处理器内核与共享内存平台的内存之间，还是一堆机器所组成的集群的网络节点之间——是用*延迟*和*带宽*这两个术语来度量的，前者指的是一个信息位从端到端的传输时间，后者指的是我们每秒钟能够往信道里发送的信息位的数目。

为了让这两个概念更加具体，考虑一下旧金山海湾大桥，它是一个很长、多车道的结构，桥上西半侧的驾驶员需要付费。延迟可以用来描述一辆车从大桥的一头开到另一头所花费的时间（为了简单，假设它们的车速是相同的）。相反，带宽可以用来描述每单位时间通过收费亭的车的数目。我们可以通过提高车辆在大桥上的限速来降低延迟，也可以通过添加更多的车道和收费亭来增加带宽。

[6] 在你的机器上运行 `traceroute` 命令，可以看到完整的路径，但是这个路径可能随时间改变而改变。

假设延迟是 l 秒，带宽是 b 字节每秒，显然，发送 n 个字节信息所花费的网络时间，用秒来计算为：

$$l + n/b \tag{2.1}$$

当然，这需要假设没有其他信息在争抢这个通信信道。

显然，网络中会有很多延迟，包括在操作系统层中传输时所发生的不太明显的延迟。这种传输涉及到把包从一个层拷贝到另一个层，在本书所关心的领域中，这种拷贝可能会涉及到大量的矩阵，因而会花费很多时间。

尽管并行计算一般是在同一个网络中而非上面所述的跨网络中完成的，依然存在许多延迟。因此，网络速度比处理器的速度，不管是在延迟方面还是在带宽方面，都要慢得多得多。

即使是在 Infiniband 这种快速网络中，延迟也是在微秒的量级，即一秒的百万分之一，这与处理器中机器指令的执行时间的纳秒级别比起来，有点儿地老天荒的感觉。（要注意当我们说一个网络很快时，通常说的是带宽很大，但延迟并不一定低。）

延迟和带宽的问题在共享内存系统中也会出现。以 GPU 为例。在大多数应用中，在 CPU 和 GPU 之间会有大量数据进行传输，这就可能会降低速度。即，延迟是一个位的数据从 CPU 传输到 GPU 或相反路径的时间。

把由于长延迟造成的速度降低减缓下来的一个方法是*延迟隐藏*。最基本的想法使当长延迟的通信正在等待时，试着去做其他有用的工作。这个方案，在信息传递系统（第 8.7.1 节）中的非阻塞 I/O 中被用于处理网络延迟，在 GPU（第 6 章）中被用于处理内存延迟。

2.5.1 两个有代表性的硬件平台：多核机器和集群

多核机器在桌面系统上（甚至在手机上！）已经成为标准，很多数据科学家都使用计算机集群。这些平台上的性能问题怎么样呢？接下来的两节会给大家提供一个概览。

2.5.1.1 多核

*对称多处理器系统*如图 2.1 所示，这展示了其组成成分，已经最重要的，它们之间是如何相连的。我们能够看到什么呢？

- 有*处理器*，用 P 来表示，这是执行你的程序的物理载体。

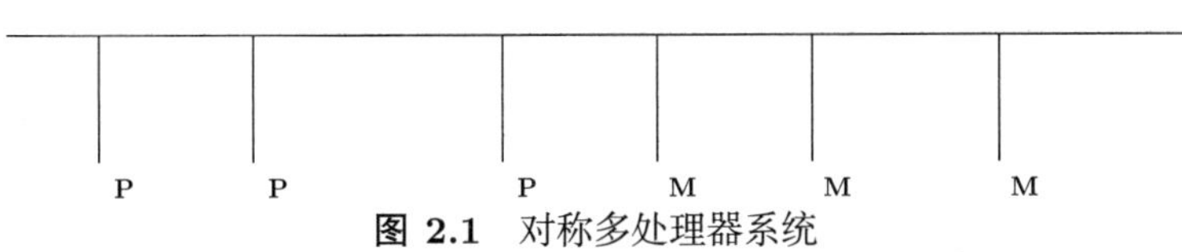

图 2.1 对称多处理器系统

- 有内存组，用 M 来表示，你的程序和数据在执行时驻留在上面 [7]。
- 处理器和内存组都连接到总线，它是一组平行的电线，用于电脑组件之间的通信。

你的输入/输出硬件——硬盘驱动器、键盘等等——都被连接到总线上，实际上可能会有多条总线，但我们主要关注的是处理器和内存。

多线程的程序会有它本身的多个实例，这被称为线程，它们协调工作来达成并行。它们独立地运行，但共享程序的共同数据。如果你的程序是多线程的，在同一个时刻，它会在多个处理器上运行，每个线程在都在不同的内核上。我们将会看到的非常重要的一点就是，共享内存成为了各个进程之间通信的工具。

你的程序是由一系列机器语言指令构成的。（如果你用 R 这样的解释性语言来编写，那么解释器本身是由这些指令构成的。）当处理器执行你的程序时，它们会从内存中获取指令。

前面曾经说到过，你的数据——你的程序中的变量——是存储在内存中。机器指令按照需求从内存中读取数据，从而可以在处理器中被处理，比如求总和。

直到前些年，在你当地的电子城，普通的 PC 都是遵循图 2.1 中的模型，但都只有一个 P。多处理器系统可以进行并行计算，但它的价格都是几十万美元。但后来，多核系统变成了系统的标准。这意味着会有多个 P，但有个重要的区别，那就是它们都在同一个芯片上（每个 P 是一个内核），这样的系统就不贵了 [8]。不管是不是在同一个芯片上，拥有多个 P 就可以进行并行计算，由于众所周知的原因，它也被称为共享内存范式。

顺便说一句，为什么图 2.1 中有多个 M？为了改善内存性能，系统被设置

[7] 它们在从前被称为组。后来模块这个术语变得流行起来，但随着最近 GPU 的流行，组这个词又重回潮流。

[8] 很不幸，术语还不规范。通常我们说芯片是指“这个”处理器，即使实际上它的内部有多个处理器。

为，内存划分成多个组（通常 M 的数量与 P 是相同的）。这样，我们不仅可以在并行基础设施上做计算——多个 P 并行地处理一个问题的不同分块，也可以并行地进行*内存存取*——并行中的不同组上的内存存取都处于活动状态。这减轻了内存存取的成本。当然，如果同一时刻有多个 P 恰好要同时存取同一个 M，我们就失去了这种并行机制。

正如你所看到的，总线就是潜在的瓶颈。当同一时刻有多个 P 要存取内存，即使是在不同的组上，它们会试着把内存存取请求发送到总线上，除了某一个之外，其余的都会进入等待状态。这个*总线冲突*可能会导致严重地性能下降。在更复杂的系统上，会有多个通往内存的通信信道，而不是只有一条总线。这种系统已经被研发出来，并被用于缓解这种瓶颈。然而，本书的大部分读者，遇到的更可能是只有一条内存总线的多核系统。

现在你可以明白，为什么高效地内存存取在获取高性能这件事上是一个至关重要的因素。这里要重点提及处理这个问题的一个工具：使用高速缓存。注意，是多个高速缓存；在图 2.1 中，通常在每个 P 和总线之间，都只有一个 C。

同单处理器系统一样，高速缓存可以带来性能上巨大的改进。实际上，在多处理器系统上的潜在改进会更加的大，因为高速缓存现在可以减少总线冲突，带来额外的好处。不幸的是，它也带来了新的问题，*高速缓存一致性*，下面将会讨论 [9]。

考虑在写入时命中缓存会发生什么，例如，写入一个本地高速缓存拷贝已经存在的地址。来看个示例，考虑下面代码

```
x = 28;
```

其中 x 在地址 200 处。这个代码执行的时候，在处理器高速缓存中可能会有字 200 处的一个拷贝。问题在于其他高速缓存可能也有这个字的拷贝，因此它们对这个块而言是无效的（回想一下，有效性仅仅是在块的级别定义的；如果一个块中除了一个字以外其他字都有效，整个块仍然被认为是无效的）。硬件必须通知其他高速缓存，它们上面这个块的拷贝是无效的。

硬件是通过总线来做这件事情的，因此会出现昂贵的总线操作。并且，下一次这个字（或者是这个块里面的其他字）在其他高速缓存的任何一个上面被请求的时候，都会发生高速缓存未命中，这同样也是一个昂贵的事件。

---

[9]前面曾经提到过，会有各种各样不同的结构，但这个很典型。

再说一次，程序员良好的编码在有些时候可以减轻高速缓存一致性的问题。

关于多核结构的最后一点是：即使是在单核机器上，通常同时会有多个程序在并发运行。比如，你可能在用浏览器下载文件，同时你还在使用照片处理应用。使用单处理器的话，这些程序实际上是交替在运行的；每个程序运行很短的时间，比如 50 毫秒，然后把处理器交给下一个程序，如此循环。（你作为用户可能不会直接感受到，但是你可能会注意到整个系统的运行变慢了。）也要注意，如果一个程序在做很多输入/输出的任务（比如文件存取），它在 I/O 的时间实际上是空闲的；只要它开始一个 I/O 操作，它就让出处理器。

相反，在多核机器上，你可以让多个程序物理上同时运行（尽管当程序数目比内核多的时候，它们依然是轮流运行的）。

2.5.1.2 集群

集群中的瓶颈更容易描述，但依然相当麻烦。

*集群*这个术语简单来说，指的就是一组独立*处理元素*（processing element，PE）或者*节点*，它们通过局域网，比如常见的以太网，或者高性能互联结构连接在一起。每个 PE 都是由一个 CPU 和几个 RAM 构成的。PE 可能是整套的台式电脑，包括了键盘、磁盘驱动器和显示器，但如果它主要用来做并行计算的话，那么整个系统可以仅有一个显示器、键盘等就足够了。一个集群也可能会有一个特殊的操作系统，用来协同把用户程序分配给 PE。

我们的每个 PE 上都有一个计算进程（除非每个 PE 都是常见的多核系统）。进程之间通过网络来进行通信。后者正是常常出现问题的部分。

2.5.2 “把它留在原地”原则

所有针对延迟和带宽的这些考虑，都意味着，数据拷贝通常都是速度的敌人，当然也包括其他一些因素。这对诸如集群和 GPU 这样高延迟的平台尤为正确。

在这样的情形下，设计一种算法使得拷贝的操作最少，是至关重要的。例如，使用迭代算法，使得中间结果在集群中尽可能地保留在远程节点上，在 GPU 上则尽可能地保存在内存中。

2.6 线程调度

假设你有一个涉及多线程的程序，比如四个线程及一台四个内核的机器。这四个线程会在物理上同时运行（如果没有其他程序与它们竞争）。这当然是达成并行机制的整个要点，但其实还有一些其他的要点。

通用计算机上的现代操作系统使用*分时*：用户不可见，程序轮流（*时间片*）使用机器的内核。例如，Manny 和 Moe 正在使用一台名叫 Jack 的大学计算机，Manny 坐在控制台前，Moe 则是远程登录的。举个例子，假设 Manny 正在运行一个 R 程序，Moe 正在运行一个 Python 程序，两个程序现在都在进行长时间的计算。

先假设这是一台单核机器。这使得在同一时刻只有一个程序可以运行。Manny 的程序会先运行一段时间，但是过了一个设定的时间，硬件计时器会发起一个*中断*，引发跳转到另一个程序。而这个程序已经被设置为操作系统。操作系统会查看它的*进程表*，找到处于*就绪*状态的其他程序，即可运行的（相反的状态是挂起等待键盘输入）。假设没有其他进程，Moe 的程序就会得到机会。从 Manny 到 Moe 的转换被称为*语境切换*。Moe 的程序会运行一段时间，随后来了另一个中断，Manny 则得到机会，如此反复。

现在假设这是一台双核机器。在这里 Manny 和 Moe 的程序会或多或少以并行的方式同时运行，尽管会有由于中断以及伴随的操作系统短暂的响应而导致的周期性停机时间。

假设 Moe 的代码是多线程的，使用了两个线程。现在我们就会有三个线程——Moe 的两个以及 Manny 的一个（即使是一个非多线程的程序也包含一个线程）——来竞争使用两个[10]内核。Moe 的两个线程有的时候会并行运行，有的时候则不会。因此 Moe 的速度提升只有 1.5 倍而不是 2 倍[11]。

可能也会出现高速缓存的问题。当一个线程开始得到新的机会时，它可能处于与上一次运行时不同的内核上。如果每个内核有一个单独的高速缓存，那么新内核的高速缓存上可能没有那么多对这个线程有用的资源。因此，在这个时间片中，可能会在一段时间内有很多高速缓存未命中。*处理器关联*或许是一种补救的方法；详见第 5.9.4 节。

顺便说一句，当某一个程序结束它的计算并且返回到用户提示符（例如 Manny 的 R 程序中的 >）时，会发生什么呢？R 会等待 Manny 的键盘输入。但是操作系统并不会等待，并且事实上操作系统的确也被牵涉进来。R 会试着

[10]原文错误，应为两个。——译者注

[11]即使是两倍的加速，也是首先假设 Moe 的代码是负载均衡的，但并不一定会是这种情况。

从键盘读取，为了完成这件事情，它会调用一个 C 库函数，这个函数会接着调用操作系统的一个函数。操作系统意识到 Manny 可能要等待一段时间才会输入，因此会把进程表中他的那一项标记为睡眠状态。最后当他敲击一个键时，键盘发送一个中断[12]，引发操作系统响应，后者会把他的程序标记为现在已经返回到就绪状态，这个程序最终会获得运行的机会。

2.7 多少个进程/线程？

前面曾经提到过，在 R 世界中，在一个 **snow** 包程序里，把每个 worker 都看成进程，是一个惯例。这就引出了一个问题，我们需要运行多少个进程？

假设我们有一个含有 16 个节点的集群。我们需要为我们的 **snow** 包程序设置 16 个 worker 吗？同样的问题也出现在多线程程序中，比如 **Rdsm** 包或 OpenMP 程序（第 4 和 5 章）在一台四核机器上，我们应该运行 4 个线程吗？

这些问题的答案是并不都是肯定的。在一个细粒度的程序中，使用太多的进程/线程可能会降低性能，因为当给问题添加更多硬件时，开销可能会比我们以为的优点大得多。所以，程序员使用的集群节点或者内核数，实际上比可用的要少。

另外，程序员可能会试着*超额认购*资源。前面曾经讨论过，高速缓存未命中会引起相当大的延迟，缺页错误的延迟则更大。某一个节点/内核不能做任何计算，会给性能带来严苛的机会成本。继而，它可能需要“额外的”线程来让程序能够运行。

2.8 示例：相互外链问题

为了让问题更加具体，我们来使用逐渐增加的进程数，并对相互外链问题（第 1.4 节）的时间进行测量。

在这里，我使用一个共享内存机器，它有四个处理器芯片，每个芯片有 8 个核。这就是一个 32 内核的系统，我使用了不同的内核数 `nc` 来运行相互外链问题，它的取值为 $2, 4, 6, 8, 10, 12, 16, 24, 28$ 和 32。问题的大小是 1000 行，1000 列。时间结果画在了图 2.2 中。

在这里，我们看到一个典型的 U 型图：随着我们给问题添加越来越多的进程，在早期它是有帮助的，但在某个点之后，性能实际上是下降的。后者大

[12]在 Moe 的示例中，中断会从 Jack 的网卡中传入。

概是因为我们之前讨论过的通信开销，在这个示例中，就是诸如总线冲突之类的原因[13]。

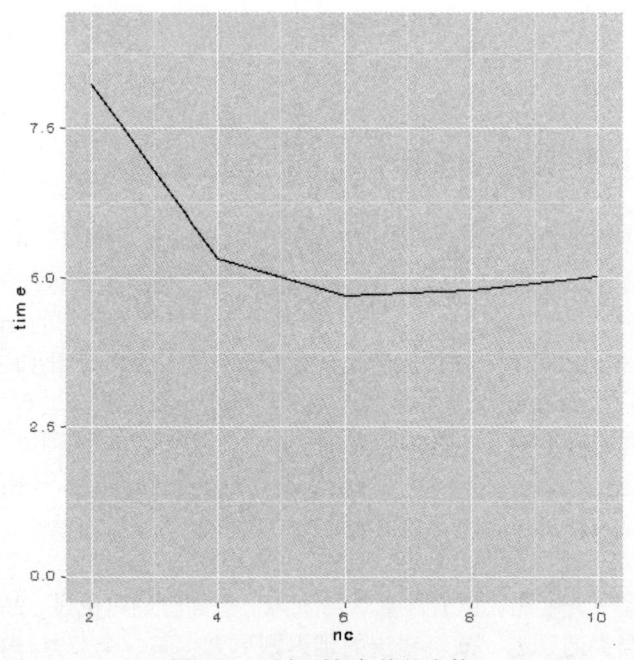

图 2.2 运行时间与核的个数

顺便说一句，对 nc 个 worker 中的每一个，我们在机器上都调用了一个 R。此外还有一个额外的调用，即 manager。然而，这并不是这个示例中性能问题的原因，因为 manager 大多数时间都处于空闲状态，等待 worker。

2.9 "大 O" 标记法

除了上面所讨论的诸如内存存取时间等物理上的困难要克服，在这里还要提到另外一个重要的问题，这就是应用本身是否可并行化的。对这个问题的一个衡量标准是"大 O"标记法。

在我们的相互外链的示例中，有一个 $n \times n$ 的邻接矩阵，平均起来需要对每行做 $n/2$ 次加法运算，一共有 n 行，因而统共有 $n \cdot n/2$ 次运算。在并行处

[13]尽管进程是独立的，并且不共享内存，它们却共享总线。

理的循环中，关于硬件、软件、算法等的关键问题就是，“它能规模化吗?”它的意思是，随着问题大小的增长，运行时间的增长是否是可控的?

我们在上面可以看到，相互外链问题的运行时间是与问题大小（网站数目）的平方成正比。（除以 2 并不影响增长率。）我们把它写成 $O(n^2)$，这个记法也被通俗的称为“大 O”标记法。在分析运行时间的时候，我们使用它来衡量时间复杂度。

具有讽刺意味的是，恰恰是那些可控的应用，常常不适合用来做并行化处理，这是因为在这些问题中，开销占了很大一部分。例如，时间复杂度为 $O(n)$ 的应用，可能会给我们带来挑战。我们在本书中会经常使用这个标记法。

2.10 数据序列化

一些并行的 R 包，比如 **snow** 包，通过网络序列化数据并发送数据，这意味着它要将数据转换成 ASCII 的形式。数据必须在接收端进行反序列化。不管严重不严重，这都会造成延迟，而这点必须考虑在内。

2.11 “易并行”的应用

我们经常在并行编程的讲座上听到*易并行*这个术语。它是一个中心话题，因此我们需要单独的一节来讨论它。

2.11.1 人们说的“易并行”是什么意思

贫穷不可耻……但也不光荣。

——*《屋顶上的小提琴手》中的角色* Tevye

考虑矩阵乘法的应用，例如，我们要计算矩阵 $\boldsymbol{A}$ 和向量 $\boldsymbol{X}$ 的乘积 $\boldsymbol{AX}$。解决这个问题的一种并行方法是让每个处理器处理 $\boldsymbol{A}$ 的一组行，同处理其他行的集合的处理器一起并行，将每一行都乘以 $\boldsymbol{X}$。我们将这个问题称为易并行，英文中使用“embarrassing”，它指的是问题实在太简单，不涉及到任何智力上的挑战。很明显，计算 $\boldsymbol{Y} = \boldsymbol{AX}$ 可以通过简单地将 $\boldsymbol{A}$ 的行进行分组来实现并行化。

相反，大多数并行排序算法都需要大量的交互。例如，考虑一下归并排序。它将向量排序成两个（或者更多个）独立的部分，比如左半部分和右半部分，这两部分随后由两个进程并行地排序。至此，这些都是易并行的，至少在向量划分为两部分后是易并行的。然而，要把排序好的两个部分归并到一起，产生一个原先向量的排序好的版本，这个进程就不是易并行的；它也可以被并行化，但是需要一种更加复杂、更不明显的方式。

当然，有个易并行的问题并不可耻！相反，除非为了炫耀学术水平，遇到易并行的应用，是值得庆祝的一件事，因为它很容易编程实现。

最近几年，*易并行*这个术语慢慢有了新的含义。具有上面简单性的易并行的算法，它们在进程之间的通信开销非常低，而这正是获得好性能的关键。后者的特性是现在关注的中心，因此*易并行*这个术语通常用来指一个算法的通信开销很低。

2.11.2　适合非易并行应用的平台

通用目的的并行计算平台中，适合非易并行应用的仅有多核/多处理器系统。这是因为处理器/内存拷贝的通信开销最小。要注意到，这并不意味着没有开销——如果发生高速缓存一致性问题的话，我们要付出巨大的代价。但至少“基础”开销是很小的。

然而，非易并行问题一般来说都是难啃的硬骨头。一个老生常谈的好示例就是线性回归分析。在这个示例中，矩阵的逆或其等价操作，例如 QR 分解，都是很难并行化的。我们在本书中会经常回到这个问题上来。

第 3 章 并行循环调度的准则

许多并行编程的应用，不论是 R 还是通用的，都涉及到 for 循环的并行化。下面将会说明，它初看起来是很简单的一类应用编程，但是也存在严重的性能问题。

首先，让我们来定义一下要考察的类型。在本章中，我们假设每个循环的迭代都与其他循环是相互独立的，也就是说，一个迭代的执行，并不使用前一个迭代的结果。

下面是一个不满足此条件的代码示例：

```
total <- 0
for (i in 1:n) total <- total + x[i]
```

尽管这里的计算可以使用 R 的 sum() 函数，我们先不考虑这种情况。这里想说明的是，对每个 i，计算都依赖 total 的前一个值。

有了独立迭代的限制后，我们似乎就有了一类易并行的应用。从可编程性的角度来说，这是正确的。例如，在第 1.4.5 节的相互网页外链的代码中，使用 **snow** 包，我们可以对前面串行循环中所对应的 i 的范围简单地调用 clusterApply()：

```
ichunks <- 1:(nr-1)
tots <- clusterApply(cls, ichunks, doichunk)
```

这样就把 worker 要执行的各个迭代分发出去了。所以，是不是所有的 for 循环都如此简单？

答案是**不**，因为不同迭代的运行时间可能非常不同。如果我们不认真处理，就会遇到严重的负载均衡问题。实际上，在上述的相互网页外链的代码中也会遇到这个问题——对于较大的 i，doichunk() 函数只需要完成较少的任务：在第 6 页第 1.4.1 节中的（串行）代码中，第 i 次迭代时的矩阵相乘会涉及矩阵中的 $n-i$ 行。

如果我们不认真处理如何给 worker 分配迭代任务，例如如何做循环调度，就可能引起比较大的负载均衡问题。并且，通常我们不可能提前知道循环迭代的时间，因此，高效的循环调度问题是非常困难的。解决这些问题的方法是本章的重点。

3.1 循环调度的通用记法

假设我们有 k 个进程和很多循环迭代。另外，假设我们提前并不知道每个循环迭代需要花费多长时间。常见的循环调度的类型如下：

- 静态调度：循环迭代是在执行开始之前分配给循环迭代的进程的。
- 动态调度：把循环迭代分配给进程的过程是在执行时进行的。每当一个进程结束一个循环迭代时，它拾起一个（使用组块化时是几个）新的循环迭代来继续工作。
- 分块：将一组而非一个循环迭代分配给一个进程。比如在动态调度中，当一个进程变为空闲状态时，它拾起一组新的循环迭代来继续工作。
- 反向调度：在某些应用中，一个迭代的执行时间会随着这个循环索引的增长而增长。出于下文要说明原因考虑，把迭代的顺序进行反向会更加有效率。

请注意，静态调度和动态调度只能二选一，但既可以做组块化，又可以做反向调度。

具体来说，假设我们有循环迭代 A、B 和 C，以及两个进程P_1 和P_2。考虑这两种循环调度方式：

- **调度 I**：使用轮询（round robin）的方式来发放循环调度，即，环向——静态地把 A 分配给P_1，B 分配给P_2，C 分配给P_1……
- **调度 II**：随着执行的进展，动态发放循环调度，每次发放一个。让我们假设使用反向顺序来做这件事情，即 C、B 和 A，这是因为我们怀疑它们的循环调度次数是按照这个顺序递减的（与此相关的内容下面将会讨论）。

假设循环迭代 A、B 和 C 的执行时间分别是 10、20 和 40。让我们看看，使用这两个调度方式，我们会在什么时候完成整个循环迭代集合，以及会在空闲状态上浪费多少时间。

在调度 I 中，当P_1 在时间 10 时完成循环迭代 A，它开始执行 C，并在时间 50 完成后者。P_2 在时间 20 时完成，然后在时间 20 到 50 保持空闲状态。

在调度 II 中，关于P_1 和P_2 谁去执行循环迭代 C 是随机的。假设是P_1。P_1 会仅执行循环迭代 C，然后就不会再做更多的事情了。P_1 会执行 B，然后它会拾起 A 并执行此循环迭代。整体的循环迭代集合会在时间 40 结束，空闲时间是 10 个单位时间。换句话说，不管是在完成项目的速度上，还是在我们必须容忍的空闲时间上，调度 II 都比调度 I 好。

顺便说一句，即使是调度 II 的静态版本，如果它仍然使用 (C,B,A) 的顺序，它的性能会和调度 I 一样差劲。

然而有两个因素，我们必须考虑：

- 前面曾经提到过，通常我们并不能提前知道循环迭代的运行时间。在上述的示例中，我们在调度 II 中使用反向顺序来分配循环迭代任务，这是因为我们怀疑 C 可能需要最长的时间来执行，等等。这个猜测是正确的（在这个人为的示例中），把我们的任务队列反向排序，是调度 II 在这个情形中取得胜利的关键。
- 调度 II，以及任何其他的动态方法，都可能会有一个潜在的开销成本。例如，在 **snow** 中，这可能需要在 worker 和 manager 中进行通信，从而让 worker 决定它下一次应该被分配哪个任务。静态调度则没有这个缺点。

这就是在动态情形下进行分组的动机（尽管这也适用于静态情形）。通过把循环迭代成组的分配给进程而不是单独分配，进程可以更少地读取任务队列，因而可以降低开销。

另一方面，大规模的块也有可能带来负载不均衡的问题。每个进程处理各自最后一个块的起始时间很有可能不同。这就导致了一些进程会遇到空闲时间——这就是动态调度所要解决的问题。为此人们提出了一系列调度方法，使得要处理的块的规模随时间而减少，从而在计算的早期就节省开销，并在临近计算结束的时候减少出现严重负载不均衡的可能性（更多详情请见第 5.3 节）。

3.2 snow 中的分块

snow 包本身并不提供组块化的能力。然而，程序员自己就可以轻松地完成，我们修改版本的相互外链代码可以做一个很好的示例。

3.2.1 示例：相互外链问题

我们仅需修改第 1.4.5 节代码中的一行，但是为了方便，我们来看看整体的代码：

```
doichunk <- function(ichunk) {
    tot <- 0
    nr <- nrow(lnks)  # lnks 在 worker 处是全局变量
    for(i in ichunk) {
        tmp <- lnks[(i+1):nr, ] %*% lnks[i, ]
        tot <- tot + sum(tmp)
    }
    tot
}

mutoutpar <- function(cls, lnks) {
    nr <- nrow(lnks)
    clusterExport(cls, "lnks")
    ichunks <- clusterSplit(cls, 1:(nr-1))
    tots <- clusterApply(cls, ichunks, doichunk)
    Reduce(sum, tots) / nr
}
```

跟从前一样，我们的 mutoutpar() 函数将 i 的值分块，但现在它们是真正的块，而不像从前每个块只有一个 i。这是通过 **snow** 包中的 clusterSplit() 函数完成的：

```
mutoutpar <- function(cls, lnks){
    nr <- nrow(lnks)  # lnks 在 manager 处是全局变量
    clusterExport(cls, "lnks")
    ichunks <- clusterSplit(cls, 1:(nr-1))
    tots <- clusterApply(cls, ichunks, doichunk)
    Reduce(sum, tots) / nr
}
```

那么，clusterSplit() 做了些什么？假设 lnks 有 500 行，并且我们有

4 个 worker。这里的目标是把行号 $1,2,\ldots,500$ 划分到 4 个相等（或大致相等）的子集合中，这些子集合就是每个 worker 所要处理的索引块。很明显，结果应该是 $1 \sim 125$、$126 \sim 250$、$251 \sim 375$ 和 $376 \sim 500$，它们分别对应我们串行代码 1.4.1 中外层 `for` 循环的 `i` 值。第 1 个 worker 将处理迭代为 $i = 1,2,\ldots,125$ 的外层循环，以此类推。

我们来检查一下。为了节省下面的空间，我们用一个小示例 $1,2,\ldots,50$，在集群 `cls` 上做实验：

```
> clusterSplit(cls, 1:50)
[[1]]
 [1]  1  2  3  4  5  6  7  8  9 10 11 12 13
[[2]]
 [1] 14 15 16 17 18 19 20 21 22 23 24 25
[[3]]
 [1] 26 27 28 29 30 31 32 33 34 35 36 37
[[4]]
 [1] 38 39 40 41 42 43 44 45 46 47 48 49 50
```

调用 `clusterSplit()` 返回了一个含有 4 个元素的列表，每个元素都是一个向量，这个向量显示了指定 worker 将要处理的索引。它的确像我们预料的那样运行了。因为 50 不能被 4 整除，**snow** 包给了我长度为 $13,12,12,13$ 的四个子集合。这个函数试图让子集合尽可能地平均分配。

那么，再思考一下 500 行和 4 个 worker 的情形，代码：

```
ichunks <- clusterSplit(cls, 1:(nr-1))
tots <- clusterApply(cls, ichunks, doichunk)
```

会把块 $1:125$ 发送给第一个 worker，$126:250$ 发送给第二个，$251:375$[1] 发送给第三个，$375:499$ 发送给第四个。返回的列表，被赋值给 `tots`，现在将包含四个元素，而不是之前的 499 个。

此外，这个版本的代码相对上个版本的代码的唯一更改是添加了真正的分块。这应该非常有用，因为它让我们更好地利用 R 来做非常快速地矩阵乘法。让我们来看看是不是这样的。下面是一个简单的计时实验，在我们常用的 32 核机器上，使用了 8 个核来计算 1000×1000 的问题：

[1]此处笔误，应为 $251:374$ 。——译者注

分块?	时间
否	9.062
是	6.264

事实上，我们的速度提升了大概 30% 。

3.3 关于代码复杂度

一般来说，分块可以减少开销。这也意味着大多数情况下都会增加代码的复杂度，但这依然非常值得。例如，在第 3.4.5 节的示例中，我们可以发现，不进行分块的版本运行起来比串行代码慢得多，而进行分块的版本比串行代码的速度则快非常多。

因此，这里的代码有的时候会比我们以前见过的代码更复杂。通常算法本身都很简单，但是实现起来经常都涉及到很多细节。

欢迎来到并行编程的世界！在这种编程中，注意细节就是残酷的现实。但是只要你着眼于事情的主要部分——设计代码时策略的要点 ——你就能顺利看懂下面的示例，更重要的是，编写自己的代码。你不需要成为一个专业的程序员，就可以编写良好的并行代码，你只需要有点儿耐心。

还有一个相关的提醒，读者可能会意识到，实际上有经验的 R 程序员一般都会避免写 `for` 循环。在一些情况下，这样做是为了获得更快的速度，但在其他情况下，我们的目标仅仅是编写紧凑的代码，这样做会使得代码更加容易阅读（尽管经常不好编写）。

但是当使用非循环代码的主要优势是代码紧凑性的时候，读者对自由使用 `for` 循环就不要犹豫不决了。特别要说的是，尽管我们在本书中经常使用 `apply()`，通常它并不能带来速度提升，读者可能更喜欢继续使用带有怀旧范儿的循环。

3.4 示例：所有可能回归

考虑统计方法论的支柱——线性回归分析。在这里我们要试着从其他变量里面预测一个变量。

主要的问题是预测变量的选择：一方面，我们想要在回归方程中包含所有相关的预测变量。但另一方面，我们必须避免过拟合，而且复杂模型很难被解释。因而，我们希望的是一个良好、紧凑、简约的方程。

假设我们有 n 个观测值，p 个预测变量。在变量选择的所有可能回归中，我们用回归模型来拟合 p 个预测变量中的每一个可能的子集，然后根据某些标准，选择我们最喜欢的一个。在我们的示例中我们要用到的是校正决定系数（adjusted R^2），它是对传统的（总体上）R^2 标准的一个统计上（近似）的无偏估计。换句话说，我们为模型选择的预测变量，它使得校正决定系数最大。

3.4.1 并行化策略

一共有 2^p 种可能的模型，因此计算量会相当大——这非常适合使用并行计算。在这里有两种可能：

(a) 对预测变量集合中的每一个，我们都可以并行的对其做回归计算。例如，在计算使用预测变量 2 和 5 的模型时，所有的进程都一起工作。

(b) 我们可以给每个进程分配不同的预测变量集合，进程随后在它所分配的集合上做回归计算。例如，一个进程可能会对使用了预测变量 2 和 5 的全部模型进行计算，另一个进程则处理使用预测变量 8，9 和 12 的模型，等等。

选项 (a) 存在问题。对一个给定的包含 m 个预测变量的集合，我们必须先计算各种平方和与乘积和。每个加法都有 n 个被加数，一共有 $O(m^2)$ 个加法计算，这使得计算复杂度为 $O(nm^2)$。（回想一下我们在第 2.9 节引入了这个记号。）之后我们必须进行矩阵求逆（或者其他等价的计算，比如 QR 分解），其复杂度为 $O(m^3)$ [2]。

不幸的是，尽管人们已经发明出了很多好的方法，矩阵求逆迄今仍然不是一个易并行的计算，在这里选择选项 (b) 会简单很多。后者是易并行的，事实上，它包含一个循环。

下面是一个并行做这件事情的 **snow** 包的实现。它在所有满足条件的模型中计算校正决定系数值，这些模型预测变量集合的大小最大为 k。用户可以选择静态或者动态调度，或者颠倒迭代的顺序，用户可以指定一个（不变的）块的大小。

3.4.2 代码

```
1 # 回归响应变量列 Y 以及
```

[2]在 QR 分解中，复杂度可能是 $O(m^2)$，这取决于要计算的是什么。

```
2  # Xi 预测变量变量的所有可能子集
3  # 子集规模最大为 k; 返回
4  # 每个子集的校正决定系数
5
6  # 调度参数:
7  #   static(clusterApply())
8  #   dynamic(clusterApplyLB())
9  #   颠倒任务的顺序
10 #   块大小（动态情形下）
11
12 # 参数:
13 #   cls: Snow 集群
14 #   x: 预测变量矩阵, 每列一个
15 #   y: 响应变量向量
16 #   k: 预测变量集合大小的最大值
17 #   reverse: TRUE 表示对迭代顺序进行颠倒
18 #   dyn: TRUE 表示动态调度
19 #   chunksize: 调度块的规模
20
21 # 返回值:
22 #   R 矩阵, 显示校正决定系数,
23 #   使用预测集合来进行索引
24
25 snowapr <- function(cls, x, y, k, reverse=F, dyn=F,
26                     chunksize=1) {
27    require(parallel)
28    p <- ncol(x)
29    # 生成预测变量子集, 一个 R 的 list,
30    # 1 个元素代表一个预测变量子集
31    allcombs <- genallcombs(p, k)
32    ncombs <- length(allcombs)
33    clusterExport(cls, "do1pset")
34    # 设定任务索引
35    tasks <- if(!reverse)
```

```
36          seq(1, ncombs, chunksize) else
37          seq(ncombs, 1, -chunksize)
38      if(!dyn) {
39          out <- clusterApply(cls, tasks, dochunk, x, y,
40                              allcombs, chunksize)
41      } else {
42          out <- clusterApplyLB(cls, tasks, dochunk, x, y,
43                                allcombs, chunksize)
44      }
45      # out 的每个元素都由校正决定系数和
46      # 产生这个值的预测变量集合的索引构成
47      # 然后把这些向量
48      # 集合到一个矩阵中
49      Reduce(rbind, out)
50  }
51
52  # 生成 1..p 的所有大小 <= k 的非空集合;
53  # 返回一个索引向量形式的 R list
54  # 每个元素代表一个预测变量集合
55  genallcombs <- function(p, k) {
56      allcombs <- list()
57      for(i in 1:k) {
58          tmp <- combn(1:p, i)
59          allcombs <- c(allcombs, matrixtolist(tmp, rc=2))
60      }
61      allcombs
62  }
63
64  # 从矩阵中提取行(rc=1)或列(rc=2),
65  # 生成一个 list
66  matrixtolist <- function(rc ,m) {
67      if(rc == 1) {
68          Map(function(rownum) m[rownum, ], 1:nrow(m))
69      } else Map(function(colnum) m[, colnum], 1:ncol(m))
```

```
70 }
71
72 # 处理 allcombs 块中的所有预测变量集合
73 # 这个分块的第一个索引是 psetsstart
74 dochunk <- function(psetsstart, x, y, allcombs,
75                     chunksize) {
76     ncombs <- length(allcombs)
77     lasttask <- min(psetsstart+chunksize-1, ncombs)
78     t(sapply(allcombs[psetsstart:lasttask],
79             do1pset, x, y))
80 }
81
82 # 找到指定预测变量集合 onepset 的
83 # 校正决定系数;
84 # 返回值是校正决定系数, 紧跟着用 0 来填充空位的预测变量集合的索引
85 # 为了方便, 对 do1pset() 的调用所返回的向量的长度都是 k+1;
86 # 例如, 对 k=4, (0.28, 1, 3, 0, 0) 意味着
87 # 预测变量集合是由 x 的第 1 和 第 3 列, R 平方值为 0.28
88 do1pset <- function(onepset , x, y) {
89     slm <- summary(lm(y ~ x[, onepset]))
90     n0s <- ncol(x) - length(onepset)
91     c(slm$adj.r.squared, onepset, rep(0, n0s))
92 }
93
94 # 看起来最好的预测变量集合
95 snowtest <- function(cls, n, p, k, chunksize=1,
96                      dyn=F, rvrs=F) {
97     gendata(n, p)
98     snowapr(cls, x, y, k, rvrs, dyn, chunksize)
99 }
100
101 gendata <- function(n, p) {
102     x <<- matrix(rnorm(n*p), ncol=p)
103     y <<- x %*% c(rep(0.5, p)) + rnorm(n)
```

```
}
```

3.4.3 样例运行

这是一些样例输出：

```
> snowtest(c8, 100, 4, 2)
            [,1] [,2] [,3] [,4] [,5]
 [1,] 0.21941625    1    0    0    0
 [2,] 0.05960716    2    0    0    0
 [3,] 0.11090411    3    0    0    0
 [4,] 0.15092073    4    0    0    0
 [5,] 0.26576805    1    2    0    0
 [6,] 0.35730378    1    3    0    0
 [7,] 0.32840075    1    4    0    0
 [8,] 0.17534962    2    3    0    0
 [9,] 0.20841665    2    4    0    0
[10,] 0.27900555    3    4    0    0
```

在这里我们生成了大小 $n = 100$ 的模拟数据，有 $p = 4$ 个预测变量，预测变量集合的最大 $k = 2$。对使用预测变量 1 和 3 的模型，即 `x` 的第 1 列和第 3 列，校正决定系数的最大值大约是 0.36，

3.4.4 代码分析

我们在第 3.3 节说过，并行代码会涉及很多细节。因此，记住算法的整体策略是很重要的事情。在我们手头的这个示例中，策略如下：

- manager 决定了所有预测变量集合的大小，最大为 k。
- manager 分配 worker 来处理指定的预测变量集合。
- 每个 worker 对分配给它的每个预测变量集合来计算校正决定系数。
- manager 收集结果，将其聚合到一个结果矩阵。矩阵的第 i 行是校正决定系数和其所对应的预测变量集合。

注意，我们这里的方案与第 1.1 节中的讨论是一致的，也就是让我们的代码能够利用 R 的能力：每个 worker 调用 R 的线性模型函数 `lm()`。

为了理解细节，我们接着来考虑 $p = 4$、$k = 2$ 的情形。此外，假设我们的分块大小是 2，有两个 worker，我们将会使用静态、非反向调度。

3.4.4.1 我们的任务列表

我们的主函数 snowapr() 会先调用 genallcombs()，后者就如它的名字一样，会生成预测变量的所有组合，每列元素是一个组合：

```
> genallcombs(4, 2)
[[1]]
 [1] 1
[[2]]
 [1] 2
[[3]]
 [1] 3
[[4]]
 [1] 4
[[5]]
 [1] 1 2
[[6]]
 [1] 1 3
[[7]]
 [1] 1 4
[[8]]
 [1] 2 3
[[9]]
 [1] 2 4
[[10]]
 [1] 3 4
```

例如，最后一列元素表明它的组合是 $(3,4)$，这对应于一个模型，其使用了预测变量 3 和预测变量 4，即 x 的第 3 和 4 列。

因此，列表 allcombs 就是我们的任务列表，每列的元素是一个任务。

正如之前提到过的，基本思想很简单：我们把这些任务分发给 worker，这个示例中一共 10 个任务。接着每个 worker 在它所分配的变量组合上进行回归，并把结果返回给 manager，后者将结果进行聚合。

3.4.4.2 分块

在这里我们使用下面这行来设置分块：

```
tasks <- seq(1, ncombs, chunksize)
```

在上面的示例中，`tasks` 将会是 $(1,3,5,7,9)$。我们的代码会把这些数字用作各个分块的起始索引。例如 3 指的是从第三个组合开始的分块，即 `allcombs` 的第三个元素。由于这个示例中，我们分块的大小是 2，分块会是由 `allcombs` 的第三和第四个组合构成的：这个分块是由两个单预测变量模型构成的，一个使用预测变量 3，另一个使用预测变量 4。

3.4.4.3 任务调度

我们给这两个 worker 分别命名为 P_1 和 P_2，并且假设使用静态调度，这是 **snow** 包的默认设置。这个包使用轮询的方式来实现调度。回想一下，我们的向量 `tasks` 是 $(1,3,5,7,9)$，我们看到 1 会被分配给 P_1，3 分配给 P_2，5 会被分配给 P_1，如此往复。再说一次，要注意，因为我们的分块大小是 2，把 3 分配给 P_2，意味着组合 3 和 4 要被那个 worker 来处理。

在我们调用 `snowapr()` 时，会把 `chunksize` 设置成 2，由于我们使用静态调度，把 `dyn` 设置成 `FALSE`。不会颠倒任务顺序，所以我们把 `rvrs` 设置成 `FALSE`。

在动态调度的情形下，一开始，分配是和静态情形是一样的，其中 P_1 被分配组合 1 和 2，P_2 被分配组合 3 和 4。然而随后，事情就不可预测了。组合 5 和 6 既可能被 manager 分配给 P_1，也可能分配给 P_2，这取决于哪个 worker 先结束它最初被分配的组合。这是一个“先到先得”类型的设置。**snow** 包中包括了一个用来做动态调度的 `clusterApply()` 变体，名为 `clusterApplyLB()`（“LB” 的意思是“负载均衡”）。

我们在第 3.1 节的小示例中可以看到，使用反向顺序可能会对调度迭代有利。这需要我们设置 `reverse` 为 `TRUE`。由于在这个应用中迭代时间很明显在增长，所以应该考虑使用这个选项。

3.4.4.4 实际任务分配

我们来看一下核心代码，**snow** 包调用

```
out <- clusterApply(cls, tasks, dochunk, x, y, allcombs,
                    chunksize)
```

（对应的 `clusterApplyLB()` 也会使用同样的方法调用）。正如以前提到的，`tasks` 将会是 $(1, 3, 5, 7, 9)$，其中每个元素都会被传入一个 worker 的 `dochunk()` 函数。像我们之前所说的，P_1 会处理元素 1,5 和 9，这会使得 P_1 三次调用 `dochunk()`。在这些调用中，`psetsstart` 被分别设置成 1,5 和 9。

注意，我们所写的 `dochunk()` 函数有五个参数。像上面所解释的，第一个参数是 `tasks` 的一部分。每个 worker 的那个参数的值都不同。但是其他四个参数都来自下面调用中 `dochunk` 之后的元素。

```
out <- clusterApply(cls, tasks, dochunk, x, y, allcombs,
        chunksize)
```

这些参数的值在所有的 worker 中都是一样的。**snow** 函数 `clusterApply()` 是这样组织的，worker 函数（这个示例中是 `dochunk()`）之后的所有参数在所有 worker 中的赋值是一样的。

为了方便，这里拷贝了一份相关的代码：

```
dochunk <- function(psetsstart, x, y, allcombs, chunksize) {
    ncombs <- length(allcombs)
    lasttask <- min(psetsstart+chunksize-1, ncombs)
    t(sapply(allcombs[psetsstart:lasttask], do1pset, x, y))
}

do1pset <- function(onepset, x, y) {
    slm <- summary(lm(y ~ x[, onepset]))
    n0s <- ncol(x)- length(onepset)
    c(slm$adj.r.squared, onepset, rep(0, n0s))
}
```

下面列出的是我们先前找到的 `allcombs`（的一部分）：

```
[[1]]
 [1] 1
[[2]]
 [1] 2
[[3]]
 [1] 3
...
```

我们来看一下当 P_1 在第 1 个元素上，即把 psetsstart 设置为 1 时，调用 dochunk() 会发生什么：

psetsstart 的名字的意思是“预测变量集合的起始”，这表明我们的预测变量集合是从 allcombs 的第 1 个元素开始的。因为 allcombs[[1]] 只是 (1)，这个预测变量集合只有预测变量 1。由于在调用 min() 时所计算的 lasttask 是 2，我们的第二个（同时也是最后一个）预测变量集合只有预测变量 2。概括一下：P_1 在当前分块上的任务是这样构成的，先使用 x 的第 1 列作为预测变量进行回归分析，然后使用第 2 列。

现在让我们看看在 dochunk() 中对 sapply() 的调用：

```
t(sapply(allcombs[psetsstart:lasttask], do1pset, x, y))
```

do1pset() 会首先作用于 allcombs[psetsstart]，然后是 allcombs[psetsstart+1]，以此类推，直到 allcombs[lasttask]。换句话说，do1pset() 会作用于这个 worker 的 allcombs 中的每个预测变量集合。在我们手头上的情形中，就是集合 {1} 和集合 {2}。

因为 do1pset() 的返回值是一个向量类型，sapply() 的结果是按列排列的。因此，我们最后需要调用矩阵转置函数 t()。

do1pset() 函数本身是非常直接的。注意，调用回归函数 lm() 并进行 summary() 的返回对象的其中一个分量是 adj.r.squared，即校正决定系数。

最终结果是，psetsstart 等于 1 时调用 dochunk()，会返回第 3.4.3 节所看到的最终结果的第 1 和第 2 行。尽管 **snow** 包本身缺少分块的功能，分块可以通过这种方式来进行。

这里有很多东西需要消化理解！为了分块而进行的任务划分是很错综复杂的，不分块的版本会简单很多。但是我们在第 3.4.5 节中会发现，分块是有必要的。没有它，我们的并行代码会比串行版本慢。

3.4.4.5 封装

回到 snowapr()，我们使用 Reduce() 来聚合从 worker 那里返回的结果（这些结果跟从前一样，都是列表的形式）：

```
Reduce(rbind, out)
```

3.4.5 计时实验

我们不会在这里进行详尽分析，比如变化所有的因子——n、p、调度方法、块大小、进程数，等等。但是我们先来探索一下。

下面是我们在自己的那台 32 核的机器上，$n = 10000$，$p = 20$，$k = 3$ 的一些计时，尽管我们只使用了八个内核。作为基准，我们来看一下只使用一个核（不使用 **snow** 包）时，需要运行多长时间。一个代码修改过的版本（此处没有展示）的结果如下所示：

```
> system.time(apr(x, y, 3))
   user  system elapsed
 35.070   0.132  35.295
```

现在让我们在一个两进程的集群上运行一下：

```
> system.time(snowapr(c2, x, y, 3))
   user  system elapsed
 31.006   5.028  77.447
```

这很糟糕！运行时间并没有变为一半，使用两个进程实际上加倍了时间。这是一个非常好的示例，它展示了开销会带来的问题。

让我们看看动态调度是否有用：

```
> system.time(snowapr(c2, x, y, 3, dyn=T))
   user  system elapsed
 33.370   4.844  64.543
```

好了一些，但还是比串行版本慢。分块会有用吗？

```
> system.time(snowapr(c2, x, y, 3, dyn=T, chunk=10))
   user  system elapsed
```

```
  2.904   0.572   22.753
> system.time(snowapr(c2, x, y, 3, dyn=T, chunk=25))
   user  system  elapsed
  1.340   0.240   19.677
> system.time(snowapr(c2, x, y, 3, dyn=T, chunk=50))
   user  system  elapsed
  0.652   0.128   19.692
```

啊！结果越来越好了！在这个限制性的实验中，还不知道什么样的分块大小是最好的，但是上面所有试过的大小都不错。

一个八进程的 **snow** 集群会怎么样呢？

```
> system.time(snowapr(c8, x, y, 3, dyn=T, chunk=10))
   user  system  elapsed
  3.861   0.568    7.542
> system.time(snowapr(c8, x, y, 3, dyn=T, chunk=15))
   user system  elapsed
  2.592  0.284    6.828
> system.time(snowapr(c8, x, y, 3, dyn=T, chunk=20))
   user  system  elapsed
  1.808   0.316    6.740
> system.time(snowapr(c8, x, y, 3, dyn=T, chunk=25))
   user  system  elapsed
  1.452   0.232    7.082
```

这大概比串行版本有五倍的速度提升，很不错。

当然，理论上，我们可能会期待有八倍的速度提升，因为我们有八个处理器，但是开销抵消了一部分提升。

另外，在考虑块大小时，比较有用的方法可能是检查我们一共需要处理多少个预测变量集合：

```
> length(genallcombs(20, 3))
[1] 1350
```

3.5 partools 包

回忆上一节中的 `matrixtolist()` 函数，它把一个矩阵转换成一个由矩阵的行或者列构成的 R 列表。显然这个函数在以其他情形下也会有用。因此我把它和其他一些函数/代码片段收集到一个 CRAN 上的 **partools** 包中。

3.6 示例：所有可能回归，改进版本

从上面的并行化中，我们确确实实得到不小的速度提升，但同时，我们也应该会有一些难以摆脱的疑问。毕竟，我们做了非常多的重复工作。

如果你有线性模型的数学背景（没有的话也别担心，你依然能够读懂下文），你会知道估计的回归系数的向量是如下计算的：

$$\hat{\beta} = \left(X'X\right)^{-1} X'Y \tag{3.1}$$

（再一次，我们用了一些比如 QR 分解之类的方法来替代矩阵求逆）其中 X 是预测变量数据（每个预测变量是一列）的矩阵，Y 是响应变量值的向量，撇号表示矩阵转置。如果我们按照标准，在模型中包含常数项，则 X 的第一列的元素全都是 1。

问题是每次调用 `lm()` 时，我们都重做了部分计算。尤其，看一下 $X'X$。对我们所使用预测变量的每个集合，我们都为 X 的列的不同集合来计算这个乘积。为什么不一次计算好所有的 X 呢？

举个示例，假如我们现在正在处理预测变量集合 $(2,3,4)$。使用 $\tilde{X}$ 来表示这个集合中的 X。则 $\tilde{X}'\tilde{X}$ 等价于 $X'X$ 中第 3 至 5 行、第 3 至 5 列的 3×3 所形成的子矩阵。

因而，一次计算 $X'X$ 是合理的，之后我们可以提取所需要的子矩阵。

3.6.1 代码

```
1  # 回归响应变量列 Y 以及
2  # Xi 预测变量的所有可能子集合
3  # 子集大小最大为 k; 返回
4  # 每个子集的校正决定系数
5
```

```
6   # 这个版本先计算 X'X 和 X'Y，
7   # 并且把它存在 worker 上
8
9   # 调度方法：
10  #
11  #   static(clusterApply())
12  #   dynamic(clusterApplyLB())
13  #   颠倒任务的顺序
14  #   不同的分块大小（动态情形下）
15
16  # 参数：
17  #   cls：集群
18  #   x：预测变量矩阵，每列一个
19  #   y：响应变量向量
20  #   k：预测变量集合大小的最大值
21  #   reverse：TRUE 表示对迭代顺序做颠倒
22  #   dyn：TRUE 表示动态调度
23  #   chunksize：调度块的大小
24  # 返回值：
25  #   R 矩阵，显示由预测变量集合索引的
26  #   校正决定系数
27
28  snowapr1 <- function(cls, x, y, k, reverse=F, dyn=F,
29                       chunksize=1) {
30     require(parallel)
31     # 添加一列 1
32     x <- cbind(1, x)
33     xpx <- crossprod(x, x)
34     xpy <- crossprod(x, y)
35     p <- ncol(x)- 1
36     # 生成预测变量子集矩阵
37     allcombs <- genallcombs(p, k)
38     ncombs <- length(allcombs)
39     clusterExport(cls, "do1pset1")
```

```
40     clusterExport(cls, "linregadjr2")
41     # 设置任务索引
42     tasks <- if (!reverse)
43         seq(1, ncombs, chunksize) else
44         seq(ncombs, 1, -chunksize)
45     if (!dyn) {
46         out <- mclapply(tasks, dochunk2, x, y,
47                         xpx, xpy, allcombs, chunksize)
48     } else {
49         out <- clusterApplyLB(cls, tasks, dochunk2, x, y,
50                               xpx, xpy, allcombs, chunksize)
51     }
52     Reduce(rbind, out)
53 }
54 
55 # 生成大小 <= k 的 1..p 的所有非空子集
56 # 返回一个 R 的 list, 每个元素代表一个预测变量集合
57 genallcombs <- function(p, k) {
58     allcombs <- list()
59     for (i in 1:k) {
60         tmp <- combn(1:p, i)
61         allcombs <- c(allcombs, matrixtolist(tmp, rc=2))
62     }
63     allcombs
64 }
65 
66 # 从矩阵中提取行(rc=1)或列(rc=2),
67 # 生成一个 list
68 matrixtolist <- function(rc, m) {
69     if (rc == 1) {
70         Map(function(rownum) m[rownum, ], 1:nrow(m))
71     } else {
72         Map(function(colnum) m[, colnum], 1:ncol(m))
73     }
```

```
74 }
75
76 # 处理分块中所有的预测变量集合
77 # 其第一个索引是 psetstart
78 dochunk2 <- function(psetstart, x, y, xpx, xpy,
79                      allcombs, chunksize) {
80    ncombs <- length(allcombs)
81    lasttask <- min(psetstart+chunksize-1, ncombs)
82    t(sapply(allcombs[psetstart:lasttask], do1pset1,
83           x, y, xpx, xpy))
84 }
85
86 # 找到指定预测变量集合索引的校正决定系数
87 do1pset1 <- function(onepset, x, y, xpx, xpy){
88    ps <- c(1, onepset+1)  # 常数项
89    x1 <- x[, ps]
90    xpx1 <- xpx[ps, ps]
91    xpy1 <- xpy[ps]
92    ar2 <- linregadjr2(x1, y, xpx1, xpy1)
93    n0s <- ncol(x) - length(ps)
94    # 生成这个预测变量集合的结果;
95    # 末尾补 0 从而生成统一的行数
96    # 的矩阵, 以使用 snowapr() 中的 rbind()
97    c(ar2, onepset, rep(0, n0s))
98 }
99
100 # “从头开始”找到回归估计
101 linregadjr2 <- function(x, y, xpx, xpy) {
102    bhat <- solve(xpx, xpy)
103    resids <- y - x %*% bhat
104    r2 <- 1 - sum(resids^2)/sum((y-mean(y))^2)
105    n <- nrow(x)
106    p <- ncol(x) - 1
107    1 -(1- r2)*(n-1)/(n-p-1)  # adj R2
```

```
108 }
109
110 # 哪个预测变量集合看起来最好
111 snowtest1 <- function(cls, n, p, k, chunksize=1,
112                       dyn=F, rvrs=F) {
113     gendata(n, p)
114     snowapr(cls, x, y, k, rvrs, dyn, chunksize)
115 }
116
117 gendata <- function(n, p) {
118     x <<- matrix(rnorm(n*p), ncol=p)
119     y <<- x %*% c(rep(0.5, p)) + rnorm(n)
120 }
```

3.6.2 代码分析

我们只对前面的代码做了很少的修改:

- 像前面提到的，通常回归模型都包括一个常数项，即模型中的 β_0

$$\text{mean response} = \beta_0 + \beta_1\text{predictor1} + \beta_2\text{predictor2} + \ldots \tag{3.2}$$

  为了适应此常数项，回归的数学基础需要在 $\boldsymbol{X}$ 矩阵的前面添加一列 1。我们可以通过在 snowapr1() 中使用

```
x <- cbind(1, x)
```

  这行代码来完成[3]。

- 我们的预测变量集合的索引，比如上面的 $(2, 3, 4)$，必须在 do1pset() 中相应地移动，在这个新代码中，它被改为了 do1pset1()。

```
ps <- c(1, onepset+1)  # 常数项
```

- 注意，我们使用了 R 的 crossprod() 函数，并对矩阵 $\boldsymbol{A}$ 和 $\boldsymbol{B}$ 调用这个函数，计算 $\boldsymbol{A}'\boldsymbol{B}$。

[3]读者要注意，这里的代码没有为良好的数值属性——矩阵条件数——做优化。

- `linregadjr2()` 函数计算数学定义里面的校正决定系数（在这里不能使用 R 的 `lm.fit()` 函数，因为它不能利用我们已经计算好的 $X'X$ 和 $X'Y$）。

3.6.3 计时

我们来按照以前运行 `snowapr()` 的同样设置来运行 `snowapr1()`。再说一次，这结果的运行配置是 `n = 10000`、`p = 20`、`k = 3`，并且在一个 8 节点的 snow 集群上设置了 `dyn = T`、`reverse=FALSE`。

分块大小	snowapr()	snowapr1()
1	39.81	63.67
10	7.54	6.16
15	6.83	4.60
20	6.74	3.39
25	7.08	3.13

除了不分块的情形下有一个奇怪的增长，其他情形都有很明显的改进。还有一点：由于当 `chunksize = 25` 时，花费的时间看起来有所下降，我在更大的规模上进行了尝试：

块大小	snowapr1()
50	1.632
75	1.026
150	0.726
200	0.633
350	0.683
500	0.831

可见，提前计算 $X'X$ 和 $X'Y$ 不仅能够改进早先的计算时间，也使我们能够更好地探索分块的情况。

读者可能会想，并行化这些计算——$X'X$ 和 $X'Y$——是否会值得。在我们上面所看到的问题情形下，答案是否定的；串行计算这两个矩阵的时间已经非常小了，所以并行开销会造成速度的明显下降。然而，当问题情形比较大时，并行就可能非常值得了。

3.7 引入另一个工具：multicore

我们在第 1.4.2 节解释过，**parallel** 包是由 R 的两个包，即 **snow** 包和 **multicore** 包构成的。既然我们已经看到了前者是如何运行的，让我们来看看后者。（注意，就像我们使用 **snow** 包来作为“**parallel** 包中从 **snow** 包中改写而来的那一部分”的简称，我们也是这么使用 **multicore** 包。）

就像名字所表明的那样，**multicore** 包必须在一个多核机器上运行。并且，它还被限制要使用 Unix 家族的操作系统，即 Linux 和 Macintosh OS X。在这样的平台上，你会发现 **multicore** 包比 **snow** 包性能更好 [4]。

3.7.1 性能提升的源头

Unix 族的系统都有被称为 `fork()` 的*系统调用*，即写应用的程序员可以调用系统的一个函数作为服务。这个 *fork* 的意思是“路的分叉口”中“分叉”的意思，而不是“刀叉”中“叉”的意思。这个术语想要引入的图景是一个进程分成了两个。

multicore 包调用系统的 `fork()`。结果是如果你在 **parallel** 包中调用 **multicore** 包的一个函数，在你的机器上，会有两个或多个 R 的实例！假如你有一个四核机器，并且在调用 **multicore** 包的 `mclapply()` 函数时，把 `mc.cores` 设置为 4。你现在会有五个 R 的实例在运行——一个最初的，以及四个新加的（你可以在你的系统上运行 ps 命令来检查这个结果）。

原则上它会在计算时充分利用你的机器——四个子 R 进程运行在四个内核上（父 R 进程进入休眠状态，等待四个子进程结束）。

十分重要的一点是，最初这四个子 R 进程都是跟父进程的一模一样拷贝。在创建子进程的时候，它们中的变量值是相同的。同样重要的是，最初这四个子进程实际上是*共享数据*的，即它们存取内存中的同一个物理地址（注意上面说的*最初*；一个 worker 对变量做的任何更改，都不会在 manager 或者其他 worker 上有所反应）。

为什么这个很重要？再想一下本章前面所有可能回归的示例，尤其是在第

[4]有人会说，“迄今为止所用过的 **snow** 包”。更多内容将在后面讲述。

3.6 节中讨论的改进版本。那里的思路是限制重复计算，只计算一次 xpx 和 xpy，然后把它们发送给 worker。

然而，后者很可能是个问题。把大的对象传输到 worker 上可能需要花费很多时间。实际上，把这两个矩阵传输到 worker 上还会带来更多的开销，即我们在第 2.10 节说的，**snow** 包会对通信进行序列化。

但是，使用 **multicore** 包就不需要这么做了。因为 fork() 创建了最初的 R 进程的一模一样且共享的拷贝，它们都已经含有了变量 xpx 和 xpy！至少在 Linux 系统上，使用了写时复制（copy-on-write）策略，它让子进程在物理上共享数据，直到新数据被写入。但在这个应用中，变量不会改变，因此使用 **multicore** 包会有更好的性能。注意我们也可以对变量 allcombs 做同样的处理来提升性能。

snow 包也有一个基于 fork() 的选项，它被称为 makeForkCluster()。因此，我们也可以通过使用 **snow** 包的这个函数，替换 makeCluster()，来获得同样的性能提升。如果你在一个多核系统上使用 **snow** 包，你应该考虑一下这个选项。

3.7.2 示例：所有可能回归，使用 multicore

multicore 中最主要的是 mclapply()，它是 lapply() 的并行版本。我们使用这个函数来改写之前的代码。由于它很像 **snow** 包中的 clusterApply()，我们对代码所做的修改非常小。实际上，由于没有（显式的）集群，我们的代码甚至比 **snow** 包版本的代码还简单。

代码如下：

```
1  # 回归响应变量列 Y 以及
2  # Xi 预测变量的所有可能子集
3  # 子集大小最大为 k; 返回
4  # 每个子集的校正决定系数
5
6  # 这个版本先计算 X'X 和 X'Y
7
8  # 调度方法:
9  #
10 #   static(clusterApply())
```

```
11 #   dynamic(clusterApplyLB())
12 #   颠倒任务的顺序
13 #   分块大小（动态情形下）
14
15 # 参数：
16 #   cls: 集群
17 #   x: 预测变量矩阵，每列一个
18 #   y: 响应变量向量
19 #   k: 预测变量集合大小的最大值
20 #   reverse: TRUE 表示对迭代顺序做颠倒
21 #   dyn: TRUE 表示动态调度
22 #   chunksize: 块的大小
23 # 返回值：
24 #   R 矩阵，显示校正决定系数，
25 #   使用预测变量集合来进行索引
26
27 mcapr <- function(x, y, k, ncores, reverse=F, dyn=F, chunk=1) {
28    require(parallel)
29    # add 1 s column to X
30    # 给 X 添加一列 1
31    x <- cbind(1, x)
32    # 计算 X'X, X'Y
33    xpx <- crossprod(x, x)
34    xpy <- crossprod(x, y)
35    # 生成预测变量子集矩阵
36    allcombs <- genallcombs(ncol(x)-1, k)
37    ncombs <- length(allcombs)
38    # 设置任务索引
39    tasks <- if (!reverse) seq(1, ncombs, chunk) else
40       seq(ncombs, 1, -chunk)
41    out <- mclapply(tasks, dochunk2, x, y, xpx, xpy,
42                    allcombs, chunk, mc.cores=ncores, mc.
43                    preschedule=!dyn)
44    Reduce(rbind, out)
```

```
45 }
46
47 # 处理块中所有的预测变量集合
48 # 这个块的第一个索引是 psetstart
49 dochunk2 <- function(psetsstart, x, y,
50                      xpx, xpy, allcombs, chunk) {
51    ncombs <- length(allcombs)
52    lasttask <- min(psetsstart+chunk-1, ncombs)
53    t(sapply(allcombs[psetsstart:lasttask], do1pset2,
54             x, y, xpx, xpy))
55 }
56
57 # 找到 onepset 所指定预测变量集合 onepset
58 # 的校正决定系数
59 do1pset2 <- function(onepset, x, y, xpx, xpy) {
60    ps <- c(1, onepset+1)  # 考虑值为 1 的列
61    xps <- x[, ps]
62    xpxps <- xpx[ps, ps]
63    xpyps <- xpy[ps]
64    ar2 <- linregadjr2(xps, y, xpxps, xpyps)
65    n0s <- ncol(x) - length(ps)
66    # 生成这个预测变量集合的报告;
67    # 末尾补 0 来生成统一的行数
68    # 的矩阵，从而使用 mcapr() 中的 rbind()
69    c(ar2, onepset, rep(0, n0s))
70 }
71
72 # 使用指定的 xpx, xpy 来做线性回归
73 # 返回校正决定系数
74 linregadjr2 <- function(xps, y, xpx, xpy) {
75    # 获取 beta 因子的估计值
76    bhat <- solve(xpx, xpy)
77    # 计算 R 平方值和校正决定系数
78    resids <- y - xps %*% bhat
```

```
79      r2 <- 1 - sum(resids^2)/sum((y-mean(y))^ 2)
80      n <- nrow(xps)
81      p <- ncol(xps) - 1
82      1 -(1-r2)*(n-1)/(n-p-1)
83  }
84
85  # 生成 1..p 的大小 <= k 的所有非空集合;
86  # 返回一个 R 列表，每个预测集合一个元素
87  genallcombs <- function(p, k) {
88      allcombs <- list()
89      for (i in 1:k) {
90          tmp <- combn(1:p, i)
91          allcombs <- c(allcombs, matrixtolist(tmp, rc=2))
92      }
93      allcombs
94  }
95
96  # 从矩阵中提取行(rc=1)或列(rc=2),
97  # 生成一个 list
98  matrixtolist <- function(rc, m) {
99      if(rc == 1){
100         Map(function(rownum) m[rownum, ], 1:nrow(m))
101     } else {
102         Map(function(colnum) m[, colnum], 1:ncol(m))
103     }
104 }
105
106 # 测试数据
107 gendata <- function(n, p) {
108     x <<- matrix(rnorm(n*p), ncol=p)
109     y <<- x %*% c(rep(0.5, p)) + rnorm(n)
110 }
```

如前文所述，对 **snow** 包版本的代码所做的修改非常小。没有了对集群

的引用，并且由于 worker 已经有了 do1pset1() 之类的函数，我们也不再需要向 worker 导出！对 clusterApply() 的调用被替换成了对 mclapply() 的调用 [5]。

我们来看一下对 mclapply() 的调用：

```
out <- mclapply(tasks, dochunk2, x, y, xpx, xpy, allcombs, chunk,
                mc.cores=ncores, mc.preschedule=!dyn)
```

调用格式（至少是这里所使用的）与 clusterApply() 的调用几乎一模一样，主要的差别在于我们指定了内核的数目而不是指定了一个集群。

就像使用 **snow** 包一样，**multicore** 包提供了静态调度和动态调度，这可以通过对应地设置 mc.preschedule 参数为 TRUE 或者 FALSE 来实现。（默认是 TRUE。）因此在这里我们只需要简单地设置 mc.preschedule 与 dyn 相反即可。

在静态调度时，**multicore** 包通过 clusterApply()，使用轮询的方式把循环调度分配给内核。

对于动态调度，mclapply() 先创建一组数量等于内核数的 R 的子进程；每个都处理一个迭代。然后，每当一个子进程向最初的 R 进程返回结果时，后者都会创建一个新的子进程，来处理另一个迭代。

3.7.3 计时

那么，运行结果怎么样？让我们在一个比从前稍微大一点儿的问题上进行尝试——使用同样的八个内核，同样的 n 和 p，但 $k = 5$ 而不是 $k = 3$。

下面是我们先前修改的 **snow** 包版本的改进代码中，运行时间中比较好的结果：

```
> system.time(snowapr1(c8, x, y, 5, dyn=T, chunk=300))
   user  system elapsed
  7.561   0.368   8.398
> system.time(snowapr1(c8, x, y, 5, dyn=T, chunk=450))
   user  system elapsed
  5.420   0.228   7.175
```

[5] 尽管 mclapply() 依然有 xpx 等作为参数，被复制的却仅仅是指向共享内存中这些变量的指针；并没有对数据进行复制。相反，如果你在使用 makeCluster() 所设置的集群上运行我们之前 **snow** 包版本的代码，数据会通过接口进行复制。

```
> system.time(snowapr1(c8, x, y, 5, dyn=T, chunk=600))
   user  system elapsed
  3.696   0.124   6.677
> system.time(snowapr1(c8, x, y, 5, dyn=T, chunk=800))
   user  system elapsed
  2.984   0.124   6.544
> system.time(snowapr1(c8, x, y, 5, dyn=T, chunk=1000))
   user  system elapsed
  2.505   0.092   6.441
> system.time(snowapr1(c8, x, y, 5, dyn=T, chunk=1200))
   user  system elapsed
  2.248   0.072   7.218
```

把这些结果与 **multicore** 包版本的进行对比：

```
> system.time(mcapr(x, y, 5, dyn=T, chunk=50, ncores=8))
   user  system elapsed
 35.186  14.777   7.259
> system.time(mcapr(x, y, 5, dy n=T, chunk=75, ncores=8))
   user  system elapsed
 36.546  15.349   7.236
> system.time(mcapr(x, y, 5, dy n=T, chunk=100, ncores=8))
   user  system elapsed
 37.218  9.949   6.606
> system.time(mcapr(x, y, 5, dy n=T, chunk=125, ncores=8))
   user  system elapsed
 38.871  9.572   6.675
> system.time(mcapr(x, y, 5, dy n=T, chunk=150, ncores=8))
   user  system elapsed
 34.458  8.012   5.843
> system.time(mcapr(x, y, 5, dy n=T, chunk=175, ncores=8))
   user  system elapsed
 34.754  5.936   5.716
> system.time(mcapr(x, y, 5, dy n=T, chunk=200, ncores=8))
   user  system elapsed
```

```
39.834   7.389    6.440
```

在这里有两点值得注意。第一，很明显，我们看到 **multicore** 包的结果更好，大约好 10%。但也要注意，**snow** 包版本需要大得多的分块大小，才能获得好结果。这是可以解释的，回想一下，分块是用来分摊开销这件事的。由于 **snow** 包版本有更多的开销，因此，它需要更大的分块大小来获得较好的性能。

3.8 块大小的问题

我们已经知道，程序的性能与分块的大小关系非常密切。如果分块太小，我们就要处理更多的块，因而会产生更多的开销；如果块太大，我们在运行快要结束的时候会遇到负载均衡问题。

那么，应该如何选择分块大小呢？

数据科学到处都是这样令人烦恼的问题。确实，在前面的示例中，我们计算了所有可能回归，这个示例是由这样一个问题驱动的：如何选择预测变量集合？尽管人们已经发明了各种各样的方法，这个问题一直没有被完全解决。对于分块大小来说，问题就更加难了，甚至还没有标准（即使是次优）的方法来解决这个问题。

在很多应用中，人们必须处理一系列问题，而不是仅仅一个问题。在这种情形下，人们可以通过在前一两个问题上做实验，来决定一个较好的块大小，然后使用这个块大小来继续。

还要注意的是，我们还没有试过使用随时间变化的块大小的方案，这个方案在本章一开始曾经简单地提到过。回忆一下这个想法，它是在一开始的迭代中使用较大的块来减少开销，但在快要结束时使用较小的块，来获得更好的负载均衡。

你可能会想在 **snow** 包或 **multicore** 包中这么做是否可行。实际上，答案是肯定的。回忆一下我们使用这两个包来进行组块化，虽然它们都没有提供分块的选项；仅仅需要恰当地编写代码。

考虑这个简单的示例：我们有 20 个迭代以及两个进程。我们可以定义块，分别包含迭代 $1-7$、迭代 $8-14$、迭代 $15-17$ 和迭代 $18-20$。换句话说，分块大小分别是 $7,7,3,3$。

接着就可以对应地调整代码了。

这样，我们就有了随时间变化的块大小，尽管在编码方面变得更加复杂了。但是，随时间变化的分块大小，并不能保证给我们的速度带来提升。

我们会在第 5.3 节继续讨论这个问题。

3.9 示例：并行距离计算

假设我们有两个数据集，分别有 m 和 n 个观测。有很多应用需要计算两个观测集合中 mn 个组合对之间的距离（假设两个数据集彼此不同，但是如果相同集合的话，代码也可以调整）。

例如，许多聚类算法都使用距离。这通常都比较复杂，因此，为了直观地理解“距离”在统计中的重要性，我们来考虑非参数回归。

假设我们正在通过两个变量来预测一个变量。为了描述的简单，使用一个带有具体变量的示例。假设我们正在通过身高和年龄来预测人的体重。本质上，这涉及到把平均体重表达为身高和年龄的函数，然后从三个变量都已知的样本数据——通常被称为*训练集合*——中估计它们的关系。我们也有其他的数据集，仅仅包含只知道身高和体重的人，这被称为*预测集合*；它是用来对比我们在训练集合上得出的几个模型的性能，从而避免可能的过拟合问题。

在非参数回归中，我们不能假设响应和预测变量的关系是符合线性或者其他参数形式的。预测集合中某个人，身高 70 英寸[6]，年龄 32 岁，要猜测这个人的体重，可以先看看训练集合中身高在上下 2 英寸范围内且年龄在上下 3 岁范围内的人。接着可以对这些人求平均体重，使用它来作为预测集合中，身高 70 英寸，年龄 32 岁的人的预测体重。为了改进，对训练集合中身高越接近 70 英寸并且年龄越接近 32 岁的人，在求平均的时候给他们更高的权重。

不管怎么样，我们都需要知道训练集合中的观测与预测集合中的观测的距离。假设我们的样本中有 n 个人，想要预测 p 个新的人。这意味着要像上面说的那样，需要计算 np 个距离。这涉及到许多计算，所以在下一节中讨论如何对它并行。

3.9.1 代码

像往常一样，我们希望编写并行代码，从而可以利用已有的 R 串行函数，在这个示例里，是 `pdist()`

[6]英寸用 in 表示，1 in = 25.4 mm。——编者注

```
# 就像 pdist() 一样，找到矩阵 x 和矩阵 y 中所有行
# 的可能的组合的距离，但是以并行的方式

# 参数:
#    cls: 集群
#    x: 数据矩阵
#    y: 数据矩阵
#    dyn: TRUE 表示动态调度
#    chunk: 分块大小
# 返回值:
#    完整的距离矩阵，一个 pdist 对象

library(parallel)
library(pdist)

snowpdist <- function(cls, x, y, dyn=F, chunk=1) {
   nx <- nrow(x)
   ichunks <- npart(nx, chunk)
   dists <-
      if (!dyn) {
         clusterApply(cls, ichunks, dochunk, x, y)
      } else {
         clusterApplyLB(cls, ichunks, dochunk, x, y)
      }
   tmp <- Reduce(c, dists)
   new("dists", dists=tmp, n=nrow(x), p=nrow(y))
}

# 处理 ichunk 中的所有行
dochunk <- function(ichunk, x, y) {
   pdist(x[ichunk, ], y)@dist
}

# 把 1:m 划分成每个大小约为 chunk 的块
```

```
35 npart <- function(m, chunk) {
36     splitIndices(m, ceiling(m/chunk))
37 }
```

我们来看看代码是如何工作的。

首先，它是在 **pdist** 包之上进行构建的，可以从 R 的贡献代码仓库 CRAN 获得。函数 pdist() 会调用使用 C 编写的 Rpdist()。再一次，我们听从第 1.1 节的建议：在构建并行代码的时候，我们利用 R 中强大高效的运算。

基本方案非常简单：把矩阵 x 划分成块，接着使用 pdist() 找到每个块中的每一行到 y 的距离。然而，我们在合并这些结果的时候，有一些细节要处理。

pdist 包定义了一个同名字的 S4 类，其核心是距离矩阵。下面是这个矩阵的一个示例：

```
> x
     [, 1] [, 2]
[1, ]    2     5
[2, ]    4     3
> y
     [, 1] [, 2]
[1, ]    1     4
[2, ]    3     1
```

这两个数据集合的距离矩阵是：

$$\begin{pmatrix} 1.414214 & 4.123106 \\ 3.162278 & 2.236068 \end{pmatrix} \tag{3.3}$$

从 x 的第 1 行到 y 的第 1 行的距离是 $\sqrt{(1-2)^2+(4-5)^2}=1.414214$，从 x 的第 1 行到 y 的第 2 行的距离是 $\sqrt{(3-2)^2+(1-5)^2}=4.123106$。这些数字构成了距离矩阵的第 1 行，第 2 行也是类似构造的。

pdist() 函数计算了距离矩阵，并将其返回作为 pdist 类中的一个槽 dist：

```
> pdist(x,y)
An object of class "pdist"
Slot "dist":
```

```
[1] 1.414214 4.123106 3.162278 2.236068
attr(, "Csingle")
[1] TRUE

Slot "n":
[1] 2

Slot "p":
[1] 2

Slot ".S3Class":
[1] "pdist"
```

注意，给出的距离矩阵是一维向量，把所有的行绑定在了一起。如果你愿意的话，你可以把它转换成矩阵：

```
> d <- pdist(x, y)
> as.matrix(d)
        [, 1]    [, 2]
[1, ] 1.414214 4.123106
[2, ] 3.162278 2.236068
```

记住这个，然后看一下代码：

```
1 dists <-
2     if (!dyn) {
3         clusterApply(cls, ichunks, dochunk, x, y)
4     } else {
5         clusterApplyLB(cls, ichunks, dochunk, x, y)
6     }
7 tmp <- Reduce(c, dists)
8 new("dists", dists=tmp, n=nrow(x), p=nrow(y))
```

列表 dists 包含了在各个块上调用 pdist() 的结果。每一个都是 pdist 类的对象。我们需要把它们拆开，合并距离切片，然后构建一个新的 pdist 类的对象。

由于 pdist 对象中的 dist 槽包含逐行的距离信息，我们可以简单地使用标准的 R 连接函数 c() 来完成合并。接着使用 new() 来为我们的最后结果创建一个大的 pdist 对象。

如果只想要这个距离矩阵，我们可以把 as.matrix() 作为 dochunk() 的最后一步，这样在 snowpdist() 中不需要调用 new()。

3.9.2 计时

跟以前一样，我们不会在这里做一个有关代码效率的通用研究。下面是在 2 核和 4 核机器上的样例计时。

```
> genxy <-
    function(n, k) {
        x <<- matrix(runif(n*k), ncol=k)
        y <<- matrix(runif(n*k), ncol=k)
    }
> genxy(15000, 20)
> system.time(pdist(x, y))
   user  system  elapsed
 40.459   6.144   46.885
> system.time(snowpdist(c2, x, y, chunk=500))
   user  system  elapsed
 15.189   3.156   46.520
> system.time(snowpdist(c4, x, y, chunk=500))
   user  system  elapsed
 15.749   3.620   34.537
```

2 节点的集群没有速度提升。4 节点的系统快了一些，但是速度的提升只有 1.36 倍，而不是理论值 4.0。

在这里，开销看起来影响很大。因此，我们来研究一个规模更大的问题，它使用 50 个变量而不是 20 个，然后使用多至 8 个内核来计算：

```
> genxy(15000, 50)
> system.time(pdist(x, y))
   user  system  elapsed
```

```
88.925   5.597  94.901
> system.time(snowpdist(c2, x, y, chunk=500))
  user  system elapsed
16.973   3.832  77.563
> system.time(snowpdist(c4, x, y, chunk=500))
  user  system elapsed
17.069   3.800  49.824
> system.time(snowpdist(c8, x, y, chunk=500))
  user  system elapsed
15.537   3.360  32.098
```

在这里，即使只是用了两个节点，都能看到改进。使用 4 和 8 台机器的集群能够看到更大的速度提升。

3.10 foreach 包

R 中另一个流行的并行化工具是 **foreach** 包，它可以在贡献代码仓库 CRAN 中获得。实际上，就像它的名字一样，**foreach** 包更关注于循环的情形，唤起 `for` 循环。

这个包让用户像在串行代码中一样设置 `for` 循环，但它使用 `foreach()` 函数而不是 `for()` 函数。用户还需要再做一个小修改，即添加一个运算符，`%dopar%`，这就是用户想要并行化他/她的串行代码时，所需做的所有的事情。

foreach 包的简单性非常吸引眼球。然而，在某些情形下，这种简单性可能会掩盖获得速度提升的好机会，在下一节的示例中我们就会看到。

3.10.1 示例：相互外链问题

下面是使用 **foreach** 包的相互外链问题代码。

```
1 mutoutfe <- function(links) {
2    require(foreach)
3    nr <- nrow(links)
4    nc <- ncol(links)
5    tot = 0
6    foreach (i = 1:(nr-1)) %dopar% {
```

```
7         for (j in (i+1):nr) {
8             for (k in 1:nc)
9                 tot <- tot + links[i, k] * links[j, k]
10        }
11    }
12    tot / nr
13 }
14
15 simfe <- function(nr, nc, ncores){
16    require(doMC)  # 这也会载入 'parallel' 包
17    cls <- makeCluster(ncores)
18    registerMC(cores=ncores)
19    lnks <<- matrix(sample(0:1, (nr*nc), replace=TRUE),
20                  nrow=nr)
21    print(system.time(mutoutfe(lnks)))
22 }
```

上面的 mutoutfe() 函数是对第 1 章中串行算法的改写:

```
1 mutoutser <- function(links) {
2    nr <- nrow(links)
3    nc <- ncol(links)
4    tot = 0
5    for (i in 1:(nr-1)) {
6        for (j in(i+1):nr){
7            for (k in 1:nc)
8                tot <- tot + links[i, k] * links[j, k]
9        }
10   }
11   tot / nr
12 }
```

原本对索引 i 的 for 循环，现在被替换成了 foreach 和%dopar%:

```
foreach (i = 1:(nr-1)) %dopar% {
```

用户还需要指明要运行的平台，即 **foreach** 包中的用语*后端*。它可以是 **snow** 包、**multicore** 包或者各种其他的并行软件系统。这个设置很灵活，除了上面提到的几个，你也可以在不同的平台上运行同样的代码。

来看看这是如何工作的，下面是一个测量上述代码运行速度的函数：

```
1 simfe <- function(nr, nc, ncores) {
2     require(doMC)
3     registerDoMC(cores=ncores)
4     lnks <<- matrix(sample(0:1, (nr*nc), replace=TRUE),
5                     nrow=nr)
6     print(system.time(mutoutfe(lnks)))
7 }
```

在这里我们选择 **multicore** 作为后端。**doMC** 包就是设计来完成这件事的。我们调用 `registerDoMC()` 来设置一个调用，后者使用所需的内核数来调用 **multicore** 包。接着当 `mutoutfe()` 中的 **foreach** 包运行的时候，它就会使用 **multicore** 包平台。

我们来看看它的性能怎么样：

```
> simfe(500, 500, 2)
   user  system  elapsed
 17.392   0.036   17.663
> simfe(500, 500, 4)
   user  system  elapsed
 52.900   0.176   13.578
> simfe(500, 500, 8)
   user  system  elapsed
 62.488   0.352    7.408
```

3.10.2 使用 foreach 要当心

正如前文所述，**foreach** 包一个很吸引人的地方是（对于易并行问题来说），仅仅改变一行代码，就能把串行代码改成并行。我们只需要把

```
for (i in irange)
```

替换成

```
foreach (i in irange) %dopar%
```

然而，这个简化在一些情形下可能是个误导。例如，上面对 **foreach** 包在相互外链问题下的计时，一开始看起来很好；使用的内核越多，运行时间越短。但是这里遇到一些问题：我们一次只能检查一行，即一次只能处理一个 i 的值，因而并没有利用 R 的快速矩阵乘法的能力，而后者使得我们在第 1.4.5 节中速度有了巨大的提升。

事实上，利用了矩阵乘法优势的 **snow** 版本，速度非常快：

```
> simsnow
function(nr, nc, ncores) {
   require(parallel)
   lnks <<- matrix(sample(0:1, (nr*nc), replace=TRUE),
                   nrow=nr)
   cls <- makeCluster(ncores)
   print(system.time(mutoutpar(cls)))
}
> simsnow(500, 500, 2)
   user  system  elapsed
  0.272   0.076   11.266
> simsnow(500, 500, 4)
   user  system  elapsed
  0.304   0.036    6.008
> simsnow(500, 500, 8)
   user  system  elapsed
  0.348   0.040    3.407
```

另一个示例是第 3.9 节中的并行距离计算。实际上，你会发现这是一个常见的场景，每当 R 函数运行在一块数据上，比如矩阵的行，而不是独立的实体上时，效率就会提升。

解决方案很简单：我们只需要把分块和矩阵乘法包含到 **foreach** 包的版本中，接着让 i 遍历各个块。但这个故事的真实用意是，简单地使用 foreach() 可能会掩盖提升速度的机会；我们不能简单地认为只要让代码并行就可以获得最大的速度提升。

当然，这对 **snow** 包和其他并行化的包也适用，但再说一遍，我们应该对 `foreach()` 格外注意，并且要避免认为只要使用了这个包，就可以轻易地并行。

3.11 跨度

在讨论并行循环计算时，程序员经常看到跨度，它指的是连续内存存取地址之间的距离。假设我们有一个 m 行 n 列的矩阵。考虑计算某些列中元素的总和。如果我们的存储使用列主序，则内存中存取的距离是一个字，即它们的跨度是 1。然而，如果我们使用行主序存储，跨度是 n。

这在内存组结构（第 2.5.1.1 节）中是一个问题。通常，体系结构都使用低位交叉，即连续字存放在连续的组中。如果我们有 4 个组，即交叉因子为 4，则第一个字会存储在组 0 中，接下来的三个字会分别存储在组 1, 2, 3 中，接下来的字存在组 0 中，如此等等，使用循环的方式。

这个问题就是要避免组冲突。假如我们的跨度是 1，并且我们可以保持所有的组同时工作，这正是我们最希望看到的。假设我们的跨度是 4。这就会是一个灾难，因为所有的存取都涉及同一个组，这会破坏我们进行并行操作的可能性。

即使我们使用高级编程语言编写代码，比如 R 或者 C，我们仍然要时刻牢记设计的算法中所隐含的跨度，这非常重要。可能我们不会知道运行代码的机器的组交叉因子，但是至少要记住这个问题。在 GPU 编程的时候，要想真正的最大化速度，也依赖于这件事。

3.12 另一种调度方案：随机任务置换

在提前不知道迭代时间的情形下，另一个可行的方案是在计算开始前，对迭代顺序进行随机化。

例如，考虑第 3.4.2 节的代码：

```
tasks <- if(!reverse) seq(1, ncombs, chunk) else
    seq(ncombs, 1, -chunk)
nt <- length(tasks)
randpermut <- sample(1:nt, nt, replace=F)
tasks <- tasks[randpermut]
```

```
6  if (!dyn) {
7      out <- clusterApply(cls, tasks, dochunk, x, y,
8                          allcombs, chunk)
9  } else {
10     out <- clusterApplyLB(cls, tasks, dochunk, x, y,
11                           allcombs, chunk)
12 }
```

3.12.1　数学

如果你对数学不感兴趣，可以跳过这一小节，感兴趣的读者则可以获得更深的了解。

假设我们有 n 次迭代，其时间记为 $t_1,...,t_n$，它们由静态调度的 p 个进程所处理。记 π 为 $(1,...,n)$ 的一个随机置换，则集合：

$$T_i = t_{\pi(i)}, i = 1,...,n \tag{3.4}$$

因而，T_i 是对 t_i 做了随机地置换，即它也是随机的。

我们的第 i 个进程处理第 π_s 到第 π_e 个迭代，其中

$$s = (i-1)c+1 \tag{3.5}$$

以及

$$e = ic \tag{3.6}$$

公式中的 c 是块的大小：

$$c = n/p \tag{3.7}$$

（假设 n 可以被 p 整除）。

令 μ 和 σ^2 分别表示 t_i 的均值和方差：

$$\mu = \frac{1}{n}\sum_{i=1}^{n} t_i \tag{3.8}$$

$$\sigma^2 = \frac{1}{n}\sum_{i=1}^{n} (t_i-\mu)^2 \tag{3.9}$$

注意他们并不是某种猜想的父分布的平均值和方差。我们没有假设 t_i 符合某种概率分布；实际上，我们也没有假设它们是随机的。因此，μ 和 σ^2 是 $t_1,...,t_n$ 这个数字集合的平均值和方差。

这时，$T_s, \ldots, T_e$ 可以通过在 $t_1, \ldots, t_n$ 中进行简单地随机抽样（例如，无放回）来获得。从有限总体抽样定理可知，第 i 个进程的总计算时间 U_i 的平均值是：

$$c\mu \tag{3.10}$$

方差是

$$(1-f)c\sigma^2 \tag{3.11}$$

其中 $f = c/n$.

U_i 的变异系数，即标准差除以平均值，为

$$\frac{\sqrt{(1-f)c\sigma^2}}{c\mu} \to 0, \quad \text{当} \quad c \to \inf \quad \text{时} \tag{3.12}$$

使用标准分析，如切比雪夫不等式，我们可以知道，变异系数小的随机变量其实就是常量。由于 $c = n/p$，则对较大的 n，T_i 本质上就是个常量（此处要么假定 p 是固定，要么 $p/n \to 0$）。换句话说，*随机方法渐进达到完全负载均衡*。

同时，随机方法引入了最小可调度的开销：一个 worker 仅与 manager 通信两次，一次用来获取数据，一次用来返回结果。换句话说，随机方法在理论上是渐进最优的。

3.12.2 实践中的随机方法与其他方法

随机方法背后的直觉就是，在大型的问题中，不同线程的处理时间的方差应该很小。这意味着较好的负载均衡。

本书作者的模拟结果表明，随机方法一般都表现得相当好。然而，并行处理世界中并没有“银弹”。要注意以下几点：

- 通过将迭代的顺序随机化，我们可能会丢失引用的局部性，从而会引起比较差劲的高速缓存与/或虚拟内存性能。这可以通过对分块而非每个迭代进行随机化来解决。
- 沿用上一节的记法，随机算法的理论边界是基于随机变量 T_i 的*方差*。而负载均衡涉及到这些随机变量的*最大值*（比如数量的最大值减去最小值），而不是它们的方差。对于固定的 n/p，随着 p 的增加，性能会越来越差，因为一些进程处理它的块的时间变长的概率也会随之增加。

很常见的是，要么 (a) 迭代时间是单调递增的，要么 (b) 运行一个任务队列的开销相比任务时间而言很小。在这两种情形下，随机算法可能不会带来什么提升。然而，它的确值得留在你的循环调度工具箱里。

3.13 调试 snow 和 multicore 的代码

通常说，调试任何代码都很难，但调试并行代码会格外的困难。我们要像杂技演员一样，善于在同一时刻观察许多东西。

更糟的是，程序员不能直接使用诸如 R 内建的 `debug()` 和 `browser()` 函数这样的调试工具。这是因为我们的 worker 上的代码不是运行在终端/窗口环境下的。出于同样的原因，对 `print()` 函数的调用也不能正常工作。

下面，看看我们能做些什么。

3.13.1 在 snow 中调试

程序员依然可以用一种欺骗的方式来使用 `browser()`，我们会在下面进行展示。由于它有一点繁复，请注意如果你使用的是 Unix 家族的系统（Mac/Linux/Cygwin 等），我的 **partools** 包（第 3.5 节）中的 `dbs()` 函数可以自动为你做整个处理！在那种情形下，你可以开心地忽略以下的内容。

下面是有两个 worker 集群的上述过程的概览：

- 在被 worker 执行的代码部分插入 `browser()` 调用。
- 当设置集群时，在调用 `makeCluster()` 时设置 `manual=T`。
- 这个调用会创建集群，接着打印一条消息来通知我们位于哪个 IP 地址和端口的 manager 是可用的。
- 在我们屏幕上的其他两个窗口中，启动 R，使用选项来侦听从指定 IP 地址的 manager 处发来的命令。
- 在两个 worker 各自的窗口中，我们通知 worker 按照 manager 发送来的命令来行动。
- 在 manager 的窗口中，我们调用 manager 要执行的代码。这个代码会包含一个对 `clusterApply()` 或者其他 **snow** 包服务的调用。这会使得 worker 开始运行我们的应用！
- worker 会遇到 `browser()` 调用，那时我们就可以在两个窗口中像平常一样进行调试了。

然而再说一遍，这些在 dbs() 中都是自动化的。

3.13.2 在 multicore 中调试

不幸的是，上述方案对 **multicore** 包无效。

绕过 print() 的方法是使用 cat() 并打印到文件。比如我们正试着确认一个变量 x 的值，如果我们相信自己的代码运行正确的话，它的值是 8（我称这个为确认原则，调试中的一个基础规则：单步调试代码，在各个点检查变量的值是否等于认为它应有的值。最后会遇到一个不吻合的地方，这就给我们关于 bug 出现的大概位置一个很大的线索）。我们可以像这样插入代码

```
cat("x is", x, "\n", file="dbg")
```

如果想要检查一个变量 y，我们可以像这样插入代码

```
cat("y is", y, "\n", file="dbg", append=T)
```

注意 append 这个参数。我们可以在另一个窗口检查文件 dbg。

这样做的一大缺点是各个 worker 的所有调试输出会混在一起！即使程序员这么处理时给出了每个 worker 的 ID 号，调试输出仍然很难阅读。这个问题也可以由 **partools** 包来补救，通过 dbsmsg() 函数，它把不同 worker 的输出写入不同的文件；这个函数不依赖于具体平台。

第 4 章 共享内存范式：基于 R 的简单介绍

共享内存范式（从硬件角度来说）最为人熟知的模型就是多核机器。多个并行的进程通过存取机器中它们所共同使用的内存（RAM）单元来互相通信。这与消息传递硬件不同，后者内部有许多分隔开的独立机器，进程之间通过连接各个机器的网络来进行通信。

并行处理社区的很多人认为共享内存编程是各种可用的编程范式中最清晰的。由于编程的开发时间通常跟程序运行时间一样重要，这使得共享内存范式清晰、简介的形式，成为一个很大的优势。

另一个共享内存硬件的类型是加速芯片，特别是图形处理单元（graphics processing unit, GPU）。在这里，我们使用计算机的视频卡并不是为了处理图像，而是为了提供非图像专用的快速并行计算操作，比如矩阵乘法。

我们将用三章来讲解共享内存编程。本章将描述这个话题的概览，并使用 R 中的 **Rdsm** 进行描述。尽管人们使用 C/C++ 来编程，更能充分利用共享内存的优点，但 **Rdsm** 包可以从 R 语言的级别来完成共享内存并行化，这比用 C/C++ 编程要简单很多 [1]。这种情形很像有名的消息传递包 MPI；要想真正使用 MPI 的潜能，人们需要写 C/C++，但是使用 MPI 的接口（第 8 章）——**Rmpi** 包来写 R 代码，就非常简单且"快速"（第 1.1.1 节）。此外，**Rdsm** 包也表明，针对某些应用，共享内存编程比其他的 R 并行包运行地快得多。

Rdsm 包除了作为并行包对 R 有直接价值，它也非常适合放在本章中作为对共享内存编程的优雅入门介绍。R 给我们提供了数据和统计运算的功能，这让我们可以专心于共享内存编程，这比用 C/C++ 来编程会更加清晰。

---

[1] 人们也可以使用 FORTRAN，但在数据科学领域很少使用它。

下一章则会讨论在 C/C++ 中使用共享内存编程，本系列的第三章则讨论 GPU 编程。

4.1 是什么被共享了？

共享内存这个术语是指所有的处理器都共享同一块内存地址空间。下面看看这到底意味着什么。

4.1.1 全局变量

我们在本书中不会讲解机器语言的问题，但是快速地看一个示例还是很有帮助的。一个处理器一般包含多个寄存器，它们像存储单元一样，但是却位于处理器内部。在 Intel 处理器中，其中一个寄存器被称为 RAX [2]。注意在多核机器上，每个内核都有它自己的寄存器，因而每个内核都有它自己独立的被称为 RAX 的寄存器。

回想第 2.5.1.1 节中，在多核机器上编程的标准方法是设置线程。在同一时刻，同一个程序的多个实例在同时运行，并且它们都共享内存。这意味着什么，假设所有的内核都在运行着程序的线程，并且程序包含 Intel 机器语言指令

```
movl 200, %eax
```

它把内存地址 200 的内容复制到内核的 RAX 寄存器上。

在继续之前，有一个问题值得问，“这个 200 是从哪里来的？”在高级语言（比如 C）的源代码中，可能有一个名为 z 的变量。C 编译器会决定在哪个内存地址（比如 200）来存储 z，并且可能会把存取 z 的那一行 C 语言代码翻译成上面的机器指令。

同样的原则对像 R 这样使用虚拟机的解释性语言也成立。如果 R 代码中有一个变量 w，R 解释器会为它选择一个内存地址，在最后，执行的机器指令和上面的差不多。

那么，当机器指令执行的时候会发生什么？记住，只有 200 这一个内存地址是被所有内核共享的，但是每个内核都有它自己独立的寄存器组。如果内核 1 和内核 4 恰好在同时执行同一条指令，上面示例中，内存地址 200 处的内容既会被复制到内核 1 的 RAX 中，也会被复制到内核 4 的 RAX 中。

[2]一些架构不是面向寄存器的，但是为了简单起见，我们假设此处的结构是面向寄存器的。

需要提到一个技术问题，我们在第 2 章中提到过，现在大多数机器都使用虚拟寻址。在执行时，地址 200 实际上被硬件映射到另一个地址，比如 5208。但是由于我们的示例中，内核都是在运行同一个程序的线程，虚拟地址 200 在所有内核上都会被映射到同样的地址 5208 处。因此，不管人们讨论的是虚拟地址还是物理地址，关键问题就在于所有内核都存取同一个实际存储单元。

4.1.2 局部变量：栈结构

这里有个很微妙的事情，在引用共享变量时，我们一般讨论的是全局变量，而不是在一个函数里面所声明的局部变量。局部变量也存储在共享内存中，但是它们一般都存放在栈内，栈是一个分配给线程的内存区域，每个线程有独立的栈。

栈内的数据，在大多数机器上是通过寄存器调用栈指针来引用的，我们在这里称栈指针为 SP（stack pointer）。习惯上，栈是朝着内存地址 0 的方向增长的，因此在 64 位（即 8 字节）机器上将栈扩大一个字，是通过把 SP 减去 8 来实现的。

为了描述这个过程，考虑如下代码

```
1  f <- function(x) {
2     ...
3     y <- 2
4     z <- x + y
5     ...
6  }
7  ...
8  g <- function() {
9     t <- 3
10    v <- 6
11    w <- f(v)
12    u <- w + 1
13 }
```

当线程在 g() 中执行 f(v) 的调用时会发生什么？内部的 R 代码（在使用 C/C++ 时，指的是编译后的机器代码）会把 SP 减去 8，然后在（新扩充后的）栈的顶端，即 SP 当前指向的字，写入 6。接着开始执行 f()，代码会做两件事情：(a) 它会再一次把 SP 减去 8，把函数调用之后的代码地址写入栈，在这个示例中即 `u <- w + 1` [3]（用来知道一会儿要返回什么地方）。(b) 它会跳转到 `f()` 被存储的内存区域，并且开始执行这个函数。内部的 R 代码会接着在栈上为 `y` 申请空间，再一次把 SP 减去 8，当执行完 `y <- 2`，2 会被写入栈中 `y` 的地址内。任何要使用 `x` 的代码都可以在栈中获取 `x`，因为它之前就已被放入了栈中。

总体来说上面的信息很有用，我们也会在本书的后续中继续讨论它，但是由于每个内核都有一个独立的栈指针，每个线程的栈都在内存的不同区域。因此接下来要说到我为 R 写的线程包 **Rdsm** 包，它就是用来处理在每个线程上局部变量 `y` 都有一个单独且独立的实例的情形。我们将会看到，与前面所说的不同，**Rdsm** 包的共享变量只有一个实例可以被所有线程读写。

顺便说一句，注意一下，当 `f()` 函数执行完毕并返回的时候会发生什么。内部代码会清理栈，它会把 SP 移回到它把 6 和 2 写入栈之前的地址。SP 现在会指向包含上面步骤 (a) 中所记录的地址的字，代码会跳转到那个地址，即 `u <- w + 1` 会被执行，这就是我们想要的。从而，`g()` 恢复执行，它的局部变量，比如 `t`，仍然存在，这是因为从 `g()` 本身被调用的时候起，这些局部变量就在栈上。

4.1.3 非共享内存系统

在非共享内存系统中，比如一个由多个工作站组成的网络，这些工作站都运行着 **Rmpi** 或 **snow** 包[4]，每个工作站都有它自己的内存，并且每个工作站都有它自己的地址 200，与其他工作站内存中的地址 200 完全独立。注意，每个工作站可能都运行着多核硬件，这时我们的系统是一个混合系统。

还要注意的是，我们依然可以在一个多核机器（事实上，我们在前几章就这么做了）上，运行消息传递的软件，例如 **Rmpi** 包和 **snow** 包。但这种情形下，我们就完全没有利用共享内存了 [5]。如果在使用 **Rmpi** 包，多个进程都不再是线程，虚拟位置 200 在一个内核上可能会被映射到 5208，在另一个内核上可能则被映射到 28888。

---

[3]原文是 `u <- w + 2`，应为笔误，此处已修改。——译者注

[4]注意，我们使用 **snow** 包来代指 R 中 **parallel** 包里面的，原先叫做 **snow** 包的那部分代码。

[5]你可能会想起，如果我们用 **snow** 包的 `makeForkCluster()` 创建了一个集群，就会在所有 worker 中初始化地共享我们的全局变量，但由 worker 对全局变量的改变则不会被共享。

4.2 共享内存代码的简洁

共享内存编程世界观被许多并行处理社区的人认为是并行编程中最清晰的形式之一[6]。我们来看看为什么。

假设我们希望把 x 复制到 y。在像 **Rmpi** 包这样的消息传递设置中，x 和 y 可能会留在网络节点 2 和 5 的进程中。程序员可能会在进程 2 中编写如下的代码来运行

```
mpi.send.Robj(x, tag=0, dest=5) # 发送到 worker 5
```

而在进程 5 中编写如下的代码来运行

```
# 从 worker 2 接收
y <- mpi.recv.Robj(tag=0, source=2)
```

与之相反，在共享内存环境中，变量 x 和 y 都被共享，程序员仅需要编写

```
y <- x
```

多么大的不同！既然 x 和 y 都被进程共享，我们可以直接存取它们，这会让代码变得异常简单。

注意，这里讨论的是人的效率，而不是机器的效率。使用共享内存可以极大地简化代码，减少混乱，因而与在消息传递环境中相比，我们可以更快地编写和调试我们的程序。这并不意味着程序本身的执行速度会更快。比如，我们可能会遇到高速缓存性能的问题；进而在下文回到这个话题上。

尽管如此，结果表明在一些应用中，**Rdsm** 包与其他并行 R 包相比，确实可以获得速度上的提升。我们会在第 4.5 节回到这个问题上。

4.3 共享内存编程的高级介绍：Rdsm 包

尽管有时需要直接在 C/C++ 中编写代码使速度真正地最大化，我们更希望尽可能地留在 R 中，从而可以使用 R 强大的数据操作和统计运算的功能。这就是 **Rmpi** 和 **snow** 等 R 包背后的哲学。

[6]参见 Chandra, Rohit(2001),*Parallel Programming in OpenMP*, Kaufmann, pp.10ff (特别是表 1.1), 和 Hess, Matthias et al(2003), Experiences Using OpenMP Based on Compiler Directive Software DSM on a PC Cluster, in *OpenMP Shared Memory Parallel Programming:International Workshop on OpenMP Applications and Tools*, Michael Voss(ed.), Springer, p.216.

然而，这些都是消息传递的方案，就像上面提到的那样，从共享内存范式继承而来的简单性，使得它可以享受到两个世界的好处——运行在共享内存中，但使用 R 来编程。在写这本书的时候，我的 **Rmpi** 包是唯一一个有这样功能的包。你可以在 R 的代码仓库 CRAN 中下载它。

R 本身不支持多线程（更准确的说，R 不能在 R 编程级别提供多线程）。然而 **Rdsm** 包给 R 带来了多线程。就像前面说到的那样，**Rdsm** 除了有作为 R 并行包的直接价值之外，在本章我们也可以使用它作为共享内存编程的一个优雅的入门介绍。

4.3.1 使用共享内存

像 **snow** 包和 **Rmpi** 包一样，在 **Rdsm** 中每个进程都是一个单独、独立的 R 实例。然而，区别在于使用 **Rdsm** 包时，进程必须运行在同一个机器上，它们通过物理共享内存来共享变量。

现代操作系统允许程序员做这样一个请求，一块内存可以被任何一个包含键代码的进程所共享。R 的代码仓库 CRAN 中的 **bigmemory** 包允许程序员来完成这一请求，而 **Rdsm** 包是在其基础上构建的 [7]。

讽刺的是，共享内存包 **Rdsm** 在一些架构上也使用消息传递软件 **snow**。尤其是，**Rdsm** 包的程序员调用一些函数来设置每个共享变量，使用 **snow** 包来把这些关联的键分发给 **Rdsm** 线程，从而使得线程可以共享变量！

共享变量必须使用矩阵的形式，这是 **bigmemory** 包的一个限制。当然，程序员把标量看成一个 1×1 的矩阵，从而使用共享标量。共享矩阵的类是“`big.matrix`”。

注意程序员必须使用方括号来引用共享矩阵。例如，要打印共享矩阵 `m`，应该这么写

```
print(m[, ])
```

而不是

```
print(m)
```

后者只会打印出共享内存对象的地址。

[7] 尽管 **Rdsm** 包原本是想运行在共享内存机器上，**bigmemory** 包也适用于存储在共享磁盘文件上的共享变量。因此潜在地，**Rdsm** 包也可以用来给分布式系统——例如集群 ——提供共享内存的世界观。然而，这样做需要对共享文件系统做适当的升级，而大多数使用的文件系统都没有升级，比如网络文件系统（Network File System，NFS）。因此在写本书时，**Rdsm** 仅仅把它作为一项试验性的特性而提供出来。

4.4 示例：矩阵乘法

并行处理社区标准的入门示例就是矩阵乘法。下面给出的是 **Rdsm** 包的代码，以及一个小的测试。

4.4.1 代码

```
1  # 矩阵乘法；在 snow 集群 cls 上计算
2  # 乘积 u %*% v， 然后把它原地写入 w;
3  # w 是一个 big.matrix 对象
4  mmulthread <- function(u, v, w) {
5      require(parallel)
6      # 决定这个线程要处理哪些行
7      myidxs <-
8          splitIndices(nrow(u),
9                       myinfo$nwrkrs)[[myinfo$id]]
10     # 计算乘积中这个线程的部分
11     w[myidxs, ] <- u[myidxs, ] %*% v[, ]
12     0  # 不要做代价高昂的结果返回
13 }
14 
15 # 在 snow 集群 cls 上测试
16 test <- function(cls) {
17     # 初始化 Rdsm
18     mgrinit(cls)
19     # 设置共享变量 a, b, c,
20     mgrmakevar(cls, "a", 6, 2)
21     mgrmakevar(cls, "b", 2, 6)
22     mgrmakevar(cls, "c", 6, 6)
23     # 填充测试数据
24     a[, ] <- 1:12
25     b[, ] <- rep(1, 12)
26     # 给线程分发要运行的函数
```

```
27      clusterExport(cls, "mmulthread")
28      # 运行
29      clusterEvalQ(cls, mmulthread(a, b, c))
30      print(c[, ])  # not print(c)!
31  }
```

测试结果如下：

```
> library(parallel)
> c2 <- makeCluster(2)# 2 threads
> test(c2)
     [, 1] [, 2] [, 3] [, 4] [, 5] [, 6]
[1, ]    8    8    8    8    8    8
[2, ]   10   10   10   10   10   10
[3, ]   12   12   12   12   12   12
[4, ]   14   14   14   14   14   14
[5, ]   16   16   16   16   16   16
[6, ]   18   18   18   18   18   18
```

这里我们先设置一个两节点的 **snow** 包的集群 `c2`。要记住，使用 **snow** 包时，集群不需要是物理上的集群，它也可以是多核机器。对于 **Rdsm** 包而言，集群就是多核机器这种情形。

代码 `test()` 是作为 **snow** 包中的 manager 而运行的。它创建共享变量，接着通过 **snow** 包的 `clusterEvalQ()` 函数来启动 **Rdsm** 的线程。

4.4.2 分析

这里 **Rdsm** 包的设置阶段涉及如下：

首先，调用 **Rdsm** 包的 `mgrinit()` 来初始化 **Rdsm** 包系统，之后使用 **Rdsm** 包的 `mgrmakevar()` 函数在共享内存中创建三个矩阵 `a`、`b` 和 `c`（`a` 和 `b` 可以都是简单的 R 全局变量，而非 **Rdsm** 变量）。这一步会把必要的键和共享对象的大小分发给 **snow** 包的 worker 节点，即 **Rdsm** 包的线程。

接着，使用 **snow** 包的 `clusterEvalQ()` 来开始线程。这个函数类似于 R 的 `evalq()`，但它是运行在 worker 节点上的，并且使用节点的环境。例如，在一个四核机器上运行四个 **Rdsm** 线程，上面的调用

```
clusterEvalQ(cls, mmulthread(a, b, c))
```

会使得

```
mmulthread(a, b, c)
```

立刻在所有线程上开始运行（尽管所有的线程不太可能同时运行同一行代码）。注意，我们首先需要把 mmulthread() 函数本身发送给线程，这是因为 clusterEvalQ() 使用线程环境中的语境来运行指定的代码。

至关重要的一点是不要忘记共享变量，比如 c[,]。manager 获取包含这个变量的内存块的键，并把它通过 mgrmakevar() 共享给 worker。worker 写入那个内存，由于共享——要记住，共享意味着它们都存取同一个物理内存地址——manager 可以随后读取它并打印 c[,]。

4.4.3 代码

现在，mmulthread() 是如何工作的呢？基本思想是把参数矩阵 u 的行划分成块，让每个线程处理一个块[8]。比如说我们有 1000 行，以及一个四核机器（在上面我们设置了一个四节点的 **snow** 集群）。线程 1 会处理第 $1-250$ 行，线程 2 会处理第 $251-500$ 行，以此类推。

在代码中调用 **snow** 包的 splitIndices() 函数

```
myidxs <- splitIndices(nrow(u), myinfo$nwrkrs)[[myinfo$id]]
```

来分配块。例如，线程 2 处的 myidxs 值是 $251:500$。**Rdsm** 包内建的变量 myinfo 是一个 R 的列表，它包含线程总数 nwrkrs 和执行上面所展示的那行代码的线程的 ID 号 id。在我们示例中的线程 2 上，这些数字对应的是 4 和 2。

读者应该注意到线程编程的关键是"我"的角度。要记住，每个线程都（或多或少地）同时执行 mmulthread()。因此，那个函数的代码必须要从一个特定线程的角度来编写。这是我们在变量名 myidxs 中添加"my"的原因。我们把自己看作一个执行代码的特定线程，从拟人的角度来编写代码。这个线程就是"我"，因而行索引就是"我的"索引，这也就是 myidxs 名字的来源。

每个线程都用它自己的 u 的分块来乘以 v，并把结果写入 w 对应的分块中：

[8]一些并行算法同时对 u 和 v 进行划分。参见第 12 章。

```
w[myidxs, ] <- u[myidxs, ] %*% v[, ]
```

就像第 4.2 节中提到的，与消息传递方案不同，在这里不需要把对象在线程之间来回传递；对象已经在共享内存中，我们可以简单直接地存取它们。

注意乘积矩阵 w 并不是函数返回值的一部分。与之相反，它就在调用 mmulthread() 时 manager 为 w 指定的矩阵中，在这个示例中即 c。因此在代码

```
clusterEvalQ(cls, mmulthread(a, b, c))
print(c[, ])
```

中可以简单地输出 c 来查看 a 和 b 的乘积。

4.4.4 详解我们数据的共享本质

前面提到过，矩阵 w 不会被返回。与之相反，它作为共享变量，可以被拥有这个变量的键的所有线程直接存取。

我们来仔细研究一下，使用调试器来运行我们的测试代码：

```
> debug(test)
> test(c2)
debugging in:test(c2)
...
debug at MM. tex#16:mgrmakevar(cls, "c", 6, 6)
Browse[2]> n
debug at MM. tex#17:a[, ] <- 1:12
Browse[2]> print(c)
An object of class "big.matrix"
Slot "address":
<pointer: 0x105804ce0>
```

前面提到过，**Rdsm** 包变量是 “big.matrix” 对象，它是一个 R 的 S4 类。我们在上面看到，“big.matrix” 类主要包含内存地址——在这个示例中

是 0x105804ce0 ——它是实际共享矩阵（以及它的相关信息，比如行数和列数）的地址[9]。我们来看看谁存取了内存地址：

这行代码由 manager 执行

```
clusterEvalQ(cls, mmulthread(a, b, c))
```

而每个 worker 执行

```
mmulthread(a, b, c)
```

当代码执行时，这个函数调用中的变量 c 就是 mmulthread() 中的 w，因此会再次通过同一个地址 0x105804ce0 对 w 进行引用。

你会看到，所有的线程都和 manager 一起共享了这个矩阵，因为它们存取内存中的同一个地址。因而对这个示例来说，如果有任何一个实体往共享对象中进行写入，其他的实体都会看到这个新的值。

顺便提醒一下，“从传统意义上说”，R 是一门函数式语言，（几乎）没有副作用。我们来解释一下这个概念，考虑一个函数调用 f(x)。f() 对 x 所做的任何修改，都不会修改调用者中 x 的值。如果它修改了值，这就被称为调用的副作用，这在 C/C++ 这样的语言中经常发生，而在 R 中不会这样。如果确实要修改调用者中 x 的值，我们必须编写 f()，使得它返回 x 修改后的值，并在调用者中重新对 x 赋值。例如：

```
x <- f(x)
```

如上所示，**bigmemory** 包和 **Rdsm** 包都会产生副作用[10]。

R 从来都不是 100% 无副作用的，例如由于 <<-运算符的使用，以及越来越多的特殊情形。**bigmemory** 包和 **data.table** 包就是示例，R 中新的引用类也是。允许副作用的主要目的是，在仅需要一个大对象中的一个小分量的时候，用户可以避免复制整个大对象。这对并行处理语境来说尤其重要；我们在前面提到过，不必要地复制大对象，会降低并行程序的速度。

Rdsm 包中包含了几个指令，它们可以把键值存入文件，然后在同一台机器上用另外一个 R 程序来载入这个键值。后续也可以接着存取共享变量。例

[9]熟悉 C 语言的读者可能会对地址是如何使用的感兴趣。基本上，在 R 中，数组存取操作本身是函数，比如内建函数 “[”。像 C++ 中的运算符重载一样，它们也可以被重写，**bigmemory** 包使用这个方案来对 w[2, 5] 这样的表达式重定向到共享内存的存取。**Rdsm** 包的最初版本，也使用了同样的而方案，它是在编写 **bigmemory** 包的时间差不多同时独立开发的。

[10]事实上，据 **bigmemory** 包的共同作者 Michael Kane 说，这正是 **bigmemory** 包吸引用户的主要特征之一。

如，程序员可以编写一个网页爬虫程序，收集网页数据，然后把它存在共享成员上，同时通过独立的 R 进程来对这个共享成员进行监控。

4.4.5 计时对比

在这里就不做大规模的计时实验了，但是，让我们来确认一下代码是否真的有速度上的提升：

```
> n <- 5000
> m <- matrix(runif(n^2), ncol=n)
> system.time(m %*% m)
   user  system  elapsed
 345.077   0.220  346.356
> cls <- makeCluster(4)
> mgrinit(cls)
> mgrmakevar(cls, "msh", n, n)
> mgrmakevar(cls, "msh2", n, n)
> msh[, ] <- m
> clusterExport(cls, "mmulthread")
> system.time(clusterEvalQ(cls,
                           mmulthread(msh, msh, msh2)))
  user  system  elapsed
 0.004   0.000   91.863
```

因此，内核数目提升到四倍使得速度也大致提升到四倍，非常好。

4.4.6 利用 R

之前曾经指出过，尽量避免使用 C/C++ 的理由是可以利用 R 强大的内建操作。在这个示例中，我们除了利用了 R 内建的矩阵减法，还利用了它做矩阵乘法的能力。

这是一个常见的策略。为了解决一个大问题，我们把它分解为同样类型的小问题，使用 R 的工具解决小问题，然后把结果合并起来变成最终的结果。当然，这不仅仅是对 R 而言，也是并行处理的通用设计范式，但这两种方法有一个区别，那就是需要找到合适的 R 的工具。R 是一个解释性语言，因而运行速度较慢，但它的基础操作一般都利用了 C 所编写的函数，这些函数都比较快。矩阵乘法就是这样的操作，所以我们的方案运行的很好。

4.5 共享内存能够带来性能优势

共享内存的代码除了更加清晰和简洁，在很多应用中，我们也可以使用它来获得巨大的性能提升。从消息传递系统的定义上，就能看出它做了很多数据复制的工作，有的时候是很大量的数据，这在大多数情形下都是不必要的。我们可以像之前看到的那样，使用共享内存，直接读写所需要的数据。

注意，存取共享内存可能仍然会涉及隐式的数据复制。每个高速缓存一致性事务（第 2.5.1.1 节）都涉及数据复制，如果这样的事务经常发生，它会叠加到很大的数量。其实，一些那样的复制是不必要的。比如一个高速缓存块被引入，但后来并没怎么使用。因此共享内存编程并不保证一定会“赢”，但在后面会看到，相比其他 R 的并行包，比如 **snow** 包、**multicore** 包、**foreach** 包，甚至是 **Rmpi**，对一些应用而言，它确实会更加快一些。

为了知道为什么，下面是一个使用 **snow** 包的 `mmulthread()` 版本：

```
snowmmul <- function(cls, u, v) {
   require(parallel)
   idxs <- splitIndices(nrow(u), length(cls))
   mmulchunk <-
      function(idxchunk) u[idxchunk, ] %*% v
   res <- clusterApply(cls, idxs, mmulchunk)
   Reduce(rbind, res)
}
```

测试代码如下：

```
testcmp <- function(cls, n) {
   require(Rdsm)
   require(parallel)
   mgrinit(cls)
   mgrmakevar(cls, "a", n, n)
   mgrmakevar(cls, "c", n, n)
   amat <- matrix(runif(n^2), ncol=n)
```

```
8     a[, ] <- amat
9     clusterExport(cls, "mmulthread")
10    print(system.time(clusterEvalQ(cls,
11                                  mmulthread(a, a, c))))
12    print(system.time(cmat <-
13                      nsnowmmul(cls, amat, amat)))
14 }
```

表 4.1 Rdsm 与 Snow 的对比

n	#cores	**Rdsm** 用时	**Snow** 用时
2000	8	2.604	4.754
3000	16	2.604	13.187
3000	24	6.660	17.390

从表 4.1 可以看到，结果显示 **snow** 包要比 **Rdsm** 包的实现慢得多。这里的结果列出了各种大小为 $n \times n$ 的矩阵，以及各种数量的内核。这个机器有 16 个内核，超线程数为 2（第 1.4.5.2 节）。

snow 包版本比较慢的罪魁祸首之一就是这一行：

```
Reduce(rbind ,res)
```

它涉及很多数据复制，并且可能更糟的是，为大矩阵多次分配内存，这很大程度上降低了速度。这与 **Rdsm** 包的情形完全相反，在后者中，线程直接把它们块相乘的结果写入要输出的矩阵中。注意，尽管我们试着让 `Reduce()` 并行，这个操作本身却是串行的，并且会有很多的复制，因此很难运行得很好。

这并不是 **snow** 包的特定问题。**multicore** 包、**foreach** 包（使用 `.combine` 选项）、**Rmpi** 包等都需要使用同样的 `Reduce()` 或其等价的操作 [11]。**Rdsm** 包则通过将结果直接写入想要的输出中，避免了这个问题。

很明显，有很多应用都有类似的情形，在这些应用中，**snow** 包等工具在并行阶段之后做了很多串行的数据操作。此外，诸如 k-means 聚类（第 4.9 节）这样的迭代算法，涉及到不断地在串行和并行阶段进行切换。在这种应用中，通常 **Rdsm** 包要比其他方案的运行速度更快。

[11] 使用 **multicore** 包时，我们做的复制会稍微少一些，这已经在第 3.7.1 节解释过。

另外，使用 unlist() 来替换 Reduce()，并把 mmulthread() 的最后一行改为 [12]

```
matrix(unlist(res), ncol=ncol(v))
```

也可以提升一些性能。

使用这个方案，针对 16 节点和 24 节点的集群，计算上面的 3000×3000 的矩阵，**snow** 包的时间对应减少到了 11.600 和 13.792（在后续未展示的运行中，这个结果也得到了确认）。

共享内存与消息传递的争论，在并行处理社区是一个长期的话题。通常，共享内存范式被认为不能较好地支持扩展（第 2.9 节），但现代多核系统，尤其是 GPU 的出现，对上述论点又做出了反击。

4.6 锁和屏障

这是共享内存编程中的两个核心概念。为了解释它们，我们先来介绍竞争条件的概念。

4.6.1 竞争条件和临界区

考虑一个用于管理在线航班预订的软件，为了简单起见，假设不会出现座位的超额预订。在程序中的某个位置，会有一个由一行或多行代码所组成的区，它的目的是对座位进行真实的预订。顾客的姓名和其他数据会被输入到数据库中指定日期的指定航班中。这个代码区被称为临界区，原因如下：

想象一下这样一个场景，两个顾客都想预订指定日期的指定航班，他们几乎同时登陆了预订系统。每人都在运行该程序的单独线程（当然他们不会意识到这点）。假设这个航班只剩下一个座位。有可能每个线程都发现这个航班还剩下一个座位，因此每个线程都进入临界区——从而每个线程都为它的顾客预订了这个航班！一个线程会比另一个线程稍微先执行，第二个线程会覆写前一个线程所写的数据。换句话说，第一个顾客认为她已经成功预订了这个航班，但实际上并没有。

现在你明白为什么这个代码区被称为“临界”了吧。它充满了危险和被称为竞争条件的情形（很抱歉，接下来的几段，你会遭受到术语的猛烈轰击）。

[12]这是 M. Hannon 所建议的。

上面关于航班预订的问题，来自于原子化地更新预订记录时的失败。希腊单词原子（atom）的意思是“不可分割”，这里指的是如果我们进行“分割”的话，比如把读（检查是否有座位）和写（给顾客预订座位）分开，而不是在一个不可分割的操作中完成这两个阶段，就可能会出现问题。原子化地去做意味着一个线程把读和写看做是一个不可分割的组合，不允许任何其他的线程在这两个阶段之间进行操作，从而消除危险。

4.6.2 锁

为了避免竞争条件，我们需要一个机制，它可以限制在同一个时刻只有一个线程可以存取临界区，这被称为*互斥*。一个常见的机制是*锁变量*（lock variable）或者*互斥量*（mutex）。大多数多线程系统都包含 `lock()` 和 `unlock()` 函数，它们可以被应用在锁变量上。在临界区之前，程序员插入一个对 `lock()` 的调用，并在临界区之后插入一个对 `unlock()` 的调用。执行的步骤如下：

假设某个其他的线程正在临界区内，从而锁变量已经被锁了。此时调用 `lock()` 的线程会被*阻塞*，这意味着它现在会冻结，并且不返回。当位于临界区内的线程最后退出时，它会调用 `unlock()`，被阻塞的线程就会被解除阻塞状态：这个线程会进入临界区，重新上锁（当然，如果有好几个线程都在等待这个锁，只有一个线程会成功，其余的线程则继续等待）。

具体来说，考虑这样一个 **Rdsm** 包中的简单示例。我们把 **Rdsm** 包初始化为两线程的系统，c2，设置一个 1×1 的共享变量 `tot`。代码简单地每次给总数加 1，执行 `n` 次，最后的值应该是 `n`。

```
# 这个函数不可靠；如果 2 个线程同时
# 都试着让总数加 1，它们会互相干扰
s <- function(n) {
    for (i in 1:n) {
        tot[1, 1] <- tot[1, 1] + 1
    }
}

library(parallel)
c2 <- makeCluster(2)
clusterExport(c2, "s")
```

```
12 mgrinit(c2)
13 mgrmakevar(c2, "tot", 1, 1)
14 tot[1, 1] <- 0
15 clusterEvalQ(c2, s(1000))
16 tot[1, 1]  # 应该是 2000，但很可能差的太多
```

我让它运行了两次。第一次，tot[1, 1] 的最后值是 1021，第二次是 1017。没有一次给出它“应该”给出的值 2000。并且，结果是随机的。

这里的问题在于

```
tot[1, 1] <- tot[1, 1] + 1
```

这个操作不是原子化的。我们可能会有下面的一系列事件：

```
thread 1 reads tot[1, 1], finds it to be 227
thread 2 reads tot[1, 1], finds it to be 227
thread 1 writes 228 to tot[1, 1]
thread 2 writes 228 to tot[1, 1]
```

这里，tot[1, 1] 应该是 229，但它却是 228。难怪上面的实验中，总数会比正确的数字 2000 少那么多。

但如果有了锁，一切都运行正常。继续上面的示例，我们运行代码

```
1  # 这是一个可靠的版本，把加 1 用 lock 和 unlock
2  # 包围起来，因此一次只有 1 个线程能够执行
3  s1 <- function(n) {
4      for (i in 1:n) {
5          rdsmlock("totlock")
6          tot[1, 1] <- tot[1, 1] + 1
7          rdsmunlock("totlock")
8      }
9  }
10
11 mgrmakelock(c2, "totlock")
12 tot[1, 1] <- 0
13 clusterExport(c2, "s1")
14 clusterEvalQ(c2, s1(1000))
```

```
15 tot[1, 1]  # 会打印正确的数字 2000
```

首先我们调用 **Rdsm** 包的 mgrmakelock() 函数来创建一个锁变量（我们需要对它命名，因为在一个程序中可能会有多个锁变量），然后在给当前总数加 1 的前后调用 **Rdsm** 包的 lock() 和 unlock() 函数。这两个调用会把“给总数加 1”这个操作渲染成原子化的，最后的代码可以正常地工作。

4.6.3 屏障

另一个关键的结构是屏障，它是用来同步所有线程的。假设我们需要一个线程来进行一个特殊的操作，并且需要让其他线程等待这个操作结束。多线程系统会提供一个可以调用的函数来完成这个任务。在 **Rdsm** 包中，这个函数被称为 barr()，当一个线程调用它时，这个线程会被阻塞，直到所有的线程都调用了这个函数。之后，它们都继续执行下一行代码。

注意，本质上屏障需要用锁来实现。作为应用程序员的你不会看到锁（除非你很好奇），但你需要了解它确实是存在的，因为锁的存在会影响性能。

4.7 示例：时间序列中的最大脉冲

考虑一个长度为 n 的时间序列。我们可能会对脉冲感兴趣，也就是一段时间内保持较高的平均值。也可以规定只看周期长度为用户所指定的 k 的连续点。因此，我们希望找到长度为 k 的拥有最大平均值的周期。

4.7.1 代码

再次，我们利用 R 的能力。时间序列 **zoo** 包中有一个函数 rollmean(w,m)，它返回所有长度为 k 的块的各个平均值，即通常所称的移动平均——这正是我们所需要的。

代码如下：

```
1 # 用于寻找时间序列中的最大脉冲的 Rdsm 代码;
2
3 # 参数:
4
5 # x: 数据向量
```

```
6  # k: 块大小
7  # mas: 暂存空间，共享的，1 ×(length(x)-1)
8  # rslts: 2 元组，显示最大脉冲值，以及它开始
9  #        的位置，共享的， 1 × 2
10
11 maxburst <- function(x, k, mas, rslts) {
12     require(Rdsm)
13     require(zoo)
14     # 确定这个线程的 x 的块
15     n <- length(x)
16     myidxs <- getidxs(n-k+1)
17     myfirst <- myidxs[1]
18     mylast <- myidxs[length(myidxs)]
19     mas[1, myfirst:mylast] <-
20         rollmean(x[myfirst:(mylast+k-1)], k)
21     # 确保所有的线程都写入到了 mas
22     barr()
23     # 有一个线程必须做善后，比如线程 1
24     if (myinfo$id == 1) {
25         rslts[1, 1] <- which.max(mas[, ])
26         rslts[1, 2] <- mas[1, rslts[1, 1]]
27     }
28 }
29
30 test <- function(cls){
31     require(Rdsm)
32     mgrinit(cls)
33     mgrmakevar(cls, "mas", 1, 9)
34     mgrmakevar(cls, "rslts", 1, 2)
35     x <<- c(5, 7, 6, 20, 4, 14, 11, 12, 15, 17)
36     clusterExport(cls, "maxburst")
37     clusterExport(cls, "x")
38     clusterEvalQ(cls, maxburst(x, 2, mas, rslts))
39     print(rslts[, ])  # 不是 print(rslts) !
```

```
40 }
```

这里对任务的划分涉及到把不同数据块分配给不同的 **Rdsm** 线程。为了确定块，像之前一样调用 **snow** 包的 `splitIndices()`，但实际上，**Rdsm** 包为此提供了一个简单的封装，即 `getidxs()`，我们在这里调用了它，来确定这个线程的块的起始和结束位置：

```
n <- length(x)
myidxs <- getidxs(n-k+1)
myfirst <- myidxs[1]
mylast <- myidxs[length(myidxs)]
```

然后我们在这个线程的块上调用 `rollmean()`，并把结果写入 `mas` 中这个线程所对应的位置：

```
mas[1, myfirst:mylast] <-
   rollmean(x[myfirst:(mylast+k-1)], k)
```

当所有的线程都执行完上面这一行之后，我们就可以合并结果了。但如何知道它们什么时候执行完呢？这就要使用屏障了。我们调用 `barr()` 来确保所有的线程都执行完了，然后指派一个线程来合并各个线程所找到的结果：

```
barr() # 确保所有的线程都写入 mas
if (myinfo$id == 1) {
   rslts[1, 1] <- which.max(mas[, ])
   rslts[1, 2] <- mas[1, rslts[1, 1]]
}
```

4.8 示例：变换邻接矩阵

这里是另外一个使用屏障的示例，这个示例更加复杂，不仅是因为计算上略微更复杂，还因为这次需要两个变量。

假设我们有一个图，它的邻接矩阵是：

$$\begin{pmatrix} 0 & 1 & 0 & 0 \\ 1 & 0 & 0 & 1 \\ 0 & 1 & 0 & 1 \\ 1 & 1 & 1 & 0 \end{pmatrix} \tag{4.1}$$

举个例子，第 1 行、第 2 列和第 4 行、第 1 列中的 1，表明相应地有一条从顶点 1 到顶点 2 的边，以及有一条从顶点 4 到顶点 1 的边。我们希望把它变成一个两列的矩阵，用于展示边，即

$$\begin{pmatrix} 1 & 2 \\ 2 & 1 \\ 2 & 4 \\ 3 & 2 \\ 3 & 4 \\ 4 & 1 \\ 4 & 2 \\ 4 & 3 \end{pmatrix} \tag{4.2}$$

最后一行的 (4,3) 意味着有一条从顶点 4 到顶点 3 的边，它对应着邻接矩阵中第 4 行、第 3 列中的 1。

4.8.1 代码

这里是使用 **Rdsm** 包来解决这个问题的代码：

```
1  # 输入一个图的邻接矩阵，输出一个两列的
2  # 矩阵，后者列出从每个顶点出发的边，每
3  # 一行都是(fvert, tvert)的形式，即
4  # “出发的顶点”和“到达的顶点”
5
6  # 参数：
7  #   adj: 邻接矩阵
8  #   lnks: 边矩阵；共享的，nrow(adj)^2 行，2 列
9  #   counts: 每个线程找到的边的数目；
10 #           共享的；1行，length(cls) 列
```

```
11  #           （即每个线程 1 个元素）
12
13  # 在这个版本中，矩阵 lnks 必须在调用 findlinks()
14  # 之前就创建。由于行数是一个未知的先验知识，
15  # 程序员必须能够预估最坏的情形，nrow(adj)^2 行；
16  # 运行之后，实际的行数会存在 counts[1, length(cls)] 中，
17  # 从而额外的行会被移除
18
19  findlinks <- function(adj, lnks, counts) {
20      require(parallel)
21      nr <- nrow(adj)
22
23      # 获得线程被分配的 adj 的行
24      myidxs <- getidxs(nr)
25
26      # 确定 adj 中这个线程所对应的部分中 1 的位置；
27      # 对 myidxs 中的每个行号 i，都会在 myout
28      # 中对应的元素中记录这一行中 1 的列位置，
29      # 即记录从顶点 i 出发的边
30      myout <- apply(adj[myidxs, ], 1,
31                     function(onerow) which(onerow==1))
32
33      # 这个线程会构成 lnks 中它所对应的部分，
34      # 存储在 tmp 中
35      tmp <- matrix(nrow=0, ncol=2)
36      my1strow <- myidxs[1]
37      for (idx in myidxs)
38          tmp <- rbind(tmp, convert1row(idx,
39                       myout[[idx-my1strow+1]]))
40
41      # 我们需要知道在 lnks 的什么地方去存放 tmp，
42      # 即如果线程 1 和线程 2 分别找到了 12 条和 5条边，
43      # 那么线程 3 所对应的 lnks 的部分会从 lnks
44      # 的第 12+5+1 = 18 行开始。因此，
```

```
45     # 我们要找到边的累加总数，把它放到 counts 中
46     nmyedges <-
47         Reduce(sum, lapply(myout, length))  # 我的 count
48     me <- myinfo$id
49     counts[1, me] <- nmyedges
50     barr()  # 等待所有线程都写入 counts
51 
52     # 确定线程 1 对应的 lnks 的部分在哪里结束;
53     # 线程 2 对应的 lnks 的部分在线程 1 之后
54     # 立刻开始，以此类推，所以我们需要计算累加和，
55     # 并把它放在 counts 中；尽管其他的线程也可以，
56     # 我们让线程 1 执行 barr() 任务。
57     if (me == 1) counts[1, ] <- cumsum(counts[1, ])
58     barr()  # 其他线程等待线程 1 执行完毕
59 
60     # 这个线程把 tmp 写入它对应 lnks 中
61     mystart <- if(me == 1) 1 else counts[1, me-1] + 1
62     myend <- mystart + nmyedges - 1
63     lnks[mystart:myend, ] <- tmp
64 
65     0  # 不要做代价高昂的结果返回
66 }
67 
68 # 如果，假设 adj 中的第 5 行的第 2, 3, 8 列为 1,
69 # 这个函数会返回矩阵
70 #   5 2
71 #   5 3
72 #   5 8
73 convert1row <- function(rownum, colswith1s) {
74     if (is.null(colswith1s)) return(NULL)
75     cbind(rownum, colswith1s)  # 使用循环
76 }
77 
78 test <- function(cls){
```

```
79      require(Rdsm)
80      mgrinit(cls)
81      mgrmakevar(cls, "x", 6, 6)
82      mgrmakevar(cls, "lnks", 36, 2)
83      mgrmakevar(cls, "counts", 1, length(cls))
84      x[, ] <- matrix(sample(0:1, 36, replace=T), ncol=6)
85      clusterExport(cls, "findlinks")
86      clusterExport(cls, "convert1row")
87      clusterEvalQ(cls, findlinks(x, lnks, counts))
88      print(cls[1:counts[1, length(cls)], ])
89  }
```

这里对任务的划分涉及到把邻接矩阵不同行的块分配给不同的 **Rdsm** 线程。像之前一样，我们先对行进行划分，然后确定这个线程对应的行块中 1 的位置：

```
myidxs <- getidxs(nr)
myout <- apply(a[myidxs, ], 1, function(rw)which(rw==1))
```

R 列表 `myout` 按行列出了这个线程对应的行块中所有 1 的列序号。记住，最后的输出矩阵 `lnks` 中，对每个这样的 1 都会有一行，因此 `myout` 中的信息是十分有用的。

这里展示了对一个指定的行，它是如何使用这个信息的：

```
convert1row <- function(rownum, colswith1s) {
    if (is.null(colswith1s)) return(NULL)
    cbind(rownum, colswith1s)  # 使用循环
}
```

这个函数返回一个将要写入 `lnks` 中的分块，即 `adj` 中对应于行 `rownum` 的分块。对指定的线程组成所有这样块的代码如下：

```
tmp <- matrix(nrow=0, ncol=2)
my1strow <- myidxs[1]
for (idx in myidxs) tmp <-
    rbind(tmp, convert1row(idx, myout[[idx-my1strow+1]]))
```

注意，adj 中对应于行 idx 的信息，存放在 myout 中第 idx - my1strow + 1 个元素中，这是代码需要知道的事情。

既然这个线程已经计算完了它所对应的 lnks 的那部分，它必须把结果放入那里。但是，要想这么做，这个线程必须知道从 lnks 的什么位置开始写入。关于这个问题，这个线程需要知道之前的线程一共找到了多少个 1。例如，如果线程 1 找到了 8 个 1，线程 2 找到了 3 个 1，那么线程 3 必须在 lnks 中的第 $8+3+1=12$ 行开始写入。因此，我们需要找到每个线程中 1 的计数（遍历每个线程的所有行）

```
nmyedges <- Reduce(sum, lapply(myout, length))
```

然后需要对它们计算累加和，并把它进行共享。要做到这点，我们需要（比如）让线程 1 计算这个累加和，并把它放入共享变量 counts 中：

```
1 me <- myinfo$id
2 counts[1, me] <- nmyedges
3 barr()
4 if (me == 1) {
5     counts[1, ] <- cumsum(counts[1, ])
6 }
7 barr()
```

注意在线程 1 前后所使用的屏障。第一次使用屏障是因为线程 1 不能在所有的独立计数都完成之前就开始计算累加和。之后需要第二次使用屏障，所有的线程都要使用这个累加和，并需要保证这个累加和已经计算完毕。这就是如何使用屏障的典型示例。

既然我们的线程知道在 lnks 的什么地方写入它的结果，它可以继续执行了：

```
mystart <- if (me == 1) 1 else counts[1, me-1] + 1
myend <- mystart + nmyedges - 1
lnks[mystart:myend, ] <- tmp
```

4.8.2 内存过度分配

上面的示例存在一个问题，为了给矩阵 lnks 分配内存来处理最坏的情形，我们浪费了空间和执行时间。问题在于我们并不能提前知道“输出”的大小，也就是这个示例中参数 lnks 的大小。在上面的小实验中，邻接矩阵的维数是 4×4，边矩阵的维数是 7×2。我们知道边矩阵的列数是 2，但是行数是一个未知的先验知识。

注意，像在测试代码中看到的那样，用户可以在调用返回之后，通过检查 counts[1, length(cls)] 来确定 lnks 中“真实”的行数。程序员可以把“真实”的行复制给另一个矩阵，然后释放大矩阵的内存。

另一个方案是延后内存分配，直到知道了矩阵 lnks 所需的大小为止，这个大小是通过计算了 counts 的累加和之后而得到的。我们可以让线程 1 通过直接调用 **bigmemory** 包而非使用 mgrmakevar() 的方法，来创建一个共享矩阵 lnks。为了分发这个矩阵的共享内存的键，线程 1 会把 **bigmemory** 包的描述符保存到一个文件中，然后其他线程通过载入这个文件来存取 lnks。

实际上，这个问题在并行处理应用中很常见。我们会在第 5.4.2 节继续讨论它。

4.8.3 计时实验

为了便于比较，下面是串行版本的代码：

```
> getlinksnonpar <-
function(a, lnks) {
    nr <- nrow(a)
    myout <- apply(a[, ], 1, function(rw) which(rw==1))
    nmyedges <- Reduce(sum, lapply(myout, length))
    lnksidx <- 1
    for (idx in 1:nr) {
        jdx <- idx
        myoj <- myout[[jdx]]
        endwrite <- lnksidx + length(myoj)- 1
        if (!is.null(myoj)) {
            lnks[lnksidx:endwrite, ] <- cbind(idx, myoj)
        }
```

```
        lnksidx <- endwrite + 1
    }
    0
}

> n <- 10000
> system.time(findlinks(x, lnks))
   user  system elapsed
 26.170   1.224  27.516
```

（为了方便，虽然我们运行的是非 **Rdsm** 版代码，但是继续使用 **Rdsm** 包来设置共享变量。）

现在试一下这个并行版本：

```
> cls <- makeCluster(4)
> mgrinit(cls)
> mgrmakevar(cls, "counts", 1, length(cls))
> mgrmakevar(cls, "x", n, n)
> mgrmakevar(cls, "lnks", n^2, 2)
> x[, ] <- matrix(sample(0:1, n^2, replace=T), ncol=n)
> clusterExport(cls, "findlinks")
> clusterExport(cls, "convert1row")
> system.time(clusterEvalQ(cls, findlinks(x, lnks, counts)))
   user  system elapsed
  0.000   0.000   7.783
```

可见，并行代码确实提升了速度。

4.9 示例：*k*-means 聚类

在讨论数据科学的并行计算中，另一个像矩阵乘法这样常见的示例是 k-means 聚类。它的目标是从我们的数据矩阵中聚出 k 个组，并且希望结果有可视化（或者其他）的意义。我们来看看如何使用 **Rdsm** 包来进行实现。

通用的 k-means 方法本身是非常简单的，它使用一个迭代算法。在迭代进程中的任何一步时，这 k 个组都是由它们的中心来描述的[13]。下面进行如下迭代：

1. 对每个数据点，即数据矩阵中的每一行，确定这个点离哪个中心最近。
2. 把这个数据点添加到那个中心所在的组内。
3. 当所有的数据点都按照这个方式处理之后，更新中心来反映当前组的成员情况。
4. 下一次迭代。

这个示例会带来共享内存中的一个概念，在矩阵乘法示例中没有涉及到它，它与第 3 步中的“当所有的数据点都按照这个方式处理之后……”相关。我们也会涉及到一些其他的新概念，在后面都会进行解释。

4.9.1 代码

下面是代码，以及一个小型的测试函数；

```
1  # 在数据矩阵 x 上做 k-means 聚类，
2  # 聚成 k 类，迭代次数为 ni；最后
3  # 把类的中心保存在 cntrds 中
4
5  # 初始的中心是 x 中 k 个随机选择的行；
6  # 如果一个类变成空的，它的新中心是
7  # x 中随机的一行
8
9  library(Rdsm)
10 # 参数：
11 #    x; 数据矩阵 x ; 共享的
12 #    k; 类的数目
13 #    ni; 迭代次数
14 #    cntrds: 中心矩阵; 第 i 行是第 i 个中心;
15 #            共享的，k行，ncol(x) 列
16 #    cinit; 中心的可选初始值; k行，ncol(x) 列
17 #    sums; 暂存矩阵;  sums[j, ] 包含了对第 j 类的
```

[13]如果我们有 m 个变量，那么一个组的中心是一个 m 个元素的向量，它是这个组内的变量的平均值。

```
18  #           计数和求和；共享的，k行，1+ncol(x) 列
19  #     lck；锁变量；共享的
20
21  kmeans <- function(x, k, ni, cntrds, sums, lck, cinit=NULL) {
22      require(parallel)
23      require(pdist)
24      nx <- nrow(x)
25      # 获取 x 中我所分配的部分
26      myidxs <- getidxs(nx)
27      myx <- x[myidxs, ]
28      # 如果没有指定，则随机化最初的中心
29      if (is.null(cinit)) {
30          if(myinfo$id == 1)
31              cntrds[, ] <- x[sample(1:nx, k, replace=F), ]
32          barr()
33      } else {
34          cntrds[, ] <- cinit
35      }
36
37      # mynum() 计算 myx 中对应索引 idxs 的行的总和；
38      # 我们同时也对这些行做计数
39      mysum <- function(idxs, myx) {
40          c(length(idxs), colSums(myx[idxs, , drop=F]))
41      }
42      for(i in 1:ni) { # ni 次循环
43          # 节点 1 的类有时被要求做一些“ 管家”的事情
44          if (myinfo$id == 1) {
45              sums[] <- 0
46          }
47          # 其他节点会等待节点 1 完成它的工作
48          barr()
49          # 找到 x 中我所分配的行到中心的距离，
50          # 然后找到每一行离哪个中心最近
51          dsts <-
```

```
52            matrix(pdist(myx, cntrds[, ])@dist, ncol=nrow(myx))
53        nrst <- apply(dsts, 2, which.min)
54        # nrst[i] 包含了离 myx 中第 i 行最近的中心的索引
55        tmp <- tapply(1:nrow(myx), nrst, mysum, myx)
56        # 在上面中，我们把所有最近中心是中心 j 的
57        # myx 中的观测聚集起来，计算它们的总和，
58        # 并把它放在 tmp[j] 中；后者中的第一个分量，
59        # 是这些观测的计数；下一步，我们做一个原子操作
60        # 让它去加 sums[j, ]
61        realrdsmlock(lck)
62        # tmp 中的 j 值是字符串，对它转换类型
63        for (j in as.integer(names(tmp))) {
64            sums[j, ] <- sums[j, ] + tmp[[j]]
65        }
66        realrdsmunlock(lck)
67        barr()  # 等待 sums[, ] 计算完毕
68        if (myinfo$id == 1) {
69            # 更新中心，如果一个类变成空的，
70            # 则使用一个随机数据点
71            for(j in 1:k) {
72                # 更新第 j 类的中心
73                if (sums[j, 1] > 0) {
74                    cntrds[j, ] <- sums[j, -1] / sums[j, 1]
75                } else {
76                    cntrds[j] <<- x[sample(1:nx, 1), ]
77                }
78            }
79        }
80    }
81    0  # 不要做代价高昂的结果返回
82 }
83
84 test <- function(cls) {
85    library(parallel)
```

```
86     mgrinit(cls)
87     mgrmakevar(cls, "x", 6 , 2)
88     mgrmakevar(cls, "cntrds", 2, 2)
89     mgrmakevar(cls, "sms", 2 , 3)
90     mgrmakelock(cls, "lck")
91     x[, ] <- matrix(sample(1:20, 12), ncol=2)
92     clusterExport(cls, "kmeans")
93     clusterEvalQ(cls, kmeans(x, 2 , 1, cntrds, sms, "lck",
94                              cinit=rbind(c(5, 5), c(15, 15))))
95 }
96
97 test1 <- function(cls) {
98     mgrinit(cls)
99     mgrmakevar(cls, "x", 10000, 3)
100    mgrmakevar(cls, "cntrds", 3, 3)
101    mgrmakevar(cls, "sms", 3, 4)
102    mgrmakelock(cls, "lck")
103    x[, ] <- matrix(rnorm(30000), ncol=3)
104    ri <- sample(1:10000, 3000)
105    x[ri, 1] <- x[ri, 1] + 5
106    ri <- sample(1:10000, 3000)
107    x[ri, 2] <- x[ri, 2] + 5
108    clusterExport(cls, "kmeans")
109    clusterEvalQ(cls, kmeans(x, 3, 50, cntrds, sms, "lck"))
110 }
```

我们先来讨论一下 kmeans() 的参数。我们的数据矩阵是 x，它在注释中被描述为一个（通常假设它是）共享变量，但实际上它也可以不是共享变量。

相反，cntrds 必须是共享的，因为线程在迭代过程中不停地使用它。我们使用线程 1 来在每个迭代的最后写这个变量。

```
1 if(myinfo$id == 1) {
2     for (j in 1:k) {
3         if (sums[j, 1] > 0) {
4             cntrds[j, ] <<- sums[j, -1] / sums[j, 1]
```

```
5         } else cntrds[j] <<- x[sample(1:nx, 1), ]
6     }
7 }
```

然后所有的线程读取它：

```
dsts <- matrix(pdist(myx, cntrds[, ])@dist,
    ncol=nrow(myx))
```

如果 cntrds 不是共享的，整个代码就会崩溃。当线程 1 去写它时，它会变成这个线程的一个局部变量，新的值不会对其他线程可见。注意在之前的示例中，我们把函数的最终结果（在这个示例中为 cntrds）存储在一个共享变量中，而不是把它作为一个值返回。

参数 sums 也必须是共享的。它仅仅被用来存储间接结果，但是这个变量是由一些线程去写，并由另外一些线程去读，因此必须是共享的。

kmeans() 另一个共享的参数是 lck，它是一个锁变量，下面将会进行讨论。

那么，让我们来看一下实际的代码，先来看

```
# 获取 x 中我所分配的部分
myidxs <- getidxs(nx)
myx <- x[myidxs, ]
```

我们的方案再一次把数据矩阵划分成行的块。每个线程处理一个块，找到它自己的块中的那些行到当前中心的距离。上面的代码是如何做到这点的呢？

注意这里的“我的”视角，这在第 4.4 节曾经提到过，并且在几乎所有的多线程函数中都存在。这里的代码也是从一个特定线程的视角来写的。因此，这里的代码首先确定行的哪一块分配给这个线程。

为什么要有这个单独的变量 myx 呢？为什么不直接使用 x[myidxs,]？首先，使用单独的变量可以让代码显得不杂乱。其次，对 x 不停地存取会造成大量的昂贵的高速缓存未命中和高速缓存一致性操作。

接下来，我们来看另外一个屏障的使用：

```
1 if (is.null(cinit)) {
2     if(myinfo$id == 1)
3         cntrds[, ] <- x[sample(1:nx, k, replace=F), ]
4     barr()
```

```
5 } else {
6     cntrds[, ] <- cinit
7 }
```

我们已经进行了设置，使得如果用户没有指定中心的初始值的话，它们会被设置为 x 中的 k 个随机行。我们编写代码来让线程 1 来做这件事情，但是需要其他线程等待这个任务执行结束。如果不这么做，某个线程可能就会抢跑，在 cntrds 计算完毕之前就对它进行存取。通过调用 barr() 可以保证不会出现这种事情。

我们在主循环开始的地方也有一个类似地使用了屏障：

```
if(myinfo$id == 1) {
    sums[] <- 0
}
barr() # 其他节点会等待节点 1 完成它的工作
```

我们需要计算从这个线程所对应的数据的那部分中的所有行，到各个中心的距离：

```
dsts <-
    matrix(pdist(myx, cntrds[, ])@dist, ncol=nrow(myx))
```

R 的 **pdist** 包这时候就非常有用了！我们曾经在第 3.9 节见过这个包，它可以计算一个矩阵的行到另一个矩阵行的所有距离，这正是我们所需要的。因此，在这里又利用了 R！（没错，还有另外一种让我们的计算并行化的方法，那就是并行化 pdist()，即像之前那样使用 **Rdsm** 包来替换 **snow** 包。）

接下来，利用 R 的 which.min() 函数，它可以找到最小值的索引（而非最小值本身）。我们使用它来为 myx 中的数据点确定新的组成员：

```
nrst <- apply(dsts, 2, which.min)
```

接下来，需要把 nrst 中的信息收集起来，变成一个更方便使用的形式，即对每个中心，我们都有一个向量来描述 myx 中所有属于这个中心的组里面的行索引。对每个中心，需要计算它所有的行的总和，用于后续对它们计算均值，来找到新的中心。

再一次，利用 R 来做会十分简洁（尽管它需要仔细思考）：

```
mysum <- function(idxs, myx) {
```

```
    c(length(idxs), colSums(myx[idxs, , drop=F]))
}
...
tmp <- tapply(1:nrow(myx), nrst, mysum, myx)
```

但要记住，所有的线程都在做这件事情！例如，线程 1 正在计算它里面所有到中心 6 的最近行的总和，而线程 4 也在做这件事情。对线程 6 来说，我们需要遍历所有这样的线程，来计算所有这些行的总和。

换句话说，多个线程可能在同一个时刻写 `sums` 的同一行。这可能会形成竞争条件！所以我们需要一个锁：

```
1 lock(lck)
2 for (j in names(tmp)) {
3     j <- as.integer(j)
4     sums[j, ] <- sums[j, ] + tmp[[j]]
5 }
6 unlock(lck)
```

这里的 `for` 循环是一个临界区。没有这个限制，就会出现混沌的结果。例如两个线程分别想把 3 和 8 加到某个 `total` 上，当前的 `total` 是 29。当它们都看到数字 29，分别计算出 32 和 37，并要把这两个数分别写入共享的 `total` 中时，会发生什么呢？结果可能是新的 `total` 要么是 32，要么是 37，但实际上应该是 40。锁变量可以阻止这样的灾难。

一个改进就是设置 k 个锁，`sums` 中的每一行设置一个。像之前提到的那样，锁会临时让线程的执行串行化，从而降低性能。使用 k 个锁而非 1 个锁，可能会改善此处的问题。

当所有的线程都执行完这个任务时，我们可以让线程 1 计算新的平均值，即新的中心。但最后一个句子中的关键词是“之后”。必须确保所有的线程都执行完毕，否则不能让线程 1 开始计算。这需要使用一个屏障：

```
1 barr()
2 if (myinfo$id == 1) {
3     for (j in 1:k){
4         if (sums[j, 1] > 0) {
5             cntrds[j, ] <<- sums[j, -1] / sums[j, 1]
6         } else {
```

```
7              cntrds[j] <<- x[sample(1:nx, 1), ]
8          }
9      }
10 }
```

之前提到过，共享变量 sums 是用来存储间接结果的，它不仅对一个组内的数据点求和，还对它们进行计数。我们现在可以使用这个信息来计算新的中心：

```
1  if (myinfo$id == 1) {
2      for (j in 1:k) {
3          # 更新第 j 类的中心
4          if (sums[j, 1] > 0) {
5              cntrds[j, ] <- sums[j, -1] / sums[j, 1]
6          } else {
7              cntrds[j] <<- x[sample(1:nx, 1), ]
8          }
9      }
10 }
```

4.9.2 计时实验

用 n 表示我们数据矩阵的行数。要想分成 k 个组，每个迭代需要计算 nk 个距离，然后计算 n 个最小值。因此时间复杂度是 $O(nk)$。

这对并行化来说并不好。在很多情形下，$O(n)$（此处固定 k）并不能提供足够多的计算来克服开销的问题。但是，代码并没有太大的开销。我们仅需要复制一次数据矩阵

```
myx <- x[myidxs, ]
```

就可以避免共享内存的竞争问题了。

看起来，在一些情形下，我们确实从并行版本中得到速度上的提升：

```
> x <- matrix(runif(100000*25), ncol=25)
> system.time(kmeans(x, 10))  # kmeans(), 基于 R
   user  system  elapsed
```

```
  8.972   0.056    9.051
> cls <- makeCluster(4)
> mgrinit(cls)
> mgrmakevar(cls, "cntrds", 10, 25)
> mgrmakevar(cls, "sms", 10, 26)
> clusterExport(cls, "kmeans")
> mgrmakevar(cls, "x", 100000, 25)
> x[, ] <- x
> system.time(clusterEvalQ(cls,
                              kmeans(x, 10, 10, cntrds, sms, lck)))
  user  system  elapsed
 0.000   0.000    4.086
```

在四核机器上大概有两倍多的速度提升，考虑到上面的因素，这个结果相当好。

第 5 章 共享内存范式：C 语言层面

我们在 1.1 节中提到过，在 R 中越来越多地涉及到“R+X”，即同时使用 R 和其他语言来进行编程。从 R 最开始的时候，扮演 X 角色最常见的语言就是 C/C++, 而这一点对并行计算来说至关重要。

直接在多核机器上编程的标准方法是使用线程库，在所有现代操作系统上都能获得它。例如，在 Unix 家族的系统上（Linux, Mac），**pthreads** 库是相当流行的。

程序员可以调用线程库中的函数。例如，程序员调用 **pthreads** 库中的 `pthread_mutex_lock()` 函数，来给一个锁变量加锁。但这么做会比较乏味，因此人们开发了专门考虑了并行计算的高级库，这些库包括 **OpenMP**、Intel 的 **Threads Building Blocks** 以及 **Cilk++**，它们都是跨平台的软件 [1]。尽管后两个很强大，在这里我们主要讨论三者中最流行的 **OpenMP**，将使用 C 语言作为编程语言。（读者请注意：即使你没有 C 语言的背景，也能够在你对 R 语言掌握的基础上，很好地读懂这里的代码。附录 C 中也有一个 C 语言的简介。）

5.1 OpenMP

OpenMP 应用仍然使用线程，但它位于更高级的抽象层上。人们可以使用 C、C++ 或者 FORTRAN 来操作 OpenMP。R 的用户可以用这些语言中的任意一个来写 OpenMP 应用，然后在 R 中使用 `.C()` 或 `.Call()` 函数来调用这个应用；如果你要做大量的这种工作，你可能需要使用 **Rcpp** 包来当做接口。为了让事情更简单，我们现在只使用 `.C()` 接口，将来再转向使用 `.Call()`/**Rcpp**。（为了便于用 R 实现接口，我们使用 C 中的 **double** 类型，而非 **float** 类型。）

[1] 作为 Mac 的默认编译器，**clang** 现在还不支持 **OpenMP**。因此需要安装其他的编译器，比如 **gcc**。

5.2 示例：找到时间序列中的最大脉冲

在第 4.7 节的示例中，考虑一个长度为 n 的时间序列，我们把目标改为，找到长度至少为 k 的一个连续时间点的区间，其均值最大。

把时间序列记为 $x_1, x_2, \ldots, x_n$。考虑从 x_i 开始检查脉冲。我们会检查长度分别为 $k, k+1, \ldots, n-i+1$ 的 $n-i-k$ 种不同情形。由于 i 本身可以取 $O(n)$ 个值，对固定的 k 和变化的 n，这个应用的时间复杂度是 $O(n^2)$。这个相对 n 的增长速度表明它比较适合做并行化。

5.2.1 代码

下面的代码暂时还没有使用 R 接口。

我们会在下面详细描述,但请你先大致浏览一下。浏览时清注意带 pragma[2]的行，例如

```
#pragma omp single
```

这就是真正的 OpenMP 的指令，用于指示编译器在当前点插入线程操作。

为了方便，我们假设代码中的时间序列值都是非负的。

```
1  // OpenMP 编程示例， Burst.c; burst() 在时间序列
2  // 中搜索最高的活动脉冲的周期
3
4  #include <omp.h>
5  #include <stdio.h>
6  #include <stdlib.h>
7
8  // burst() 的参数
9  // 输入:
10 //    x: 时间序列，假设为非负
11 //    nx: x 的长度
12 //    k: 感兴趣的最短周期
13 // 输出:
14 //    startmax, endmax: 指向最大脉冲周期
```

[2]#pragma 是预处理指令，这里翻译为编译指令。——译者注

```
15 //                        的序号的指针
16 //   maxval: 指向最大脉冲值的指针
17
18 // 找到 y[s] 和 y[e] 之间块的平均值
19 double mean(double *y, int s, int e) {
20     int i; double tot = 0;
21     for (i=s; i<=e; i++) tot += y[i];
22     return tot / (e-s+1);
23 }
24
25 void burst (double *x, int nx, int k,
26             int *startmax, int *endmax, double *maxval)
27 {
28     int nth;  // 线程个数
29     #pragma omp parallel
30     {
31         int perstart,  // 周期开始
32             perlen,  // 周期长度
33             perend,  // 周期结束
34             pl1;  // perlen-1
35         // 本线程目前的最好搜索结果
36         int mystartmax, myendmax;  // 位置
37         double mymaxval;  // 值
38         // scratch variable
39         double xbar;
40         int me;  // 线程 ID
41         #pragma omp single
42         {
43             nth = omp_get_num_threads();
44         }
45         me = omp_get_thread_num();
46         mymaxval = -1;
47         #pragma omp for
48         for (perstart = 0; perstart <= nx-k;
```

```
49              perstart++) {
50          for (perlen = k; perlen <= nx - perstart;
51               perlen++) {
52              perend = perstart + perlen -1;
53              if (perlen == k)
54                  xbar = mean(x, perstart, perend);
55              else {
56                  // 更新旧的平均值
57                  pl1 = perlen - 1;
58                  xbar =
59                      (pl1 * xbar + x[perend]) / perlen;
60              }
61              if (xbar > mymaxval) {
62                  mymaxval = xbar;
63                  mystartmax = perstart;
64                  myendmax = perend;
65              }
66          }
67      }
68      #pragma omp critical
69      {
70          if (mymaxval > *maxval) {
71              *maxval = mymaxval;
72              *startmax = mystartmax;
73              *endmax = myendmax;
74          }
75      }
76  }
77 }
78
79 // 这是我们的测试代码
80 int main(int argc, char **argv)
81 {
82     int startmax, endmax;
```

```
83      double maxval;
84      double *x;
85      int k = atoi(argv[1]);
86      int i, nx;
87      nx = atoi(argv[2]);  // x 的长度
88      x = malloc(nx * sizeof(double));
89      for (i = 0; i < nx; i++)
90      x[i] = rand() / (double)RAND_MAX;
91      double startime, endtime;
92      startime = omp get wtime();
93      // 并行
94      burst(x, nx, k, &startmax, &endmax, &maxval);
95      // 回到单线程
96      endtime = omp get wtime();
97      printf("elapsed time: %f\n", endtime-startime);
98      printf("%d %d %f\n", startmax, endmax, maxval);
99      if (nx < 25) {
100         for (i = 0; i < nx; i++) printf("%f ", x[i]);
101         printf("\n");
102     }
103 }
```

5.2.2 编译和运行

我们需要告诉编译器正在使用 OpenMP 。例如，在 Linux 上，我使用如下的命令来编译代码：

```
% gcc -g -o burst Burst.c -fopenmp -lgomp
```

在这里我指定编译器 gcc 来处理我的 C 源代码文件 Burst.c，产生一个可执行文件 burst 作为输出。我指定了-fopenmp 来警告编译器我正在使用 **OpenMP** 的编译指令，并且告诉它要链接 **OpenMP** 的运行时库 gomp。为了调试，我加上了-g 这个选项。

同时也要注意到，代码中有一行加载文件的代码，是用来加载 OpenMP 的定义：

```
#include <omp.h>
```

下面给出一个 $k = 10$ 且 $n = 2500$ 的运行样例：

```
% burst 3 10
elapsed time: 0.000626
2 4 0.831062
0.840188 0.394383 0.783099 0.798440 0.911647 0.197551 0.335223
   0.768230 0.277775 0.553970
```

5.2.3 分析

现在，我们来看看 `burst()`：

```
1  void burst (double *x, int nx, int k,
2              int *startmax, int *endmax, double *maxval)
3  {
4      int nth;  // 线程个数
5      #pragma omp parallel
6      {
7          int perstart,  // 并行块开始
8          perlen,  // 周期长度
9      ...
10     ...
11     ...
12         *startmax = mystartmax;
13         *endmax = myendmax;
14     }
15 } // 并行块结束
```

这是 OpenMP 的关键之处。注意 *pragma*：

```
#pragma omp parallel
```

这句传给编译器的指令释放了一组线程。每个线程都会执行后续的块 [3]，并且使用一些规则来管理局部变量：

考虑变量 nth [4]。它是 burst() 的局部变量，但很明显，它位于线程所执行的块之外。这意味着，实际上，从线程的角度来看，nth 是全局的，并且这个变量是被所有线程共享的。如果一个线程改变了这个变量的值，其他的线程读取 nth 的时候都会看到新的值。

与之相反，perstart 是在线程块内部声明的。这意味着每个线程都有自己的 perstart，与其他的完全独立；这个变量不是共享的。

共享内存编程，从定义上来说，需要共享变量。在线程编程上来说，所有的全局变量都是共享的，但上面的作用域的规则，使得程序员拥有了将非全局指定为共享变量的能力。（OpenMP 也有其他的选项，在这里就不讨论了。）

我们来看下一个 pragma：

```
#pragma omp single
{
   nth = omp_get_num_threads();
}
```

编译指令 single 指明一个线程（先读到这一行的那个线程）来执行下一个块，而其他线程则进入等待。在这种情形下，我们仅仅给 nth 赋值，令其等于线程数，由于变量是共享的，因此只需要一个变量来给它赋值。

就像上面提到的那样，其他线程会等待那个执行 single 块的线程。换句话说，在此块的后面有一个隐式屏障。实际上，OpenMP 在所有的 parallel、for 和 sections 的编译指令之后，都插入了不可见的屏障。在某些情形下，如果程序员知道这样的屏障是不必要的，就可以使用 nowait 语句来指示 OpenMP 不要在块后面插入屏障：

```
#pragma omp for nowait
```

当然，程序员可能需要在代码中的各种地方插入他们自己的屏障。OpenMP 的 barrier 编译指令可以提供这个功能。

像平常一样，我们需要让每个线程知道它自己的 ID 号：

---

[3] C/C++ 中的块是由左右花括号 { 和 } 之间的代码构成的。在这里，我们在注释中标注了块的开始和结束。

[4] 实际上，这个变量没有被使用。但是，我通常都把它加载进来以方便调试。

```
me = omp_get_thread_num();
```

要再次注意，me 是在 parallel 编译指令块的内部声明的，因此每个线程都有这个变量的不相同且独立的版本——而这正是我们所需要的。

与先前大多数示例不同，这里的代码并不将我们的数据划分成块。相反，使用与线程不同的方式来划分负载。方法是这样的，来看一下嵌套循环：

```
for (perstart = 0; perstart <= nx-k; perstart++) {
    for (perlen = k; perlen <= nx - perstart; perlen++) {
```

外层循环是在所有可能的脉冲周期的起始点的集合上进行迭代，而内层循环是在这个周期的所有可能的长度上进行迭代。在线程间分配工作的一个很自然的方法是，将外层循环并行化。for 编译指令就是做这件事的：

```
#pragma omp for
for (perstart = 0; perstart <= nx-k; perstart++) {
```

这个编译指令告诉接下来的 for 循环，把它的迭代按照线程进行划分。每个线程会分到一个单独的迭代集合，从而并行地完成循环的工作。（很明显，我们需要每个迭代都与其他迭代是独立的。）第一个线程会负责几个 perstart 的值，第二个线程会负责另外的几个值，以此递推。

注意到，我们提前并不知道哪个线程会处理哪个循环迭代。在后面我们会继续讨论这个事情，但我想说的是，有一些划分的工作是由 OpenMP 代码完成，从而并行化计算的。当然，如果编译指令 for 是在 parallel 块内部，就没有什么意义了，因为这样就不会有迭代被分配给线程了。

我们在内层循环中进行设置的方式，

```
for (perlen = k; perlen <= nx - perstart; perlen++) {
```

不会把任务划分到各个线程。对任意一个指定的 perstart，所有的 perlen 值都是由同一个线程来处理的。

所以，每个线程都跟踪它自己的记录值，例如，它当前所找到的最大脉冲的位置和值。在最后，在这个代码中，每个线程都要去更新全部的记录值：

```
if (mymaxval > *maxval) {
    *maxval = mymaxval;
    *startmax = mystartmax;
    *endmax = myendmax;
```

```
}
```

这是一个临界区，代码必须原子化地执行。如果我们要直接使用线程接口库来编程，需要声明一个锁变量，并在 burst() 函数的开头初始化这个锁，然后就可以写代码，在临界区的前面和后面分别加锁和解锁这个锁变量。相反，使用 **OpenMP** 的程序员的生活就简单很多：只需要简单地插入一个 **OpenMP** 的 critical 编译指令：

```
1 #pragma omp critical
2 {
3     if (mymaxval > *maxval) {
4         *maxval = mymaxval;
5         *startmax = mystartmax;
6         *endmax = myendmax;
7     }
8 }
```

5.2.4 关于线程调度的警示说明

在第 5.2.3 节，我们曾经说过，考虑如下代码

```
#pragma omp parallel
```

“这句传给编译器的指令释放了一组线程。”这句话听起来很平常，但它到底是什么意思呢？它实际上说的是创建了线程。这些线程会以就绪的状态出现在操作系统的进程表中——换句话说，它们还没真正地开始运行。

这些线程开始启动的顺序是随机且不可预测的。记住这一点非常重要，如果忽略了它，可能就会出现微妙且难以修复的 bug。

5.2.5 设置线程的个数

程序员可以在执行前或执行中设置线程的数目。对于前者，程序需要设置环境变量 OMP_NUM_THREADS，比如：

```
export OMP_NUM_THREADS=8
```

在 Unix 家族的系统上 **bash** shell 中，指定 8 个线程。如果要写代码实现的话，需要使用 `omp_set_num_threads()`。

从技术上来说，这两种方法仅仅指定了要使用的线程数目的上界。OpenMP 运行时系统可以选择使用一个比它小的数来覆写指定值。你可以使用下面方法来禁用这个功能：

```
omp_set_dynamic(0)
```

5.2.6 计时

在本书前言所描述的 16 核机器上，设置 $n = 50000$、$k = 100$，对仿真数据进行计时，结果如表 5.1。结果非常符合线性，即线程数每次加倍，都会使运行时间大致减半。

表 5.1 最大脉冲的示例的计时

线程数	时间
2	18.543343
4	11.042197
8	6.170748
16	3.183520

5.3 OpenMP 循环调度选项

你可能已经注意到，在前面的最大脉冲的示例中，我们会遇到潜在的负载均衡问题。`perstart` 值较大的迭代所做的任务较少。实际上，这里的模式跟相互外链示例的模式非常相似，在那个示例中，我们第一次提到了负载均衡问题（第 1.4.5.2 节）。因此，如何把迭代分配给线程，可能会对程序速度有很大影响。

到目前为止，我们还没讨论过如何把循环中的各个迭代分配给各个线程的细节。回到第 3.1 节，我们讨论了解决这个问题的一般性的策略，OpenMP 也给程序员提供了这个策略下的几种选项。

5.3.1 OpenMP 调度选项

调度类型是由调度指令 for 中的 schedule 语句来指定的，例如：

```
#pragma omp for schedule(static)
```

和

```
#pragma omp for schedule(dynamic, 50)
```

关键词 static 和 dynamic 对应于第 3.1 节所讲述的调度策略，其中第二个可选参数就是那一节中所讨论的块大小。静态版本是在循环执行之前，使用轮询的方式来分配块。

第三个调度选项是 guided。它在迭代的最开始使用大块，但随着循环的执行，逐渐减小块的大小。这个策略曾经在第 3.1 节中讨论过，它被设计用于减小早期循环的开销，并且在后来用于减轻负载不均衡。具体的情形依赖于实现的过程。

除了上面所述的写死的选项，程序员也可以通过 omp_set_schedule() 函数或者设置环境变量 OMP_SCHEDULE，在运行时进行选择。

继续第 5.2.6 节的计时试验，其中 $k = 10$、$n = 75000$，结果列在表 5.2 中。

没出现什么规律。然而使用太大的块和 4 个线程时，的确能看到有性能惩罚，这大概反映出的就是负载不均衡。

最重要的是，默认设置看起来就很不错。不幸的是，它们依赖于实现，但它们至少在这个平台（Ubuntu 系统，GCC 版本 4.6.3）上运行的很好。

要记住的第一条就是，精心调整的调度设置仅会在一些特殊的应用时才会有效果。例如，如果程序员有很少线程，很少迭代，而迭代的时间很长并且变化很大（不可预测），程序员应该尝试块大小为 1 的动态调度。

5.3.2 通过任务窃取来调度

我们注意到，一些类 OpenMP 的系统使用内部任务窃取，比如 **Threading Building Blocks**（TBB, 第 5.11 节）和 **Cilk++**。它们把任务划分给线程的内部算法，致力于提供更好的负载均衡。算法在运行时进行检查，当别的线程都有需要完成的任务队列时，是否有线程变为空闲状态。在这种情形下，它把任务从负担过重的线程转移到空闲的线程上——这些都不需要程序员做任何事情。

表 5.2 各种调度的选项的计时

线程数	调度，块	时间
4	默认	22.773100
4	静态, 1	22.932213
4	静态, 50	22.887986
4	静态, 500	25.730284
4	动态, 1	22.841720
4	动态, 50	22.774348
4	动态, 500	23.669525
4	启发式	22.767232
16	默认	7.081358
16	静态, 1	7.046007
16	静态, 50	7.059683
16	静态, 500	7.010607
16	动态, 1	7.060027
16	动态, 50	7.020815
16	动态, 500	7.010607
16	启发式	7.194322

对大多数涉及循环的应用而言，并不一定需要这么做。但对动态任务队列的复杂算法而言，任务窃取可能会有性能提升。

5.4 示例：邻接矩阵的变换

我们来看看第 4.8 节中的示例是如何用 OpenMP 来实现的（我们推荐读者阅读算法的 R 版本然后再继续。下面所使用的模式是类似的，但 C 的代码有一点难懂，它是比 R 更底层的语言）。

5.4.1 代码

```
// AdjMatXform.c
// 输入是有向图的图邻接矩阵，
// 把它转换为一个两列的矩阵
// 两列分别为(i, j)，它的意思是
// 从顶点 i 到顶点 j 的边;
// 输出矩阵必须是字典序的

#include <omp.h>
#include <stdlib.h>
#include <stdio.h>

// transgraph() 完成这项工作
// 参数:

//   adjm: 邻接矩阵（并不假设对称）
//         1 表示有边，0 表示没有边;
//         矩阵会被本函数覆写
//   n: adjm 的行数和列数
//   nout: 输出，返回的矩阵的行数
//   返回值：指向转换后的矩阵的指针

// 在 0, ..., n-1 中找到要分配给
// nth 个线程中线程数为 me 的块
void findmyrange(int n, int nth, int me, int *myrange)
{
```

```
26     int chunksize = n / nth;
27     myrange[0] = me * chunksize;
28     if (me < nth -1)
29         myrange[1] = (me+1) * chunksize - 1;
30     else myrange[1] = n - 1;
31 }
32
33 int *transgraph(int *adjm, int n, int *nout)
34 {
35     int *outm,  // 输出的矩阵
36         *num1s,  // 第 i 个元素是 adjm 中
37                 // 第 i 行中 1 的个数
38         *cumul1s; // num1s 中的累积和
39     #pragma omp parallel
40     {
41         int i, j, m;
42         int me = omp get thread num(),
43             nth = omp get num threads();
44         int myrows[2];
45         int tot1s;
46         int outrow, num1si;
47         #pragma omp single
48         {
49             num1s = malloc(n*sizeof(int));
50             cumul1s = malloc((n+1)*sizeof(int));
51         }
52         // 决定要被这个线程处理的
53         // adjm 的行
54         findmyrange (n, nth, me, myrows);
55         // 现在遍历分配给这个线程的
56         // adjm 的每一行，记录下 1 的位置
57         // （列数）；为了少使用
58         // malloc() 操作，重用 adjm，把在第 i 行中
59         // 中找到的位置写回那一行
```

```
60        for (i = myrows[0]; i <= myrows[1]; i++) {
61            // 这一行中 1 的数目
62            tot1s = 0;
63            for (j = 0; j < n; j++)
64                if (adjm[n* i+j] == 1) {
65                    adjm[n* i +(tot1s ++)] = j;
66                }
67            num1s[i] = tot1s;
68        }
69        // 线程会使用 num1s，后者是由所有的线程
70        // 来设置的，用于确保这些线程都完成了任务
71        #pragma omp barrier
72        #pragma omp single
73        {
74            // cumul1s[i] 是 xadjm 中
75            // 第 i 行之前的 tot1s
76            cumul1s[0] = 0;
77            // 现在计算 adjm 的每一行的
78            // 输出是在 outm 的什么地方开始
79            for (m = 1; m <= n; m++) {
80                cumul1s[m] = cumul1s[m-1] + num1s[m-1];
81            }
82            *nout = cumul1s[n];
83            outm = malloc(2*(*nout) * sizeof(int));
84        }
85        // 在 "single" 编译指令之后隐式的屏障
86        // 现在填充输出矩阵中这个线程
87        // 所对应的部分
88        for (i = myrows[0]; i <= myrows[1]; i++) {
89            // outm 内的当前行
90            outrow = cumul1s[i];
91            num1si = num1s[i];
92            for (j = 0; j < num1si; j++) {
93                outm[2*(outrow+j)] = i;
```

```
94                  outm[2*(outrow+j)+1] = adjm[n*i+j];
95              }
96          }
97      }
98      // 在 "parallel" 编译指令之后隐式的屏障
99      return outm;
100 }
```

5.4.2 代码分析

在我们开始前要注意一下，并行 C/C++ 代码通常涉及到用单维度的数组代表矩阵，就像下面所述：

考虑一个 3×8 的数组 x。由于 C/C++ 使用的是行主序（参考第 2.3 节），数组是在内部是按照行的顺序，保存在 24 个连续的内存字中。要记住 C/C++ 的索引是从 0 开始的，而 R 是从 1 开始的。因而，数组第二行第五列的元素是 x[1, 4]，它存在内部存储中的索引为 $8+4=12$ 的字。通常来说，x[i, j] 保存在数组的索引为

```
8 * i + j
```

的字中。

在写通用代码时，我们通常并不知道编译时矩阵有多少列（上面的小示例中有 8 列）。所以通常要先认识到内部存储的线性属性，然后在 C 代码中显式地使用，例如：

```
if (adjm[n*i+j] == 1) {
    adjm[n*i+(tot1s++)] = j;
```

就像在 **Rdsm** 包实现中一样，内存分配问题再一次跳了出来。回忆一下 **Rdsm** 包实现的情形，我们给一个大小等于它的最坏可能情形的输出分配了内存。在这种情形下，我们选择在执行的过程中分配内存给数组 num1s，并用它来完成后面的用途，而不是提前分配内存。

注意，如果输入矩阵的一些行包含，比如说五个 1，那么这一行会在输出矩阵中贡献五行。我们为每个输入行计算这个信息，在数组 num1s 中存放这些信息。

```c
for (i = myrows[0]; i <= myrows[1]; i++) {
    tot1s = 0;  // 此行中 1 的数目
    for (j = 0; j < n; j++)
        if (adjm[n*i+j] == 1) {
            adjm[n*i+(tot1s++)] = j;
        }
    num1s[i] = tot1s;
}
```

一旦这个数组已知了，就可以找到它的累积和的值。这会通知每个线程，告知它们要在输出矩阵中写入的位置，并且告诉我们关于输出矩阵大小的信息。后者被用来调用 C 库内存分配函数 malloc()：

```c
#pragma omp barrier
#pragma omp single
{
    cumul1s[0] = 0; // cumul1s[i] 是 adjm 中第 i 行之前的 tot1s
    // 现在计算 adjm 的每一行的
    // 输出是在 outm 的什么地方开始
    for (m = 1; m <= n; m++) {
        cumul1s[m] = cumul1s[m-1] + num1s[m-1];
    }
    *nout = cumul1s[n];
    outm = malloc(2*(*nout) * sizeof(int));
}
```

再次注意，内存分配是很昂贵的，因此在这个特殊实现中，为了节省分配时间（和空间），我们决定重用 adjm 作为暂存空间。因此输出矩阵会被覆写，如果在调用前仍需要它的话，它就会被保存下来。这些中间结果会保存在 adjm 重用的那部分中，也就是所找到的 1 的数目，然后使用它们来填充输出矩阵：

```c
// 现在填充输出矩阵中这个线程所对应的部分
for (i = myrows[0]; i <= myrows[1]; i++) {
    outrow = cumul1s[i]; // outm 内的当前行
    num1si = num1s[i];
```

```
5       for (j = 0; j < num1si; j++) {
6           outm[2*(outrow+j)] = i;
7           outm[2*(outrow+j)+1] = adjm[n*i+j];
8       }
9   }
```

注意，在这个程序中既使用了隐式屏障，也适用了显式屏障。例如，考虑第二个 single 编译指令：

```
1   ...
2           }
3       num1s[i] = tot1s;
4   }
5   #pragma omp barrier
6   #pragma omp single
7   {
8       cumul1s[0] = 0; // cumul1s[i] 是 adjm 中第 i 行之前的 tot1s
9       // 现在计算 adjm 的每一行的
10      // 输出是在 outm 的什么地方开始
11      for (m = 1; m <= n; m++) {
12          cumul1s[m] = cumul1s[m-1] + num1s[m-1];
13      }
14      *nout = cumul1s[n];
15      outm = malloc(2*(*nout) * sizeof(int));
16  }
17  for (i = myrows[0]; i <= myrows[1]; i++) {
18      outrow = cumul1s[i];
19  ...
```

在这个 single 编译指令中使用了 num1s 数组，我们在使用它之前才刚刚进行计算。因此需要在编译指令之前插入一个屏障，用来确保 num1s 是就绪的。

类似地，single 编译指令计算 cumul1s，后者在编译指令之后被所有的线程所使用。因此在这个编译指令之后需要一个屏障，但是 OpenMP 为我们插入了一个隐式屏障，所以我们就不需要显式屏障了。

注意，第 5.2.1 节中程序所使用的 OpenMP 结构——omp for 编译指令——在我们当前的示例中没有出现。在这里特别地分配一些线程给邻接矩阵中的一些（连续）行，这是 omp for 编译指令不会提供给我们的。

5.5 示例：邻接矩阵，R 可调用的代码

一个典型的应用可能会是，一个分析员为了方便，使用 R 来编写他的代码，但是为了速度最大化，使用 C/C++ 来编写代码的并行部分。这种情形最常见的接口是 R 的.C()、.Call() 函数和 **Rcpp** 包。我们将在这里介绍它们，并对我们第 5.4.1 节中变换邻接矩阵的代码进行修改。

5.5.1 适用于.C() 的代码

下面是适用于.C() 接口的代码

```
1  // AdjMatXformForR.c
2  
3  #include <R. h>
4  #include <omp.h>
5  #include <stdlib.h>
6  
7  // transgraph() 完成这项工作
8  // 参数：
9  //   adjm: 邻接矩阵（并不假设是对称矩阵），
10 //          1 代表有边，0 代表没有边；
11 //   注意：矩阵会被本函数覆写
12 //   np: 指向 adjm 行数和列数的指针
13 //   nout: 输出，返回的矩阵的行数
14 //   outm: 转换后的矩阵
15 //   返回值：指向转换后的矩阵的指针
16 
17 void findmyrange(int n, int nth, int me, int *myrange)
18 {
19    int chunksize = n / nth;
```

```
20      myrange[0] = me * chunksize;
21      if (me < nth -1)
22          myrange[1] = (me+1) * chunksize - 1;
23      else myrange[1] = n - 1;
24  }
25
26  void transgraph(int *adjm, int *np, int *nout, int *outm)
27  {
28      int *num1s,  // 第 i 个元素是 adjm 的
29                   // 第 i 行中 1 的个数
30          *cumul1s,  // num1s 的累积和
31          n = *np;
32      #pragma omp parallel
33      {
34          int i, j, m;
35          int me = omp_get_thread_num(),
36              nth = omp get num threads();
37          int myrows[2];
38          int tot1s;
39          int outrow, num1si;
40          #pragma omp single
41          {
42              num1s = malloc(n*sizeof(int));
43              cumul1s = malloc((n+1)*sizeof(int));
44          }
45          findmyrange (n, nth, me, myrows);
46          for (i = myrows[0]; i <= myrows[1]; i++) {
47              tot1s = 0;  // 这一行中 1 的个数
48              for (j = 0; j < n; j++)
49              if (adjm[n*j+i] == 1) {
50                  adjm[n*(tot1s++)+i] = j;
51              }
52              num1s[i] = tot1s;
53          }
```

```
54          #pragma omp barrier
55          #pragma omp single
56          {
57          // cumul1s[i] 是 adjm 中第 i 行
58          // 之前的 1 的总数目
59          cumul1s[0] = 0;
60          // 现在计算 adjm 的每一行的
61          // 输出是在 outm 的什么地方开始
62          for (m = 1; m <= n; m++) {
63              cumul1s[m] = cumul1s[m-1] + num1s[m-1];
64          }
65          *nout = cumul1s[n];
66          }
67          int n2 = n * n;
68          for (i = myrows[0]; i <= myrows[1]; i++) {
69              // outm 内的当前行
70              outrow = cumul1s[i];
71              num1si = num1s[i];
72              for (j = 0; j < num1si; j++) {
73                  outm[outrow+j] = i + 1;
74                  outm[outrow+j+n2] = adjm[n* j+i] + 1;
75              }
76          }
77      }
78  }
```

在这里本应有个 main() 函数，没写入是因为我们要在 R 里调用这段代码，下面将会讲到。

5.5.2 编译和运行

编写的 C 代码文件 y.c 中包含我们要从 R 中调用的函数 f()，程序员可以在 shell 命令行使用 R 来进行编译：

```
R CMD SHLIB y.c
```

这会生成一个运行时加载的库文件。即，在 Linux 或 Mac 系统中，会生成 y.so 文件（Windows 下对应的文件很有可能是 y.dll）。我们从 R 中来加载它：

```
> dyn.load("y.so")
```

之后就可以用某些方法，比如.C() 或者.Call() 来从 R 中调用 f()。上面的代码已经是与简单接口.C() 相兼容的，它的格式为：

```
> .C("f", our arguments here)
```

另外一种较为复杂但更加强大的调用方式是.Call()，将会在下面讨论。

文件 y.c 必须包含 R 的头文件：

```
#include <R.h>
```

一般来说，使用 R CMD SHLIB 命令来编译的优点是不需要担心头文件在哪儿，也不需要担心库文件在哪儿。但当程序员的代码使用 OpenMP 时，事情就复杂了，这时必须通知编译器。我们可以通过设置合适的环境变量来完成这件事情。例如，对于 C 代码和 bash shell，可以使用 shell 命令：

```
% export SHLIB OPENMP CFLAGS = -fopenmp
```

下面的运行样例，使用 R 的交互式 shell，C 文件是 AdjMatXformForR.c：

```
n <- 5
dyn.load(" AdjMatXformForR.so" )
a <- matrix (sample(0:1, n^2, replace=T), ncol=n)
out <- .C("transgraph", as.integer(a), as.integer(n), integer(1),
    integer(2*n^2))
```

把最后一行与 transgraph() 的签名做对比：

```
void transgraph(int *adjm, int *np, int *nout, int *outm)
```

注意以下几点：

- 返回值必须是 void 类型的，实际上返回值是通过参数来传递的，在本例中是 nout（输出矩阵的行数）和 outm（输出矩阵本身）。
- 所有的参数都是指针。

- 我们的 R 代码必须为输出参数分配空间。

关于最后一点，我们的 C 代码没有必要像第 5.4 节中那样，为输出矩阵来分配内存。就像在 **Rdsm** 包版本中做的那样，在调用前把矩阵设置成最坏情形时的大小。

下面是一个运行测试：

```
> n <- 5
> dyn.load("AdjMatXformForR.so")
> a <- matrix(sample(0:1, n^2, replace=T), ncol=n)
> out <- .C("transgraph", as.integer(a), as.integer(n),
+ integer(1), integer(2*n^2))
> out[[1]]
[1] 0 0 0 1 0 1 3 0 4 1 3 4 0 0 3 4 1 0 0 4 1 1 0 1 1

[[2]]
[1] 5

[[3]]
[1] 14

[[4]]
 [1] 1 1 1 1 2 2 2 3 4 4 5 5 5 5 0 0 0 0 0 0 0 0 0 0 0 1 2 4 5 1
   4 5 1 2 5 1 2 4
[39] 5 0 0 0 0 0 0 0 0 0 0 0
```

你可以看到，.C() 的返回值是一个 R 列表，每个元素对应 transgraph() 的一个参数，包括输出的参数。

注意默认情形下，所有的输入矩阵都被复制了，因此对它们所做的任何更改，都只能在输出列表中看到，而不会在原始参数中看到。这里 out[[1]] 与输入矩阵 a 不同：

```
> a
     [, 1] [, 2] [, 3] [, 4] [, 5]
[1, ]     1     1     0     1     1
[2, ]     1     0     0     1     1
```

```
[3, ]    1    0    0    0    0
[4, ]    0    1    0    0    1
[5, ]    1    1    0    1    1
```

数据的复制会带来速度的降低，我们可以禁用数据复制，但这个用法不被 R 开发团队所推荐，且输出矩阵 `out[[4]]` 在线性格式下不方便阅读。我们把它展示成一个矩阵，要注意其他的输出变量，`out[[3]]`，它告诉我们输出矩阵中有多少行：

```
>(nout <- out[[3]])
[1] 14
> o4 <- out[[4]]
> om <- matrix(o4, ncol=2)
> om[1:nout, ]
      [, 1] [, 2]
 [1, ]    1    1
 [2, ]    1    2
 [3, ]    1    4
 [4, ]    1    5
 [5, ]    2    1
 [6, ]    2    4
 [7, ]    2    5
 [8, ]    3    1
 [9, ]    4    2
[10, ]    4    5
[11, ]    5    1
[12, ]    5    2
[13, ]    5    4
[14, ]    5    5
```

5.5.3 分析

那么，我们在这个版本中更改了什么？大多数更改是因为 R 和 C 的不同。更重要的是，实际上，R 使用列主序来存储矩阵，而 C 使用行主序（第

2.3 节)，这意味着大部分新代码都必须“反转”旧的代码。例如，这一行原始的代码

```
outm[2*(outrow+j)+1] = adjm[n*i+j];
```

现在变成了

```
int n2 = n * n;
...
outm[outrow+j+n2] = adjm[n*j+i] + 1;
```

5.5.4 适用于 Rcpp 的代码

另一个从 R 中调用 C/C++ 代码的方式是使用.Call() 函数。它被认为要比.C() 高级，但也更加复杂。然而，这个复杂性，通过使用 **Rcpp** 包，可以大部分隐藏起来而不需要被程序员所了解，实际上，最后的结果就是，使用 **Rcpp** 要比使用.C() 还简单。

这里是我们先前代码的 **Rcpp** 版本：

```
1  // AdjRcpp.cpp
2
3  #include <Rcpp.h>
4  #include <omp.h>
5
6  // transgraph() 完成这项工作
7  // 参数:
8  //   adjm: 邻接矩阵（并不假设是对称矩阵），
9  //          1 代表有边，0 代表没有边;
10 //   注意: 矩阵会被本函数覆写
11 //   返回值: 转换后的矩阵
12
13 // 找到这个线程要处理的行的块
14 void findmyrange(int n, int nth, int me, int *myrange)
15 {
16     int chunksize = n / nth;
```

```
17      myrange[0] = me * chunksize;
18      if (me < nth -1)
19          myrange[1] = (me+1) * chunksize - 1;
20      else myrange[1] = n - 1;
21  }
22
23  RcppExport SEXP transgraph(SEXP adjm)
24  {
25      int *num1s, // 第 i 个元素是 adjm 的
26                  // 第 i 行中 1 的个数
27          *cumul1s, // num1s 的累积和
28          n;
29      Rcpp::NumericMatrix xadjm(adjm);
30      n = xadjm.nrow();
31      int n2 = n*n;
32      Rcpp::NumericMatrix outm(n2, 2);
33
34      #pragma omp parallel
35      {
36          int i, j, m;
37          int me = omp_get_thread_num(),
38              nth = omp_get_num_threads();
39          int myrows[2];
40          int tot1s;
41          int outrow, num1si;
42          #pragma omp single
43          {
44              num1s = (int *) malloc(n*sizeof(int));
45              cumul1s = (int *) malloc((n+1)*sizeof(int));
46          }
47          findmyrange(n, nth, me, myrows);
48          for (i = myrows[0]; i <= myrows[1]; i++) {
49              // 这一行中 1 的个数
50              tot1s = 0;
```

```
51            for (j = 0; j < n; j++)
52            if (xadjm(i, j) == 1) {
53                xadjm(i, (tot1s ++)) = j;
54            }
55            num1s[i] = tot1s;
56        }
57        #pragma omp barrier
58        #pragma omp single
59        {
60            // cumul1s[i] 是 xadjm 中
61            // 第 i 行之前的 tot1s
62            cumul1s[0] = 0;
63            // 现在计算 adjm 的每一行的
64            // 输出是在 outm 的什么地方开始
65            for (m = 1; m <= n; m++) {
66                cumul1s[m] = cumul1s[m-1] + num1s[m-1];
67            }
68        }
69        for (i = myrows[0]; i <= myrows[1]; i++) {
70            // outm 内的当前行
71            outrow = cumul1s[i];
72            num1si = num1s[i];
73            for (j = 0; j < num1si; j++) {
74                outm(outrow+j, 0) = i + 1;
75                outm(outrow+j, 1) = xadjm(i, j) + 1;
76            }
77        }
78    }
79    Rcpp::NumericMatrix outmshort =
80        outm(Rcpp::Range(0, cumul1s[n]  -1),
81             Rcpp::Range(0, 1));
82    return outmshort;
83 }
```

5.5.5 编译和运行

我们继续使用 R CMD SHLIB 来编译，但是这次要指定更多的库。在 bash shell 中，运行：

```
export R_LIBS_USER=/home/nm/R
export PKG_LIBS="-lgomp"
export PKG_CXXFLAGS="-fopenmp -I/home/nm/R/Rcpp/include"
```

第一个命令让 R 知道 R 包在哪儿，在这个示例中，指的是 **Rcpp** 包。第二个是说我们需要链接 gomp 库，这是给 OpenMP 用的，第三个用来告诉编译器既要注意 OpenMP 编译指令，也要把 **Rcpp** 的头文件包含进来。

注意，最后一个 export 假设源代码是 C++ 的，即文件名有一个.cpp 的后缀。由于 C 是 C++ 的子集，我们的代码也可以是纯 C 的，但认为它是 C++ 的。

然后运行

```
R CMD SHLIB AdjRcpp.cpp
```

它会像前面一样，生成一个.so 或者对应的文件。下面是一个运行样例：

```
> library(Rcpp)  # 不要忘了先做这个
> dyn.load("AdjRcpp.so")
> m <- matrix(sample(0:1, 16, replace=T), ncol=4)
> m
     [, 1] [, 2] [, 3] [, 4]
[1, ]    1     1     1     0
[2, ]    1     1     0     1
[3, ]    1     1     0     0
[4, ]    1     0     0     1
> .Call("transgraph", m)
      [, 1] [, 2]
 [1, ]    1     1
 [2, ]    1     2
 [3, ]    1     3
 [4, ]    2     1
```

```
 [5, ]     2    2
 [6, ]     2    4
 [7, ]     3    1
 [8, ]     3    2
 [9, ]     4    1
[10, ]     4    4
```

很明显，我们使用的是.Call() 而不是.C()。注意到，这里只有一个参数 m，而不是像从前一样有五个，并且实际上结果是在返回值中，而不是在参数里面。换句话说，尽管.Call() 比.C() 要复杂，但 **Rcpp** 的使用让一切相比.C() 更加简单。另外，**Rcpp** 假设正在使用列主序来编写 C/C++ 代码，这与 R 保持了一致。难怪 **Rcpp** 这么流行呢！

5.5.6 代码分析

.Call() 和 **Rcpp** 包核心的使用部分，是 SEXP（“S 表达式”，这暗示了 R 是根植于 S 语言的）的概念。在 R 的内部，一个 SEXP 是一个指针，它指向一个包含指定的 R 对象及其信息的 C 结构体。例如，一个 R 矩阵的内部存储，包含一个容纳矩阵元素及矩阵行数和列数的结构体。这种对数据和元数据的封装，使得我们可以在新版本的 transgraph() 只使用了一个参数：

```
RcppExport SEXP transgraph(SEXP adjm)
```

我们一会儿再解释 RcppExport 这个术语。首先要注意，输入参数 adjm 和返回值都是 SEXP 类型的。换句话说，输入是一个 R 对象，输出也是一个 R 对象。在上面运行的示例中

```
> .Call("transgraph", m)
```

输入是 R 矩阵 m，输出是另一个 R 矩阵。

这里的.Call() 是为 C 设置的，C++ 用户（包括上面的示例中的我们）需要在 C++ 代码中添加这样一行

```
extern "C" transgraph;
```

术语 RcppExport 是为了方便程序员，它实际上就是

```
#define RcppExport extern "C"
```

现在，让我们来看看还做了其他哪些更改。考虑下面几行代码：

```
Rcpp::NumericMatrix xadjm(adjm);
n = xadjm.nrow();
int n2 = n*n;
Rcpp::NumericMatrix outm(n2, 2);
```

Rcpp 有它自己的向量和矩阵类型，可以用来作为 R 中这些类型和 C/C++ 中对应数组的桥梁。上面的第一行，使用原始的 R 矩阵 adjm 创建了一个 **Rcpp** 包的矩阵 xadjm。（实际上，没有分配新的内存空间；在这里，xadjm 仅仅是一个指针，它指向 adjm 存储的结构体中的数据部分。）先前提到的封装，在这里就表现为 **Rcpp** 矩阵内建了这里使用的 nrow() 方法。接着创建了一个新的 $n^2 \times 2$ 的 **Rcpp** 矩阵 outm，用它来作为输出矩阵。像前面一样，我们要考虑最坏的情形，即输入矩阵的元素全都是 1。

Rcpp 特别适合编写矩阵方面的代码。回忆一下第 5.4.2 节的开头的讨论。在邻接矩阵代码的早期版本（单独的 C 和 R 可调用的版本）中，尽管是在处理二维数组，我们却必须使用一维下标，例如

```
if (adjm[n* i+j] == 1) {
```

这是由于 C/C++ 中普通的二维数组必须在编译时就要声明它们的列数，而在这个应用中，这种信息在运行之前都是不可知的。这对面向对象的结构而言不是问题，比如那些在 C++ 标准模板库（Standard Template Library，STL）和 **Rcpp** 中的结构。

因而，现在有了 **Rcpp**，我们可以真正的二维索引了，尽管是用的圆括号而不是方括号 [5]：

```
if (xadjm(i, j) == 1) {
```

然而要注意，**Rcpp** 使用 C/C++ 风格的下标，即它是从 0 开始索引的，而不是像 R 一样从 1 开始。因此

```
outm(outrow+j, 1) = xadjm(i, j) + 1;
```

当要从邻接矩阵中插入某个列数的时候，我们需要解决这种矛盾。

除了返回值，剩余的大部分代码都不需要更改：

[5] 我们依然可以使用方括号来做一维索引，但回忆一下，**Rcpp** 为了与 R 兼容，使用了列主序。

```
Rcpp::NumericMatrix outmshort =
    outm(Rcpp::Range(0, cumul1s[n] -1), Rcpp::Range(0, 1));
return outmshort;
```

像从前一样，我们要为最坏情形下的 outm 分配空间，这种情形下需要 n^2 行。通常，矩阵 adjm 中 1 的数量要远比 n^2 少，因此 outm 的最后几行都是被 0 填充的。在这里我们把非零的行复制到一个新的 **Rcpp** 矩阵 outmshort 中，然后把它返回。

总而言之，**Rcpp** 让代码变得简单和易于编写：参数更少，参数都是显式的 R 对象的形式，不需要处理行主序与列主序，返回的结果就是所需要的 R 对象，而不是 R 列表的分量。

5.5.7 Rcpp 进阶

在写本书的过程中，**Rcpp** 正逐渐变得更加多功能，提供了多种方式来设置代码，而不仅仅是本书所描述的最基础的方式。

一个高级特征（很多人认为它是基础特征，不是高级特征）就是 *Rcpp attributes*，它把简单代码，通过一个额外的构建步骤组织起来。例如，transgraph() 中的参数 adjm 可以被声明为 Rcpp::NumericMatrix 类型而不是 SEXP。这样代码就更加清晰，并且可以省去我们创建一个额外变量 xadjm 的麻烦。

另一个示例是 *Rcpp syntactic sugar*，它可以神奇地让你给 C++ 添加 R 类型的语法，这非常好用！

5.6 C 加速

那么，让我们来检查一下，是否像第 1.1 节中讨论的那样，在并行环境中，用 C 来运行是不是真的比用 R 更好。

```
> n <- 10000
> a <- matrix(sample(0:1, n^2, replace=T), ncol=n)
> system.time(out <- .C("transgraph", as.integer(a),
+ as.integer(n), integer(1), integer (2*n^2)))
   user  system  elapsed
  5.692   0.852    3.193
```

把以前做的计时结果也拿出来，各种方法的对比结果放在表 5.3 中。

表 5.3 计时对比

内核	语言	时间
1	R	27.516
4	R(Rdsm)	7.783
4	C(OpenMP)	3.193

5.7 运行时间与开发时间

分析表 5.3，可以发现，从串行 R 改为并行 R，运行时间减少了 72%，而改为 OpenMP 运行时间减少了 88%。不可否认，OpenMP 版本的代码实际上是并行 R 版本的代码速度的两倍。但相对于串行 R 代码而言，把代码改为 C 所获得的提升，相对于改为并行 R 所获得的提升，高的并不多。

因而可以看到，第 1.1 节中良好并行所具有的标准的具体展示：如果愿意付出开发时间的成本的话，使用 C 来计算确实有所收益，但是这个收益相比成本而言可能不太值。

5.8 高速缓存/虚拟内存的深入问题

本书中提到过好几次，高速缓存一致性事务（以及虚拟内存调页）真的会影响性能。这一点与我们在第 2.3.4 节提到的观点——同一代码的不同设计会有非常不同的内存存取范式，以及非常不同的高速缓存性能 ——我们可以看到，当编写共享内存的代码时，必须留意这些问题。还要记住，在多核的情形下，这个问题更加严重，这主要是因为高速缓存一致性的问题（第 2.5.1.1 节）。

为了让这个想法具体化，我们来看看两个 OpenMP 程序，它们是用来做原地矩阵转置。这是第一个：

```
1 // CacheRow.c
2
3 #include <omp.h>
4 #include <stdlib.h>
```

```
5  #include <stdio.h>
6
7  // 从 2-D 索引变为 1-D 索引
8  int onedim(int n, int i, int j) { return n * i + j;}
9
10 void transp(int *m, int n)
11 {
12     #pragma omp parallel
13     {
14         int i, j, tmp;
15         // 遍历所有对角线之上的元素，
16         // 把它们与对角线之下的对应元素做交换
17     #pragma omp for
18     for (i = 0; i < n; i++) {
19         for (j = i +1; j < n; j++) {
20             tmp = m[onedim(n, i, j)];
21             m[onedim(n, i, j)] = m[onedim(n, j, i)];
22             m[onedim(n, j, i)] = tmp;
23         }
24         }
25     }
26 }
27
28 int *m;
29
30 int main(int argc, char **argv)
31 {
32     int i, j;
33     int n = atoi(argv[1]);
34     m = malloc(n*n*sizeof(int));
35     for (i = 0; i < n; i++)
36         for (j = 0; j < n; j++)
37             m[n* i+j] = rand () % 2 4;
38     if (n <= 10) {
```

```
39          for (i = 0; i < n; i++) {
40              for (j = 0; j < n; j++) printf("%d ", m[n* i+j]);
41              printf("\n");
42          }
43      }
44      double startime, endtime;
45      startime = omp_get_wtime();
46      transp(m, n);
47      endtime = omp_get_wtime();
48      printf("elapsed time: %f\n", endtime-startime);
49      if (n <= 10) {
50          for (i = 0; i < n; i++) {
51              for (j = 0; j < n; j++)
52                  printf("%d ", m[n*i+j]);
53              printf("\n");
54          }
55      }
56  }
```

代码很直接。它按一行一行的顺序来遍历矩阵的，把每一行中对角线之上的元素与它们所对应的对角线之下的元素做交换。

再回忆一下，C 按照行主序来存储矩阵。因此，随着上面代码对矩阵进行转置，它在一段时间内一直保持在同一个高速缓存块中，这对高速缓存性能是比较好的。我们在这里只说“比较好”，是因为对角线之下的元素是按照列的顺序来转置的，因此高速缓存的性能并不是很好。然而，这个版本代码看起来比下面版本二的性能要好：

```
1  // CacheWave.c
2
3  #include <omp.h>
4  #include <stdlib.h>
5  #include <stdio.h>
6
7  // 从 2-D 索引变为 1-D 索引
8  int onedim(int n, int i, int j) { return n * i + j;}
```

```
9
10 void trade(int *m, int n, int i, int j) {
11     int tmp;
12     tmp = m[onedim (n, i, j)];
13     m[onedim(n, i, j)] = m[onedim(n, j, i)];
14     m[onedim(n, j, i)] = tmp;
15 }
16
17 void transp(int *m, int n)
18 {
19     int n1 = n - 1;
20     int n2 = 2 * n - 3;
21     #pragma omp parallel
22     {
23         int w, j;
24         int row, c o l;
25         #pragma omp for
26         // w 是波前数，索引是按照
27         // 从第一行到最后一行的顺序
28         // 我们把对角线的右上部分
29         // 移动到对角线的左下部分
30         for (w = 1; w <= n2; w++) {
31             if (w < n) {
32                 row = 0;
33                 col = w;
34             } else {
35                 row = w - n1;
36                 col = n1;
37             }
38             for (j = 0;; j++) {
39                 if (row > n1 || col < 0) break;
40                 if (row >= col) break;
41                 trade(m, n, row++, col --);
42             }
```

```
43          }
44      }
45  }
46
47  int *m;
48
49  int main(int argc, char **argv)
50  {
51      int i, j;
52      int n = atoi(argv[1]);
53      m = malloc(n*n*sizeof(int));
54      for (i = 0; i < n; i++)
55          for (j = 0; j < n; j++)
56              m[n*i+j] = rand() % 24;
57      if (n <= 10) {
58          for (i = 0; i < n; i++) {
59              for (j = 0; j < n; j++)
60                  printf("%d ", m[n* i+j]);
61              printf("\n");
62          }
63      }
64      double startime, endtime;
65      startime = omp_get_wtime();
66      transp(m, n);
67      endtime = omp_get_wtime();
68      printf("elapsed time: %f\n", endtime-startime);
69      if (n <= 10) {
70          for (i = 0; i < n; i++) {
71              for (j = 0; j < n; j++)
72                  printf("%d ", m[n*i+j]);
73              printf("\n");
74          }
75      }
76  }
```

表 5.4 计时：相同的应用，不同的内存范式

内核数	行方向	波前	比例
4	9.119054	10.767355	0.8469168
8	4.874676	6.173957	0.7895546
16	2.586739	3.545786	0.7295249

这个版本使用了波前的方法。在这里，我们不是让 for 循环的每个迭代都处理不同的行，而是让每个迭代都处理不同的“右上到左下”的反对角线。例如，考虑 transp() 外层循环中的迭代 w=3。它会处理 m[0, 3]、m[1, 2]、m[2, 1] 和 m[3, 0]。

波前法性能优越，在矩阵算法中被广泛使用。从高速缓存的观点来看，在这个特殊的应用中，内存使用的范式更加随机，我们会怀疑结果会有更差劲的高速缓存命中率，对性能有不利影响。用直白的话说：第二个版本更慢。

此外，我们可以猜想，使用越多的内核，这两个版本的程序的速度会相差越多。写入时的任何高速缓存未命中都可能会在其他的高速缓存那里引发高速缓存操作，由于我们给每个内核一个高速缓存，所以问题会随着系统规模的增长而加剧。

这个结论也在表 5.4 的计时实验中得到了确认。矩阵大小是 25000×25000。我们立刻可以看到，写代码时留意高速缓存的实现确实会有用。还可以确定的是，使用的内核越多，两个版本的程序的运行时间的比值越低。

愿意花时间优化自己所写的代码的程序员可以更进一步，比如关注伪共享（false sharing）。假如代码写入一个变量 x，进而使得那个高速缓存块无效——我们说过这意味着整个块无效。同一个块中可能正好会有另一个变量 y 的一个拷贝。然而此时，存取 y 会引发不必要且昂贵的高速缓存一致性操作，因为 y 是在一个“坏”块中。

程序员应该避免这样的灾难，在我们对 x 和 y 的声明中间进行填充，比如：

```
int x, w[63], y;  // 都假设为全局变量
```

如果高速缓存块的大小是 512 字节，即 64 个 8 字节整数，那么 y 在内存中位于 x 之后的第 512 字节，而不是在同一个块中。

5.9 OpenMP 中的归并操作

并行计算中的一个常见操作是归并（reduction），从很多数中计算一个总数或者某个其他的数。除了计算加和，我们也可以计算最小值、最大值等等。大多数并行计算的编程语言和库都包含一些归并的概念。例如，本书中曾经提到过，R 有一个 Reduce() 函数，大多数消息传递系统都有类似的东西。我们将会在本节看到，OpenMP 同样也提供归并操作。

5.9.1 示例：相互内链

在这里，我们再来看看第 1.4 节的相互外链问题。在这个情形下，我们计算导入链接，这一部分是为了让示例有些变化，同时也是为了阐明第 5.9.2 节中高速缓存的相关观点。

5.9.1.1 代码

```
1  // MutInlinks.cpp
2
3  // 相互内链流行度计算
4
5  // 输入是图的邻接矩阵，元素(i, j)
6  // 是 1 或 0，这取决于是否有
7  // 从顶点 i 到顶点 j 的边。
8
9  // 我们查找相互内链的总数，
10 // 遍历所有可能的顶点对
11
12 #include <Rcpp.h>
13 #include <omp.h>
14 // 对顶点 i 及所有顶点 j 满足 j > i 的相互内链
15 // 进行计数，xa 是邻接矩阵，类型为
16 // Rcpp::NumericMatrix
17 int do_one_i(Rcpp::NumericMatrix xa, int i)
18 {
```

```
    int nr = xa.nrow();
    int nc = xa.ncol();
    int sum = 0, j, k;
    if (i >= nc - 1) return 0;
    for (j = i +1; j < nc; j++) {
        for (k = 0; k < nr; k++)
            sum += xa(k, i) * xa(k, j);
    }
    return sum;
}

RcppExport SEXP ompmutin(SEXP adj, SEXP nth)
{
    Rcpp::NumericMatrix xadj(adj);
    int nr = xadj.nrow();
    int nc = xadj.ncol();
    // 设置线程的数目
    int nthreads = INTEGER(nth)[0];
    omp_set_num_threads(nthreads);
    // 最简单的方法
    int tot, i;
    #pragma omp parallel for reduction(+:tot)
    for (i = 0; i < nc; i++)
        tot += do_one_i(xadj, i);
    return Rcpp::wrap(tot);
}
```

5.9.1.2 运行示例

```
> dyn.load("MutInlinks.so")
> m <- matrix(sample(0: 1, 2 5, replace=T), ncol=5)
> m
     [, 1] [, 2] [, 3] [, 4] [, 5]
```

```
[1, ]    0    1    1    1    0
[2, ]    1    0    0    1    1
[3, ]    1    0    0    1    0
[4, ]    1    1    1    0    0
> library(Rcpp)
> .Call("ompmutin", m, as.integer(2))
[1] 11
```

注意，我们需要在调用函数时写 2，就如 `as.integer(2)`。这不是 **Rcpp** 的问题；相反，这个问题是因为 R 把常量 2 看做是 `double` 类型。

5.9.1.3 分析

OpenMP 归并语句如下：

```
#pragma omp parallel for reduction (+:tot)
for (i = 0; i < nc; i++)
    tot += do_one_i(xadj, i);
```

在这个指令中，首先要注意到，这个示例中我们的第一个 `for` 从句是含有 `parallel` 和 `reduction` 从句的。这个格式仅仅是为了节省输入。代码

```
#pragma omp parallel
...
#pragma omp for
```

可以写成更加紧凑的形式

```
#pragma omp parallel for
```

但归并从句对我们来说是新的东西。在这个示例中，

```
reduction(+:tot)
```

指明了我们要计算一个求和（+），把它存储在变量 `tot` 中，并且是以一种“安全的”方式来进行的，它的含义我们在后面会讲述。仔细注意，在同一个时刻可能会有多个线程正在执行

```
tot += do_one_i(xadj, i);
```

因此我们会遇到竞争条件（第 4.6.1 节）。需要上面的语句能够原子化地运行。

我们可以利用 OpenMP 的 `critical` 指令（第 5.2.1 节）来避免这个问题，但其实事情比想象的更美好，当指定归并操作时，OpenMP 可以在看不见的地方来做这件事。OpenMP 可以为各个线程设置独立的 `tot` 的拷贝，然后在退出循环时，原子化地把它们加到“真的” `tot` 上。我们不需要担心这件事情。

5.9.2 高速缓存问题

任何时候如果发现程序运行变得缓慢了，最先被怀疑的应该就是高速缓存的行为。这种怀疑通常都很准。

5.9.3 行与列

我们曾说过 R 使用列主序的矩阵存储，因此同一列的元素都是连续存储的。这意味着相互内链应用应该比相互外链应用有更好的高速缓存性能，因为在前者的代码中（至少是在一个简单、直接的实现中）是按列存取而非按行存取。

这也意味着如果我们对外链感兴趣，在做分析前对邻接矩阵做转置是有成本的。它本身需要一些时间，但是如果要在这个矩阵上做很多分析，并且算法中经常涉及按行存取，这个成本也是值得的。

5.9.4 处理器关联

在第 2.6 节，当一个线程在一个内核上开启一个时间片时，这个内核的高速缓存可能并不包含对这个线程有用的资源。因而需要建立高速缓存内容，这会在一段时间内引发大量的高速缓存未命中，因而会使速度下降。

我们希望能够把一些线程分配给一些内核，这被称为指定处理器关联。假如，你使用 gcc 编译器，可以通过设置环境变量 `GOMP_CPU_AFFINITY` 来做这件事。或者，你可以在 OpenMP 程序里调用 `sched_setaffinity()`。详情可以查询针对你的系统的文档。

5.10 调试

大多数调试工具都可以追踪特定的线程。在这里我们会使用 GDB。

5.10.1 GDB 中的线程命令

首先，当你在 GDB 下运行一个程序时，会声明创建新线程，例如

```
(gdb) r 100 2
Starting program: /debug/primes 100 2
[New Thread 16384 (LWP 28653)]
[New Thread 32769 (LWP 28676)]
[New Thread 16386 (LWP 28677)]
[New Thread 32771 (LWP 28678)]
```

你可以进行回溯（backtrace, bt）等操作。这里是一些与线程相关的命令：

- `info threads`（给出所有当前线程的信息）
- `thread 3`（变更到线程 3）
- `break 88 thread 3`（当线程 3 执行到源文件第 88 行时停止执行）
- `break 88 thread 3 if x==y`（当线程 3 执行到源文件第 88 行，且变量 x 与 y 相等时停止执行）

5.10.2 在被 R 调用的 C/C++ 代码中使用 GDB

基本的想法如下：

- 在 GDB 下启动 R 本身。
- 在你想调试的 C/C++ 函数处设置断点。
- 发送 `r`（“运行”）命令给 GDB，这会把你带回 R 提示符。
- 如果你在使用 **Rcpp**，先加载它。
- 调用 `dyn.load()` 来引入 C/C++ 代码。
- 运行`.Call()`，会导致 GDB 停在所需要的 C/C++ 函数处。
- 然后像平常一样使用 GDB。

这里是第 5.2.1 节中代码的示例。

```
% R -d gdb
GNU gdb (GDB) 7.5.91.20130417-cvs-ubuntu
...
```

```
(gdb) b burst
Function "burst" not defined.
Make breakpoint pending on future shared library load? (y or[n])
   y
Breakpoint 1 (burst) pending.
(gdb) r
Starting program: /usr/local/lib/R/bin/exec/R[Thread debugging
   using libthread_db enabled]
Using host libthread_db library "/lib/i386-linux-gnu/libthread_db
   .so.1".
R version 3.0.1 (2013-05-16) -- "Good Sport"
...
> dyn.load("Burst.so")
> x <- sample(0:1, 100, replace=T)
> .Call("burst", x, as.integer(100), as.integer(10))
Breakpoint 1, burst (x=0x86c6b28, nx=141181456, k=141249936,
   startmax=0x0,
endmax=0x86177d8, maxval=0x83b8b38) at Burst.c:27
27        {
(gdb) n
42             nth = omp_get_num_threads();
...
```

5.11 Intel Thread Building Blocks(TBB)

写本书的时候（2015 年春天），作为线程高级接口的 OpenMP 的最强劲的对手是 TBB，它是一个 Intel 开发的开源库。下面是它的一些优点和缺点：

- 由于任务窃取（第 5.3.2 节），以及可能更好的高速缓存性能，TBB 代码在某些情形下能产生更好的性能。
- TBB 不需要特殊的编译器能力，这与 OpenMP 不同，后者需要编译器理解 OpenMP 编译指令。
- TBB 比 OpenMP 提供了更多的灵活性，但它的复杂度也更大。

关于最后一项，TBB 需要程序员使用 C++ 的仿函数（functor），它是一个函数对象，接受一个结构体或类作为参数。我们会在第 7 章的 Thrust 内容中使用这些东西，但仿函数仅仅是 TBB 所增加的复杂度的一部分。

拿归并来做示例。TBB 提供了 `tbb::parallel_reduce()` 函数，但是它不仅需要定义一个“正常的”仿函数，也需要定义拥有结构体或类的第二个函数 `join()`。

除了使用 Thrust 来间接使用 TBB，本书不会覆盖整个 TBB 的内容。但是，如果你是一个好的 C++ 程序员，你可能会发现 TBB 结构既有趣又强大。本章所覆盖的 OpenMP 的准则，可以给你提供一个良好的开端。

5.12 无锁同步

要记住锁和屏障都是“必要的恶”。我们确实需要它们（或其他等价的东西）来保证代码能够正确执行，虽然它们会降低速度。例如，锁变量或者它们所守卫的临界区，对它们所使用的部分的代码进行*串行化*，即，它们把并行特性变成了串行；在同一时刻只有一个线程可以进入临界区，因此那个执行是临时性地串行。锁的竞争会引发很多高速缓存一致性事务，这肯定会降低性能。因此程序员应当试着找到聪明的方法来尽量避免使用锁和屏障。

一个方法是利用硬件。现代处理器一般都包含多种硬件来协助，使得同步更加高效。

例如，Intel 的机器允许在一条机器指令的前面添加一个特殊的称为**锁**前缀的字节。它命令硬件在执行指定指令的时候锁住系统总线——这样执行就是原子化的了（这个硬件操作的前缀，被称为**锁**，不要和软件中的锁变量弄混了）。

在临界区的方案中，代码原子化地给 y 加 1，看起来会像下面这样：

```
lock the lock
add $1, y
unlock the lock
```

相反，我们可以使用一条机器指令来完成整个这件事：

```
lock add $1, y
```

OpenMP 包含一个 atomic 指令，在上面的示例中我们可以通过这个代码来使用它：

```
#pragma omp atomic
y++;
```

它试着指引编译器找到一个像上面的锁前缀一样的硬件结构，来实现互斥，而不是使用相对低效的临界区方法。

另外，C++ 的标准模板库包含相关的结构，比如 fetch_add() 函数，它尝试指引编译器找到原子化的硬件解决方法，来解决上面的更新总和的问题。这个想法在 C++11 中被进一步推进。

第 6 章 共享内存范式：GPU

6.1 概述

视频游戏市场发展势头良好，工业界为越来越快、画面越来越逼真的视频游戏开发了越来越快的显卡。这些显卡实际上是并行处理硬件，2003 年左右，人们开始思考能否用显卡来进行和图形无关的并行计算。这种编程，以前称为 GPGPU，图形处理单元通用编程，后来被更简单地称为 GPU 编程。

起初，GPU 编程是非常繁琐笨重的。程序员需要找到非常巧妙的方法来将自己的应用和某些图形问题对应起来，比如将自己的问题伪装一下，从而看起来是在做图形计算。尽管人们已经开发了一些更高级的接口来自动化这个过程，开发高效的代码仍然需要对图形计算有一定的了解。

但现代 GPU 把图形操作分离了出去，现在它是由多处理器构成的，大家所熟知的共享内存的线程模型则运行在它的上层。诚然，开发高效代码仍然需要对硬件有相当的了解，但至少都是一些我们熟悉的硬件，不需要图形计算的知识。

而且，GPU 不像多核机器那样只能同时运行几个线程，比如四核处理器只能处理四个线程，GPU 可以同时运行成百上千个线程。尽管有随之而来的各种限制，但你可以看到加速的巨大潜力。

本书中我们集中关注 NVIDIA 的 GPU（为了简便，我们经常使用 “GPU” 而不是 “NVIDIA GPU”，但本书指的就是后者）。它们通过使用名为 CUDA 的 C/C++ 扩展进行开发，R 开发了与其的各种接口。所以正如第 5 章中的 OpenMP，我们再次使用了第 1.1 节里引入的 R+X 的概念。

你需要一块支持 CUDA 的显卡和 CUDA 开发套件来运行本章里的示例。想要检查你的 GPU 是否支持 CUDA，首先检查显卡类型（Linux 下请检查

/sbin/lspci，也可能是 /usr/bin/lspci），之后查询 NVIDIA 官方网站或者维基百科的 CUDA 条目。

CUDA 开发套件可以从 NVIDIA 网站下载。开发套件完全免费（但需要大约 1 GB 的硬盘空间）。

6.2 关于代码复杂性的再讨论

正如我们在第 3.3 节中所指出的，高效的并行编程通常需要对细节的格外注意。对于 GPU 这种刚刚出现不久的复杂硬件构架，尤为重要。也就是说，优化 CUDA 代码非常困难。

另一个问题在于 NVIDIA 在不停向硬件中添加愈发强大的特性。因此，我们面对的是一个“移动目标”，这使得优化代码更具挑战性（尽管维持了向后兼容）。

另一方面，正如我们在第 5 章开始部分所说，在并行编程中，我们总是在速度和编程所需的努力中寻找平衡。很多情况下，大家在不需要非常艰巨的努力的前提下，会乐于接受“足够好”的速度。

本着这一原则，这里展示的 CUDA 代码，在于保持简洁的前提下，还拥有足够好的速度。但需要注意：

使用现有的函数库是解决上述问题的重要方法。对于很多应用，人们开发了非常高效的 CUDA 函数库，例如用于矩阵操作的 CUBLAS。此外，人们也开发了很多包含优秀 CUDA 代码的 R 包。这在面对“移动目标”上的一个巨大优势在于，随着 NVIDIA 硬件的进化，这些函数库也会被更新。这就避免了你自己去更新自己的 CUDA 代码。

6.3 章节目标

本章会首先展示一些直接用 CUDA 开发的示例，在保持代码简洁的情况下，拥有不错的速度。这有两方面目的：

(a) 向希望直接开发 CUDA 代码的读者介绍 CUDA；

(b) 向只使用函数库的读者展示硬件如何工作。

6.4 英伟达 GPU 和 CUDA 简介

正如前面提到的，NVIDIA 的硬件和 CUDA 编程是基于共享线程和共享内存的。这看起来不错，但有些东西可能让读者皱眉头。首先引入一些特定术语：GPU（这里称为 *device*）上运行的函数是 CPU（这里称为 *host*）通过调用程序员编写的 *kernel* 函数来*启动*的。需要注意的是，这里提到的*共享内存*是针对显卡上的内存，而不是 CPU 可以存取的内存；显卡内存在这里被称为*全局内存*。真的有些东西是被称为*共享内存*的，这使得情况更加的令人困惑，因为你会发现它实际上是一种缓存。在启动时，程序员也会设置一些特殊的结构，包括 *grid* 和 *block*，来决定如何组织线程。后面我们会详细讲解这些。

CUDA 函数库包括了在 device 上为数据对象分配空间，以及在 host 与 device 之间互相传递数据的程序。

特别注意：数据传递会成为代码效率的瓶颈之一，所以必须非常小心地使用。

6.4.1 示例：计算行和

让我们从一个很简单的示例出发。下面的 CUDA 代码输入一个矩阵，之后输出一个由各行的和构成的向量。

```
1  // RowSums.cu; CUDA 的简单展示
2  #include <stdio.h>
3  #include <stdlib.h>
4  #include <cuda.h>
5  // CUDA 示例 : 计算整形矩阵 m 的行和
6  // find1elt() 计算 nxn 矩阵 m 中一行的和,
7  // 并将结果储存在行和向量 rs 中的对应位置;
8  // 这里的矩阵以行主序存在
9
10 // 这就是 GPU 上每个线程执行的 kernel
11 __global__ void find1elt(int *m, int *rs, int n) {
12    // 这个线程会处理第 rownum 行
13    int rownum = blockIdx.x;
14    int sum = 0;
```

```
15     for (int k = 0; k < n; k++)
16         sum += m[rownum * n + k];
17     rs[rownum] = sum;
18 }
19
20 // 剩余的代码在 CPU 上执行
21 int main(int argc , char **argv)
22 {
23     // 矩阵的行/列数
24     int n = atoi(argv[1]);
25     int *hm, // host 矩阵
26         *dm, // device 矩阵
27         *hrs, // host 行和
28         *drs; // device 列和
29     // 矩阵占用了多少 bytes
30     int msize = n * n * sizeof(int);
31     // 为 host 矩阵分配空间
32     hm = (int *) malloc(msize);
33     // 作为测试，矩阵用连续整数填充
34     int t = 0, i, j;
35     for (i = 0; i < n; i++) {
36         for (j = 0; j < n; j++) {
37             hm[i * n + j] = t++;
38         }
39     }
40
41     // 在 device 上为矩阵分配空间
42     cudaMalloc((void **)&dm, msize);
43     // 讲矩阵从 host 复制到 device 上
44     cudaMemcpy(dm, hm, msize, cudaMemcpyHostToDevice);
45     // 在 host 和 device 上为行和向量分配空间
46     int rssize = n * sizeof(int);
47     hrs = (int *) malloc(rssize);
48     cudaMalloc((void **)&drs, rssize);
```

```
49      // 设置线程结构的参数
50      dim3 dimGrid(n, 1); // grid 里共用 n 个 block
51      dim3 dimBlock(1, 1, 1); // 每个 block 对应一个线程
52      // 启动 kernel 函数
53      find1elt<<<dimGrid, dimBlock>>>(dm, drs, n);
54      // 等待 kernel 函数完成
55      cudaThreadSynchronize();
56      // 把行和向量从 device 复制到 host
57      cudaMemcpy(hrs, drs, rssize, cudaMemcpyDeviceToHost);
58      // 检查结果
59      if (n < 10)
60          for (int i=0; i<n; i++) printf("%d\n", hrs[i]);
61      // 清理释放，这一步非常重要
62      free(hm);
63      cudaFree(dm);
64      free(hrs);
65      cudaFree(drs);
66  }
```

这里对代码给出了一个整体概览：

- 我们需要引入 CUDA 相关函数的定义

```
#include <cuda.h>}
```

- 和以往一样，main() 函数运行在 CPU 上
- kernel 函数，这里指 find1elt，运行在 GPU 上，由前缀__global__ 标记
- host 上通过调用 cudaMalloc() 来在 device 上分配内存，之后通过 cudaMemcpy() 来在 host 和 device 之间相互传输数据。device 上的数据对于所有线程都是全局变量。
- host 上通过以下代码来启动 kernel 函数：

```
dim3 dimGrid(n, 1); // grid 里共用 n 个 block
dim3 dimBlock(1, 1, 1); // 每个 block 对应一个线程
find1elt<<<dimGrid, dimBlock>>>(dm, drs, n);
```

- 每个线程都会执行 kernel 函数，由共享的输入矩阵的不同行作为输入，输出到同样被共享的输出向量的不同位置

除去 host/device 的区别，上面这些描述听起来和基于线程的编程非常相似。最主要的区别在于线程的结构。

GPU 上的线程被分为多个 *block*，整体上被称为 *grid*。在启动 kernel 时，我们必须告诉硬件在 grid 里有多少个 block，每个 block 里会有多少个线程。我们用下面的代码指定了每个 grid 里 n 个 block，每个 block 一个线程。

```
dim3 dimGrid(n, 1); // grid 里共有 n 个 block
dim3 dimBlock(1, 1, 1); // 每个 block 一个线程
```

读者这时也可以想象 grid 的二维结构以及 block 的三维结构，这点会在后面讨论；上面代码里，`dimGrid(n, 1)` 中的 1，以及 `dimBlock(1 ,1 ,1)` 中最后的两个 1，都只是没有用到这个特性。在这段简单的代码中，我们用一个单独的线程来处理矩阵的每一行。kernel 函数中的

```
int rownum = blockIdx.x;
```

一行决定了这个线程会处理矩阵的哪一行。每个 block 和线程都有一个 ID，储存在程序员可以存取的 `blockIdx` 和 `threadIdx` 中。这两个结构分别用 grid 中的 block ID 和 block 中的线程 ID 构成。由于我们这里每个 block 都只有一个线程，所以 block ID 其实就是线程 ID。

这里的`.x` 是指 block ID 的第一维度。而此处的“维度”包括 grid 里的 block 维度，还有 block 里的线程维度，都仅仅是个抽象概念。比如说，当计算一个二维板上的热流时，程序员会觉得使用线程的二维 ID 更清晰一些。但这和物理硬件没有任何对应关系。

其他一些需要提到的问题：

- 程序员使用 CUDA 工具箱里 `nvcc` 来编译这些代码，比如

  ```
  % nvcc -o rowsums RowSums.cu}
  ```

  会产生一个可执行文件 `rowsums`。这里需要注意，`nvcc` 只是底层编译器（例如 `gcc`）的一层封装，所以后者的所有编译选项都被保留了。比如，添加 `-g` 选项可以开启 debug 功能（尽管只能在 host 上进行）。

  CUDA 源代码的标准后缀是`.cu`。这个可以通过 `-x` 选项更改，比如

```
% nvcc -x cu -o rowsums RowSums.c}
```

一个很重要的选项是指定 GPU 构架。因为英伟达的 GPU 在不停改进，程序员需要告诉编译器为特定或更高的构架来准备代码。这个通过命令行选项 -arch 来指定。比如

```
% nvcc x.cu -arch=sm\_11}
```

告诉编译器需要至少 1.1 的计算能力（compute capability，英伟达术语）的代码，因为我们调用了 CUDA 函数 atomicAdd()。

- 另外一个和 GPU 构建有关的问题是，早期的型号不支持 double 类型。至少在我的系统里，nvcc 会报告一个警告，之后自动把 double 变量降级为 float 类型。即使你的 GPU 支持 double 类型，使用 double 类型也会使计算变慢。
- kernel 函数只能返回 void。因此一个 kernel 函数必须通过其参数返回结果。
- 除 kernel 外，需要在 device 上运行的函数都有__device__ 前缀。这些函数可以有返回值。它们只能被 kernel 函数或其他运行在 device 上的函数调用。

顺便提一点，注意下面这段看起来无害的代码

```
int *hm, // host 矩阵
    *dm, // device 矩阵
```

这里很明显，hm 是 CPU 上的内存地址。尽管我们写了注释，dm 并不是 GPU 上的内存地址。相反，dm 会指向 GPU 上的一个 C 结构体，结构体中的一个域是矩阵在 GPU 上的地址。当然，CPU 和 GPU 上的地址空间并不相关[1]。

6.4.2 英伟达 GPU 的硬件结构

记分卡，记分卡！区分选手全靠记分卡！

——垒球运动中记分卡赞助商的老口号

知己知彼。

——《孙子兵法》

[1]较新的 GPU 型号允许两者有一个统一视图。

没有对 GPU 硬件的深入了解，GPU 强大的计算潜能就不能被完全发掘出来。这在并行处理的世界当然是个真理，但对于 GPU 编程来说更为重要。这一节我们为 GPU 硬件提供一个概览 [2]。

6.4.2.1 核

一个 GPU 由多个流式多处理器（streaming multiprocessor，SM）构成。由于每个 SM 自身其实都是一个多核机器，你可以说 GPU 是一个"多多核机器"（multi-multicore machine）。尽管每个 SM 独立运行，但它们共享 GPU 全局内存。另一方面，与传统的多核系统不同，GPU 系统只有非常有限（和缓慢）的屏障同步或类似的机制。

每个 SM 由多个流式处理器（streaming processor，SP）构成，也就是单独的核。和常规多核系统一样，这些核心运行线程，但每个 SM 里的线程以一种步调一致的方式运行，这点在下面会解释。

理解 SM/SP 结构的设计动机非常重要：从屏障角度叫不同 SM 中两个线程不能相互同步。尽管初听起来这是个负面消息，但实际上这是个巨大优势，因为不同 SM 中线程的独立性意味着硬件可以运行得更快。所以，如果 CUDA 程序员可以把算法设计成拥有独立的分块并将其分配给不同的 SM（后面会有介绍），我们就会获得性能上的优势。

6.4.2.2 线程

正如我们所见到的，当编写 CUDA 程序时，你会把多个线程分配到称为 block 的组。有几点需要注意：

- 硬件会把整个 block 赋给一个 SM，尽管同一个 SM 上可以运行多个 block。
- 同一个 block 中的线程进行屏障同步是可能的。
- 同一个 block 中的线程可以存取一个被程序员控制的、名为共享内存的缓存，这点有些让人迷惑。
- 硬件会把 block 分成不同的 *warp*，现在 32 个线程被分为一个 warp。
- 线程调度是基于 warp 的。一些核心空闲的时候，会以 32 个为一组进入

[2]读者可以从很多图片中获益，比如 http://cs.nyu.edu/courses/spring12/CSCI-GA.3033-012/lecture5.pdf。

空闲，这时会进行线程调度。硬件会找到一个新的 warp 来运行到这 32 个核上。

- 一个 *warp* 中的线程步调一致。在机器指令撷取周期中，一个 warp 中的所有线程会撷取相同的指令。之后在执行周期中，每个线程会执行特定的指令或者什么都不执行。什么都不执行的情况会在线程分支的情况下发生；后面会解释这点。

这是经典的单指令多数据（SIMD）模式，用于一些早期特定用途计算机，诸如 ILLIAC；这里被称为单指令多线程（SIMT）。

知道硬件如何工作，程序员就可以控制 block 的大小和多少，一般来说就可以编写代码来更好地利用硬件的工作原理。

6.4.2.3 线程分支问题

SIMT 的线程执行本质对性能有很大影响。考虑一下 `if/then/else` 的代码块中发生了什么。如果一个 warp 中的一些线程执行了 `then` 分支，一些执行了 `else` 分支，那它们的步调就不一致了。这意味着一些线程必须等待其他线程结束。这时的代码就更接近串行而不是并行，这种情况被称为“线程分支”。正如 CUDA 网络教程所指出的，这可能会成为一个“性能杀手”。同一个 block 但不同 warp 中的线程发生分支就不会有任何问题。

6.4.2.4 “硬件上的操作系统”

每个 SM 上的线程以一种基于分时的机制运行，这点就非常像操作系统。尽管这个分时系统是在硬件上实现，而不是操作系统的软件层（读者可能需要回顾一下第 2.6 节的内容再继续）。

但这个“硬件上的操作”和一个常规操作系统有很多相似之处：

- 常规操作系统中，每个线程都会获得一个定长的时间片（timeslice），所以线程可以轮流运行。在 GPU 的硬件操作系统中，每个 warp 根据定长的时间片轮流运行。
- 常规操作系统中，如果一个线程需要进行输入/输出操作，而需要等待 I/O，操作系统会暂停这个线程，即使其时间片尚未完成。操作系统会运行其他线程，从而避免长时间的 I/O 等待中浪费 CPU 时间。

  在一个 SM 中，当有一个对全局内存的长时间操作时，类似的情况也会发生。如果一个 warp 需要存取全局内存，而内存存取需要等待，SM 会安排其他 warp 运行。（即使对于一个正在运行的 warp，每次也只有半个 warp 存取内存。）

GPU 硬件对线程的支持非常好；从一个 warp 到另一个 warp 的 context switch 只需要非常少的时间，这点和操作系统中非常不同。而且，正如上面说的，存取全局内存的长时间延迟，可以通过运行大量线程来解决；当一个 warp 从内存存取数据时，另一个 warp 可以执行，从而不会因为存取数据的延迟而浪费时间。由于这些原因，CUDA 程序员一般会使用大量的线程，每个线程只完成很小一部分工作——这点和 OpenMP 等也非常不同。

6.4.2.5 Grid 配置选项

在选择 block 数量和每个 block 的线程数量时，一般我们都知道需要多少线程（回顾一点，为了改善内存延迟问题，这个数量可能远比物理设备可以运行的线程数要多得多），所有的设置问题，主要都是选择 block 的大小。这是门精巧的艺术，同样也超出了本书的范畴，我们就简要介绍一下需要考虑的问题：

- GPU 设备在 block 大小、每个 SM 上的线程数等等方面都有所限制。（见第 6.4.2.9 节。）
- 考虑到调度是基于 warp 的，block 的大小应该是 warp 的大小（现在是 32）的倍数。
- 我们想要使用所有的 SM。如果 block 大小设置得太大，并不是所有的 SM 都会被使用，因为一个 block 不能被分配到多个 SM 上。
- 正如前面提到的，屏障同步只能在 block 层面进行。block 越大，屏障延迟越多，所以我们也可能需要较小的 block。
- 另一方面，如果使用共享内存，这也只能在 block 层面，有效地使用共享内存又意味着使用更大的 block。
- 如果同一个 block 中的两个线程之间的计算没有联系，或者它们执行同样的计算但其中存在大量的 `if/else`，就会出现很多的线程分支。这种情况下，如果我们提前知道哪些线程执行 `if` 语句，哪些执行 `else` 语句，就应该尽量把它们分配到不同的 block。
- 一个广泛使用的经验法则是每个 block 用 128 到 256 个线程。

6.4.2.6 GPU 中的延迟隐藏

在第 6.4.1 节的示例代码中，我们用每个线程来处理矩阵的一行。这种并行方式可能会使熟悉经典共享内存编程的读者吃惊。第 2.7 节中我们提到，由于缓存效应等原因，在多核机器上，使用比核心数多的线程是有益的，但应该仅仅是略多。但是在 GPU 的世界里，为了规避 GPU 的内存延迟问题，我们鼓励使用大量的线程 [3]：如果 GPU 操作系统发现某个特定的线程在存取内存上可能存在较大的延迟，这个线程会被暂停，而另一个线程会被运行；通过提供大量线程，我们保证了操作系统可以成功找到一个新线程来运行。这里我们使用了*延迟隐藏*（第 2.5 节）。

这里需要注意，前面一段提到操作系统会意识到某个线程面临内存延迟，这其实是对真实情况的过度简化。由于线程是以 warp 为单位调度的，如果一个线程面临延迟，整个 warp 都必须暂停。

这也会有另一方面的好处。GPU 中的全局内存使用*低位交错*，也就是说连续的内存地址储存在可以同时使用的位置。更进一步，内存可以进入 *burst* 模式，意味着我们可以同时存取多个连续的内存位置。

以上这些都意味着，如果设计连续的线程来存取连续的内存，会有很大的性能提升。这种情况下，我们就可以看到为什么英伟达的设计人员以 warp 来调度进程是一个很聪明的选择，因为这给了我们很好的延迟隐藏。

6.4.2.7 共享内存

正如前面所说，GPU 有一小部分*共享内存*，这里的*共享*是说同一个 block 里的线程共享这部分内存。相比存取芯片外的全局内存，存取共享内存有低延迟高带宽的特点。由于共享内存很小，程序员必须考虑到哪些数据在特定时间下会被重复使用。如果真的有这样的数据，我们可以把它从全局内存复制到共享内存中，从而得到性能提升。本质上讲，共享内存是一个程序员可控的缓存。

共享内存在 kernel 启动时进行分配，由第三个参数指定。

```
sieve<<<dimGrid, dimBlock, psize>>>(dprimes, n, nth);
```

它需要在 kernel 内声明

```
extern __shared__ int sprimes[];
```

[3]然而，这里还有所限制的，申请过多的线程可能会失败。

6.4.2.8 更多的硬件细节

使用共享内存的细节超出了本书的范畴。事实上，相关资料太多，以至于无法恰当地包含在本书内。

这也印证了第 6.2 节的观点，多数用户要么 (a) 编写“快而简单”的 CUDA 代码，要么 (b) 依赖于已经优化过的 CUDA 函数库，或者使用高质量 CUDA 代码的 R 接口。

6.4.2.9 资源限制

每个 CUDA 设备在 block 个数，每个 block 上的线程数等方面都有限制。出于安全考虑，调用 cudaMalloc() 后需要检测错误，比如

```
if (cudaSuccess != cudaMalloc(...)) {...}
```

下面的代码用于打印所选的资源限制：

```
1  #include <cuda.h>
2  #include <stdio.h>
3  int main()
4  {
5     cudaDeviceProp Props;
6     cudaGetDeviceProperties(&Props, 0);
7     printf("shared mem: %d\n",
8        Props.sharedMemPerBlock);
9     printf("max threads/block: %d\n",
10       Props.maxThreadsPerBlock);
11    printf("max blocks: %d\n", Props.maxGridSize[0]);
12    printf("total Const mem: %d\n", Props.totalConstMem);
13 }
```

在我的机器上，可以如此编译和运行：

```
% nvcc -o cudaprops CUDAProperties.cu
% cudaprops
shared mem: 49152
max threads/block: 1024
```

```
max blocks: 65535
total Const mem: 65536
```

读者可以查询 cudaGetDeviceProperties() 相关文档来查询其他资源限制。

6.5 示例：相互反向链接问题

我们这里又一次使用了第 1.4 节中提到的互联网相互外链问题。这里是在 GPU 上的计算方法，但也和第 5.9.1 节中一样有所改动：我们现在关注内链链接。因此我们寻找邻接矩阵列之间成对的 1，这和我们在外链示例中使用行的情形相反（假设我们仍然对外链感兴趣，但矩阵以转置形式储存，这就是两个等价的问题）。

这里做出改动的原因在于展示第 6.4.2.6 小节里讨论的 GPU 延迟隐藏。这里我们考虑线程 3 和线程 4。在下面的代码中的 i 循环（最外层循环）中，这两个线程会处理矩阵中的相邻列。由于 GPU 会步调一致地运行这两个线程，并且以行主序储存，线程 3 和线程 4 总是存取矩阵中的同一行，且邻接的两个元素。因此我们可以充分利用内存芯片的 burst 模式。

6.5.1 代码

```
// MutIn.cu: 计算数据集中所有相互反向链接的平均值；
// 在计算 (i,j) 网站对中，线程 k 计算所有 i 相关数据，
// 如果 i mod totth = k，其中 totth 是线程数

// 用法:
//
//     mutin numvertices numblocks

#include <cuda.h>
#include <stdio.h>
#include <stdlib.h>
// block 大小规定为 192
#define BLOCKSIZE 192
```

```
14 // kernel: 计算被分配给特定线程的所有成对网址
15 __global__ void procpairs(int * m, int * tot, int n)
16 {
17     // 总线程数 = 块数 * 块大小
18     int totth = gridDim.x * BLOCKSIZE,
19         // 线程号
20         me = blockIdx.x * blockDim.x + threadIdx.x;
21     int i, j, k, sum = 0;
22     // 不同的 i 列
23     for (i = me; i < n; i += totth) {
24         for(j=i+1;j<n;j++){ // 所有的 j 列, 其中 j > i
25             for (k = 0; k < n; k++)
26                 sum += m[n * k + i] * m[n * k + j];
27         }
28     }
29     atomicAdd(tot, sum);
30 }
31 
32 int main(int argc , char **argv)
33 {   int n = atoi(argv[1]), //节点数
34         nblk = atoi(argv[2]); // 分块数
35     // 常规初始化
36     int *hm, // host 矩阵
37         *dm, // device 矩阵
38         htot, // host 上的总和
39         *dtot; // device 上的总和
40     int msize = n * n * sizeof(int);
41     hm = (int *) malloc(msize);
42     // 作为测试, 用随机的整数 1 和 0 进行填充, 也就是 i, j
43     for (i = 0; i < n; i++) {
44         hm[n * i + i] = 0;
45         for (j = 0; j < n; j++) {
46             if (j != i) hm[i * n + j] = rand() % 2;
47         }
```

```
48      }
49      // 更多的常规初始化
50      cudaMalloc((void **)&dm, msize);
51      // 将 host 矩阵拷贝到 device 上
52      cudaMemcpy(dm, hm, msize, cudaMemcpyHostToDevice);
53      htot = 0;
54      // 设置 device 上的总和，并进行初始化
55      cudaMalloc((void **)&dtot, sizeof(int));
56      cudaMemcpy(dtot, &htot, sizeof(int),
57          cudaMemcpyHostToDevice);
58      // OK，准备启动 kernel，所以要设置 grid
59      dim3 dimGrid(nblk, 1);
60      dim3 dimBlock(BLOCKSIZE, 1, 1);
61      // 启动 kernel
62      procpairs<<<dimGrid,dimBlock>>>(dm, dtot, n);
63      // 等待 kernel 结束
64      cudaThreadSynchronize();
65      // 从 device 拷贝数据到 host
66      cudaMemcpy(&htot, dtot, sizeof(int),
67          cudaMemcpyDeviceToHost);
68      // 检查结果
69      if (n <= 15) {
70          for (i = 0; i < n; i++) {
71              for (j = 0; j < n; j++)
72                  printf("%d ", hm[n * i + j]);
73              printf("\n");
74          }
75      }
76      printf("mean = %f\n", htot / (float)((n * (n - 1)) / 2));
77      // 清理工作
78      free(hm);
79      cudaFree(dm);
80      cudaFree(dtot);
81  }
```

现在读者应该发现了，我们将特定线程处理的列错开是为了负载均衡。另外，我们不停计算两列之间的“点积”来避免线程分支。唯一的新内容是对 atomicAdd() 的调用，会在第 6.6 节中讨论。

6.5.2 计时实验

代码运行在 Geforce 285 GPU 上，实验了不同的分块数的，并与常规的 CPU 做对比。结果如下，时间以秒计：

block	时间
CPU	97.26
4	4.88
8	3.17
16	2.48
32	2.36

首先，我们看到使用 GPU 带来了一个显著的加速！请注意，虽然在特定应用上，GPU 会有相当好的表现，但其他问题上表现很差。比如说，任何需要大量 if-then-else 的算法，以及需要相当数量同步操作的算法，GPU 的表现都很差。即使在我们这里的网络链接示例，由于我们讨论过的内存延迟问题，计算 outlinks 时（这里没有展示）的加速都很不明显。

其次，分块数的确很重要。但由于我们的分块大小为 192，只能使用大约 1750/192 个分块，因而没有理由使用超过 32 个的分块。

6.6 GPU 上的同步问题

下面这个调用

```
atomicAdd(tot ,sum);
```

和第 5.12 节中讨论的内容很相似。前面提到过，在一些 CPU 架构上，可以使用诸如原子相加的操作。在这个操作中，使用原子性的单一机器指令用于增加共享的和，而不需要锁定变量。不需要锁这点可以极大地改善性能。

英伟达的 GPU （除了最早期型号）提供了一些类似的原子操作，例如我们上面使用的[4]。也同时提供了其他原子操作，比如 atomicExch()（交换两

[4]请注意，第一个参数必须是 GPU 上的地址，这里就是如此。

个操作数)、atomicCAS() (如果第一个操作数和第二个相等，用第三个操作数替换第一个)、atomicMin()、atomicMax()、atomicAnd()、atomicOr() 等等。

在编译使用了这些操作的代码时，我们必须提醒编译器产生在 1.1 及以上型号上运行的可执行文件：

```
% nvcc -o mutin MutIn.cu -arch=sm_11
```

这些操作看起来不错，但其实可能是欺骗性的，这些操作非常之慢。比如，理论上，原子操作中会生成一个屏障，其代价可能相当高。在早期型号中，这个延迟接近一毫秒，尽管在最近的型号中，这个问题被大大改善，但这种情况下实现一个屏障并不会比返回 host 和调用 cudaThreadSynchronize() 快多少。由于在 kernel 调用之间全局内存是原封不动的，这是实现屏障的一个可能的方案，但依然很慢。

英伟达的确提供了一个通过调用 syncthreads() 的分块层面的屏障同步机制。这个调用相当有效率，但我们依然缺少一个高效的 GPU 整体上的全局屏障操作。这使得那些严重依赖屏障的算法在 GPU 上性能可能不佳。

6.6.1 全局内存中的数据一致

在程序的生命周期中，全局内存中的数据会保持一致。换言之，如果我们的程序采取下列操作

```
在 GPU 全局内存中为数组 dx 分配空间
将 host 上的数组 hx 复制到 dx 上
调用某个使用(也可能修改)dx 的 kernel 函数
进行一些计算
调用某个使用(也可能修改)dx 的 kernel 函数
```

那么在第二个 kernel 调用中，dx 会保持第一个 kernel 调用结束时的结果。

上面的情形在很多基于 GPU 的应用中都会发生。例如，我们考虑一个迭代算法。正如在第 6.6 节中提到的，我们很难进行跨分块的屏障操作，但在每次迭代结束返回 CPU 并调用 cudaThreadSynchronize() 可能是一个实现屏障的更容易的方法。或者，算法本身不是迭代的，但数据太大而不能传入 GPU 内存，我们只能每次在一块数据上调用单独的 kernel 函数来计算一部分。这

些情况下，如果需要在 hx 和 dx 之间不停拷贝数据，我们可能遇到非常严重的延迟。因此，我们必须考虑 kernel 调用之间全局内存中数据一致的问题[5]。

R 中的一些 GPU 扩展包，比如 **gputools**，并没有考虑全局内存的一致性。然而，CRAN 上的 **gmatrix** 和 **RCUDA** 就考虑到了这一点。

6.7 R 和 GPU

考虑到多数 R 程序的数值计算本质，开发为 R 和 GPU 接口的扩展包是很自然的事情。这是第 1.1 节中的 "R + X" 概念的另一个实例。一个可以查看有哪些相关扩展包的好地方是 CRAN 任务视图中的 "R 中的高性能和并行计算"（https://cran.r-project.org/web/views/HighPerformanceComputing.html）。矩阵操作尤其如此，它里面常见的模式使其非常适用于 GPU 计算。

R 中 GPU 扩展包的实例会在后续章节多次出现，但让我们在这里先提供一个。

6.7.1 示例：并行距离计算

gputools 可能是 R 中最常用的 GPU 扩展包。它主要用于线性代数操作，但这里让我们看看它怎么计算距离。

在第 3.9 节里，我们用 **snow** 并行化矩阵中一行和另一行之间距离的计算。R 的基础函数 dist() 计算矩阵中的一行和同一矩阵中的另一行的距离。**gputools** 中的 gpuDist() 函数也可以用于这个矩阵内计算，但它运行在 GPU 上。在最简单的调用中，两个函数都只有一个参数，就是那个矩阵。

这个计算的本质应该允许 GPU 给我们带来显著加速。事实的确如此。

我照常安装这个扩展包[6]：

```
> install.packages("gputools", "~/Pub/Rlib")
```

我用 $U(0,1)$ 的数据填充了一个 $n \times n$ 矩阵，之后比较不同的 n 的运行时间。结果如下，单位是秒：

---

[5] 相反，共享内存中数据的生命周期仅仅存在于特定 kernel 调用的过程中。

[6] 如果你的 CUDA 安装是在一个非标准位置，你需要下载 **gputools** 的源代码，之后使用 R CMD INSTALL 安装时，指定函数库和头文件的位置。请参考扩展包中的 INSTALL 文件。运行和使用中，请确保你的 LD_-LIBRARY_PATH 环境变量里包含了 CUDA 程序库。

n	dist()	gpuDist()
1000	3.671	0.258
2500	103.219	3.220
5000	609.271	error

前两个结果相当令人印象深刻，但最后一个示例中发生了一个执行错误，“启动超时，程序中止”。这个问题是由于 GPU 既用于计算，也用于日常的图形处理。如果自己拥有这台机器，可以去掉超时设定，或者购买一块 GPU 专门用于计算，这就更好了。使用 GPU 工作不是一件容易的事情……

6.8 英特尔 Xeon Phi 芯片

GPU 只是一种加速芯片。我们还有其他选择。事实上，PC 时代刚刚开始的 80 年代，人们可以购买浮点数硬件协处理器。

英特尔对英伟达 GPU 的巨大成功不会视而不见。经过多年研发，2013 年英特尔发布了 Xeon Phi 芯片。在写这本书的时候（2014 年春），英伟达已经占据了很大的市场份额，所以尚不清楚英特尔的芯片在未来几年会表现如何。

Xeon Phi 芯片拥有 60 个核心，每个核心可以有 4 个超线程，因此理论上讲可以拥有 240 核并行。这个数字和英伟达低端芯片类似。另一方面，由于其更接近经典的多核设计，英特尔芯片的编程开发更容易。人们可以在上面运行 OpenMP、MPI 和其他程序。GPU 方面，带宽以及 CPU 和加速芯片之间数据传输的延迟会成为一个主要问题。

这里必须强调英伟达的芯片在特定问题上可以有非常好的表现，其他问题上性能不佳。很多分析人员做过测试，在很多应用程序上，英特尔的芯片尽管比英伟达 Tesla 系列核心数少，但性能更好。

第 7 章 Thrust 与 Rth

正如在第 6.2 节中所讨论的，GPU 编程很难达到真正的高效，所以我们推荐在可能的时候使用 GPU 代码库。其中一个库是 Thrust，我们会在本章里展示它。

Thrust 编程本身需要熟悉 C++，尤其是一些高级特性。另一个选择是 **Rth** 扩展包，它可以让 R 程序员使用 Thrust 编程的特定算法，而不需要了解 Thrust/C/C++/CUDA 编程；这个扩展包也会在本章介绍。

Thrust，也包括 **Rth**，另一个很有价值的部分在于，它们不仅可以用于 GPU 系统上，也可以用于多核系统！事实上，Thrust 可以直接生成 OpenMP 或者 Thread Building Blocks（TBB，第 5.11 节）代码。

7.1 不要把鸡蛋放在一个篮子里

我们并不清楚未来几年中，共享内存系统会如何在寻求价格与性能的平衡中发展——多核、GPU、类似 Intel Xeon Phi 的加速芯片，或者可以买到的其他芯片都有可能。另一个方面，正如第 4.2 节中所讨论的，共享内存范式，对于特定应用极具吸引力，编写能够运行在多种共享内存硬件上的代码，也是符合大众心意的。

很多软件系统也决定“不把鸡蛋放在一个篮子里”。比如 OpenCL，这个 C/C++ 扩展被设计成用于异构计算。我们这里介绍两个“多面下注”的系统，Thrust 和 **Rth**。

7.2 Thrust 简介

Thrust 由英伟达开发，也就是运行 CUDA 代码的显卡的制造商。它由一系列类似 C++ 标准库（STL）的 C++ 模版构成。使用模版方法的一大优势在于不需要使用特别的编译器；Thrust 仅仅是由 `#include` 引入的一系列文件而已。

某些意义上讲，Thrust 可以被认为是用于 GPU 开发的高级代码，以避免 GPU 开发中的种种细节。但更重要的是，Thrust 可以用于异构计算，也就是说它可以产生运行在不同平台上的不同版本的代码。

当编译 Thrust 代码时，我们可以选择后台，可以是 GPU 或多核后台。如果是多核后台，用户可以选择在多核机器上使用 OpenMP 或者 TBB。

换言之，Thrust 允许我们编写一份代码，它既可以运行在 GPU 上，也可以运行在经典的多核机器上。当然，这些代码没有经过优化，但很多情况下，对于多种硬件来说，依然可以有可观的加速。

7.3 Rth

等一下我们会看到，即使 Thrust 被设计为简化 GPU 编程工作，编写 Thrust 代码还是有些困难的。如果你不熟悉 STL 或类似的东西，C++ 模版代码会看起来非常复杂和抽象（即使有 STL 经验，也可能如此）。

因此，又一次，我们需要一个面向底层语言的 R 接口，这又一次符合了第 1.1.2 节中提到的 “R+X” 概念。Drew Schmidt 和我开发了 **Rth**（`https://github.com/Rth-org/Rth`），一个基于 Thrust 的 R 扩展包。**Rth** 实现了一些可以从 R 中调用 Thrust 的基本操作。

Rth 的目标在于使得 R 程序员可以利用 Thrust 的优势，而又不需要亲自做 Thrust 开发（更不用说 C++、CUDA 或者 OpenMP）。

举个示例，**Rth** 提供了一个并行排序，它实际上就是 Thrust 中排序的 R 封装（详见第 10.5 节）。再次强调，这是个多用途的排序，可以利用 GPU 和多核系统的优势。

7.4 略过 C++ 相关内容

C++ 开始成为 R 程序员工具箱中愈发重要的一部分。然而，想要暂时略过 C++ 部分的读者可以略过 Thrust 编程的相关内容，直接跳到第 7.6 节的 **Rth** 部分。

7.5 示例：计算分位数

尽管开始的学习曲线有些陡峭，使用 Thrust 进行编程的代码却是非常容易读懂的。下面的 Thrust 代码用于从一个数组中每 k 个元素取一个元素。从而找到了数据的 $i \cdot k/n$ 分位数，其中 $i = 1, 2, \ldots$。需要注意，如果选择 GPU 后台，里面的 “device” 就是 GPU，如果选择了多核后台，就是共享内存 [1]。

7.5.1 代码

```
1  // Quantiles.cpp, Thrust 示例
2
3  // 给定从小到大排列的数字中每 k 个抽取一个;
4  // k 由命令行存取，并作为仿函数 ismultk() 的输入
5
6  // 这些是数据的 ik/n*100 分位数。其中 i = 1, 2, ……
7
8  #include <stdio.h>
9  #include <thrust/device_vector.h>
10 #include <thrust/sort.h>
11 #include <thrust/sequence.h>
12 #include <thrust/copy.h>
13
14 // 仿函数
15 struct ismultk {
16    const int increm; // 上面注释中提到的 k
17    // k 从调用中获得
18    ismultk(int increm) : increm(increm) {}
19    __device__ bool operator()(const int i)
20    {
```

[1] 如果只是要使用多核后台，最好不要将数据复制到设备上，这样避免拷贝很大对象的开销。

```
21          return i!=0 && (i%increm)==0;
22      }
23  };
24
25  int main(int argc , char **argv)
26  {
27      int x[15] =
28          {6, 12, 5, 13, 3, 5, 4, 5, 8, 88, 1, 11, 9, 22, 168};
29      int n=15;
30      // 在设备上生成矩阵
31      // 初始化 x[0], x[1], ..., x[n-1]
32      thrust::device_vector<int> dx(x, x+n);
33      // dx 就地排序
34      thrust::sort(dx.begin(), dx.end());
35      // 生成一个长度为 n 的序列 seq
36      thrust::device_vector<int> seq(n);
37      // 用 0, 1, 2, ..., n-1 填充 seq
38      thrust::sequence(seq.begin(), seq.end(), 0);
39      // 为存储分位数分配空间
40      thrust::device_vector<int> out(n);
41      // 从命令行中读入 k
42      int incr = atoi(argv[1]);
43      // 对于 seq 中的每个元素调用 ismultk(),
44      // 如果结果为真，将 dx[i] 放入 out;
45      // 最终返回指向输入数组结尾（实际上是下一个元素）的指针
46      thrust::device_vector<int>::iterator newend =
47          thrust::copy_if(dx.begin(), dx.end(), seq.begin(),
48              out.begin(), ismultk(incr));
49      // 打印结果
50      thrust::copy(out.begin(), newend,
51          std::ostream iterator<int>(std::cout, " "));
52      std::cout<<"\n";
53  }
```

7.5.2 编译和计时

正如前面提到的，Thrust 一大优势在于不需要特别的编译器，因为它只由 “include” 文件构成。所以，为了编译一个多核后台（比如 OpenMP）的 Thrust 应用，我们可以使用 gcc 或任何支持 OpenMP 的编译器。当然，使用 GPU 后台需要 nvcc。

Thrust 已经被 CUDA 包含在内。但本书中很多示例中的多核机器并没有英伟达 GPU，所以我从 http://thrust.github.com/ 下载了 Thrust，之后解压到我自己 home 目录下我命名为 Thrust 的子目录中。解压操作生成了 Thrust/thrust 子目录，包括了所有.h 文件。

为了使用 OpenMP 后台编译 Quantiles.cpp，我使用

```
g++ -o quants Quantiles.cpp -fopenmp \
    -DTHRUST DEVICE SYSTEM=THRUST DEVICE SYSTEM OMP \
    -lgomp -I/home/matloff/Thrust -g
```

对于 TBB，我使用

```
g++ -o quants Quantiles.cpp -g \
    -DTHRUST DEVICE SYSTEM=THRUST DEVICE SYSTEM TBB \
    -ltbb -I/home/matloff/Thrust \
    -I/home/matloff/Pub/TBB/include \
    -L/home/matloff/Pub/TBB/lib/tbb
```

之后我又尝试使用另一台机器上的 GPU，输入

```
nvcc -x cu -o quants Quantiles.cpp -g
```

（不需要指定 Thrust 位置，CUDA 已经内置它了。）

7.5.3 代码分析

Thrust 中，我们使用向量，而不是数组，从向量是对象来说，这和 R 很相似。因此，Thrust 也提供了很多内置方法，比如 dx.begin() 这样的表达式，这个函数返回 dx 的起始位置。类似地，dx.size() 告诉我们 dx 的长度，dx.end() 指向 dx 结尾元素后面的位置。

需要注意，尽管 dx.begin() 看起来很像一个指针，但事实上它被称为迭代器，并且比指针更为强大。

绝大多数向量操作都在注释里有所描述。其中，最让人感兴趣的是结构体 ismultk，尽管它只是一个一般的 C 结构体，但在 C++ 术语里称为仿函数。

仿函数是 C++ 中的一种机制，用于生成一个可调用的函数，目标上和函数指针非常相似，但添加了保存状态的概念。它是通过将一个 C++ 结构体或者类对象转化成一个可调用的函数来完成的。由于结构体和类可以有成员变量，我们可以在其中储存数据，这也是仿函数和函数指针的区别之处。考虑代码：

```
thrust::device_vector<int>::iterator newend =
    thrust::copy_if(dx.begin(),dx.end(),seq.begin(),
        out.begin(), ismultk(incr));
```

这里的关键是 copy_if() 函数，这个函数名也暗示了它会拷贝输入向量（这里的 dx）中符合特定条件的所有元素。在模板（这里是向量 seq）的帮助下，这个特定条件由 ismultk 提供，后面将会对它进行解释。

这里的输出被储存在 out，但不是整个向量都会被填充。因此 copy_if() 的返回值，这里被赋给了 newend，被用于告诉我们输出实际的结束在哪里。

现在我们看一下 ismultk（是否为 k 的倍数，is a multiple of k）：

```
struct ismultk {
    const int increm; // k 上面注释中提到的 k
    // 从调用中获得 k
    ismultk (int _increm) : increm(_increm) {}
    __device__ bool operator()(const int i)
    {
        return i != 0 && (i % increm)==0;
    }
};
```

这里的 operator 关键字告诉编译器 ismultk 会被作为一个函数使用。同时，它又是一个结构体，包含了数据 increm，正如注释里提到的，后者就是我们问题描述里“从一个数组中每 k 个元素取一个元素”中的“k”。

那这个函数如何调用？让我们看看 copy_if() 的调用：

```
thrust::copy_if(dx.begin(), dx.end(), seq.begin(),
    out.begin(), ismultk(incr));
```

在这个调用里还有一个函数调用！在代码

```
ismultk(incr)
```

中,这个调用会实例化结构体 ismultk。换言之,这个调用会返回一个 ismultk 类型的结构体，其中的成员变量 increm 被赋值成 incr。这个赋值操作在这行完成，

```
ismultk(int _increm): increm(_increm) {}
```

换言之：对 ismultk() 的内部调用

```
thrust::copy_if(dx.begin(), dx.end(), seq.begin(),
   out.begin(), ismultk(incr));
```

返回了一个函数，其函数体是

```
__device__ bool operator()(const int i)
{
   return i != 0 && (i % increm) == 0;
}
```

copy_if() 所做的就是将这个函数作用到数组中的所有值 i 上，这个数组由 $0, 1, 2, \ldots, n-1$ 构成。

所以这里所做的一切就是用一种迂回的方法，在 $i = k, 2k, 3k, \ldots$ 时，将 dx[i] 拷贝到 out。这正是我们想要的。

这里用的“迂回”其实是一种很合适的方法，尤其对于 Thrust（对于这个问题，其实是 C++ STL 的方式）是很典型的。但我们确实从这个方式中得到一种硬件的一致性，代码同时可以用于 GPU 和多核系统。

重要提示：如果你准备自己写 Thrust 代码，或者其他使用仿函数的代码，C++11 的 *lambda* 函数 可以极大简化这些。见第 11.6.4 节的示例。

7.6 Rth 简介

正如前面所说，这个扩展包可以从 https://github.com/Rth-org/Rth 下载。安装方法，请参考扩展包中的 **INSTALL** 文件。更详细的信息可以在项目首页找到，http://heather.cs.ucdavis.edu/~matloff/rth.html。

作为示例，我们在双核和八核系统上计算标准（皮尔逊积矩）相关系数，并和 R 内置的 cor.test() 函数来比较运行时间：

```
> n <- 100000000
> tmp <- matrix(runif(2*n), ncol=2)
> x <- tmp[, 1]
> y <- x + tmp[, 2]
> system.time(c1 <- cor.test(x, y))
   user  system elapsed
 13.150   1.166  14.333
> c1$estimate
      cor
0.7071664
> system.time(c2 <- rthpearson(x, y, 2))
   user  system elapsed
  2.843   0.514   2.471
> c2
[1] 0.7071664
> system.time(c2 <- rthpearson(x, y, 8))
   user  system elapsed
  3.540   0.529   1.792
```

在多次重复中都可以看到类似的结果。这是一个比线性还好的加速结果，可能是由于算法中的不同。

正如前面所说，R 程序员可以在不了解 C++/CUDA/OpenMP/Thrust 的情况下使用 **Rth**。但对于想开发自己 **Rth** 函数的读者，rthpearson() 的实现如下：

```
// 皮尔逊积矩相关系数的 Rth 实现

// 由于舍入误差，计算是单向的

#include <thrust/device_vector.h>
#include <thrust/inner_product.h>
#include <math.h>
```

```
8  #include <Rcpp.h>
9  #include "backend.h"
10 typedef thrust::device vector<int> intvec;
11 typedef thrust::device vector<double> doublevec;
12 RcppExport SEXP rthpearson(SEXP x,  SEXP y, SEXP nthreads)
13 {
14     Rcpp::NumericVector xa(x);
15     Rcpp::NumericVector ya(y);
16     int n = xa.size();
17     doublevec dx(xa.begin(), xa.end());
18     doublevec dy(ya.begin(), ya.end());
19     double zero = (double) 0.0;
20     #if RTHOMP
21     omp_set_num threads(INT(nthreads));
22     #elif RTHTBB
23     tbb::task_scheduler_init init(INT(nthreads));
24     #endif
25     double xy =
26         thrust::inner_product(dx.begin(), dx.end(), dy.begin(),
       zero);
27     double x2 =
28         thrust::inner_product(dx.begin(), dx.end(), dx.begin(),
       zero);
29     double y2 =
30         thrust::inner_product(dy.begin(), dy.end(), dy.begin(),
       zero);
31     double xt = thrust::reduce(dx.begin(), dx.end());
32     double yt = thrust::reduce(dy.begin(), dy.end());
33     double xm = xt / n, ym = yt / n;
34     double xsd = sqrt(x2 / n - xm * xm);
35     double ysd = sqrt(y2 / n - ym * ym);
36     double cor = (xy / n - xm * ym) / (xsd * ysd);
37     return Rcpp::wrap(cor);
38 }
```

这里 Thrust 函数 `inner_product()` 用于计算“点积” $\sum_{i=1}^{n} X_i Y_i$, Thrust 的 `reduce()` 函数进行归并操作, OpenMP 和 **Rmpi** 中都有类似名称的结构; 默认的操作符是相加。

第 8 章 消息传递范式

我们在早先的 **snow** 示例中看到的 scatter-gather 范式，在很多问题上都表现得很好，但可能非常局限。这个章节里我们会展示一个更一般的方案。

比如在 **snow** 中，worker 只和 manager 进行通信，与此相反，我们现在考虑允许 worker 之间也可以相互通信。这种一般的情况被称为消息传递范式，也就是本章的主题。

8.1 消息传递概述

一个消息传递的函数库通常会有 `send()` 和 `receive()` 函数作为其基础操作，还有一些变种，比如对所有进程进行广播。另外还会有一些其他操作的函数，比如：

- *Scatter/gather*（见第 1.4.4 节）。
- *Reduction*，和 R 中的 `Reduce()` 函数类似。
- *Remote procedure call*，用于一个进程触发另一个线程中的函数，和 **now** 中的 `clusterCall()` 类似。

最流行的消息传递的 C 函数库是消息传递接口（MPI），一个可以从 C/C++ 中调用的程序合集 [1]。西安大略大学的 Hao Yu 教授开发了一个 R 程序包，**Rmpi**，这是 R 的 MPI 接口，同时也增加了一些 R 特有的函数。**Rmpi** 会是本章的重点。（另外两个流行的消息传递库，PVM 和 0MQ，也有人开发了对应的 R 接口，**Rpvm** 和 **Rzmq**。MPI 的一个新的 R 接口，**pdbR**，看起来也很有潜力。）

---

[1]关于 MPI 的简介，请参考我的在线图书，*Programming on Parallel Machines*，http://heather.cs.ucdavis.edu/parprocbook

比如说，我在一个有八台机器的集群中使用 **Rmpi**。当我们从一台机器上启动 **Rmpi** 时，其他机器上的 R 进程也会被启动。这和我们在一个物理集群上使用 **snow** 并调用 `makeCluster(8)` 时，发生的情况一样，它会在 manager 机器上会生成 8 个 R 进程。为了并行运行给定的应用，不同的进程会通过调用 **Rmpi** 函数来交换数据。这和 **snow** 还是一样的，但 worker 之间可以直接交换数据。

我们稍后会提供一个特定的示例。但首先，我继续第 2.5 节中的讨论，并提出消息传递代码所带来的特定问题。（读者在继续之前可能要回顾一下延迟和带宽的概念。）

8.2 集群模型

消息传递是一个软件/算法上的概念，因此并不要求硬件平台具有特殊的结构。然而，消息传递一般被认为运行在一个集群上，比如由独立机器构成的网络，每台机器有其自己的处理器和内存。所以，尽管经常见到 MPI 和 **Rmpi** 在多核机器上运行，但我们想象的模型仍然是集群。我们会保持这个假设。

比如说，在一个小型的商业或者大学计算实验室中，我们可以有很多由网络相连的 PC。尽管每台 PC 都可以独立于其他运行，但我们可以在 PC 中使用网络来传递消息。从而形成一个并行计算系统。在一个专用的集群中，节点一般不是完整的 PC；因为节点并不单独被作为通用计算机使用，我们可以去掉键盘和鼠标，并且可以在同一个架子上摆放多个 PC。

8.3 性能问题

这里回顾一下我们在第 2.4 节中对网络基础设施的讨论。计算机网络，从字面上来讲，是最弱的连接，也是速度下降的主要原因。在数据科学应用中，这个延迟可能是非常严重的，因为复制大量的数据会引起很大的时间延迟。

好的集群通常会有比办公室或实验室里标准以太网更好的网络。一个示例是 InfiniBand。在这种技术中，单一的通信渠道被多个点对点连接代替，由转换器相连接。

拥有多个连接意味着潜在的带宽被提高了，给定连接的争夺也被降低了。InfiniBand 同时也在追求低延迟。

需要注意的是，即使使用了 InfiniBand，网络延迟也是以微秒计，也就是一秒的百万分之一。由于 CPU 时钟一般都在 1 GHz 以上，也就是说 CPU 每秒可以进行数十亿次操作，所以 InfiniBand 的网络延迟也会有相当的代价。

减少网络系统软件所引起的延迟的一种方法是使用*远程直接内存访问*（remote direct memory access，RDMA），这就涉及到非标准的硬件和软件。这个名字是由现在个人电脑中都非常常见的*直接内存访问*（direct memory access, DMA）设备而来的。

比如说，当从一个快速硬盘中读取数据时，DMA 可以越过"中间人"CPU 来直接读写内存，从而带来一个显著的加速。（DMA 设备本身实际上是专用 CPU，被设计来从输入输出设备和内存之间拷贝数据。）硬盘写入数据也可以同样完成。

使用 RDMA，我们越过了另一种中间人，这种情况下是操作系统中的网络协议栈。当从网络中读取一个信息时，RDMA 把信息直接存储到我们应用使用的内存中，从而越过了操作系统中处理一般网络交流的层。

8.4 Rmpi

Rmpi 是一个著名的 MPI 协议的 R 接口，MPI 一般由 C、C++ 或 FORTRAN 调用。MPI 由很多可以从用户程序中调用的函数构成。

需要注意，除了简单地发送和接收消息，MPI 还提供了其他网络服务。一个很重要的服务是保证消息顺序。比如说，消息 A 和消息 B 被从进程 8 发送到进程 3，之后进程 3 中的程序也会以这种顺序接收信息。在进程 3 中，从进程 8 接收消息的函数调用会首先接收到 A，在第二次调用之前，不会接收到 B。[2]

这会让你的应用中的逻辑更容易实现。事实上，如果你是个并行处理的初学者，请把最重要的这一点记住。让事件（在很多进程之间）以错误顺序发生的代码是并行运算中引起错误的最常见原因。

更进一步，MPI 允许程序员定义不同类型的消息。比如说，程序员可以这样调用，"从进程 8 中读取下一个类型 2 的消息"或者"从任意进程中读取下一个类型 2 的消息"。

Rmpi 让 R 程序员也可以使用这些操作，并且提供了一些 R 特有的消息操作。这是个非常丰富的扩展包，我们这里只能给出一个很简单的介绍。

[2]这里假设了这些调用没有指定消息类型，后面会讨论。

8.4.1 安装和运行

Rmpi 的强大也带来了相当的复杂性。由于要处理各种平台依赖，比如不同的 MPI 发行版，**Rmpi** 的安装，甚至运行，这些问题都非常棘手。由于有太多可能的情况，本书只讨论一个示例性的设置。

在一个 Linux 机器上,我们把 MPI 安装在了 /home/matloff/Pub/MPICH，之后我们如下安装 **Rmpi**。从 CRAN 上下载了扩展包源代码之后，我运行

```
R CMD INSTALL -l ~/Pub/Rlib Rm*z \\
--configure-args="--with-mpi=/home/matloff/Pub/MPICH \\
--with-Rmpi-type=MPICH"
```

这里我把 **Rmpi** 储存在目录 /home/matloff/Pub/Rlib 中。

更困难的部分是让这个扩展包真正运行起来。mpi.spawn.Rslaves() 函数是用于启动 manager 进程的标准方法，但在某些版本的 MPI 中并不能工作[3]。

因而，我使用了下面的设置来运行 **Rmpi**，这里使用了 **Rmpi** 中自带的 Rprofile 文件来完成这个目的：

```
1  $ mkdir ~/MyRmpi
2  $ cd ~/MyRmpi
3  # 拷贝一份 R
4  $ cp /usr/bin/R Rmpi
5  # 让它可以运行
6  $ chmod u+x Rmpi
7  # 编辑我的 shell 启动文件（未显示）:
8  # 将 Rmpi 文件添加到执行路径
9  # 将 /home/matloff/Pub/MPICH/lib 添加到 LD LIBRARY PATH
10 # 编辑 Rmpi 文件（未显示）:
11 # 在 "export R HOME" 后插入
12 # R_PROFILE=/home/matloff/MyRmpi/Rprofile;
13 # export R_PROFILE
14 $ cp ~/Pub/Rlib/Rmpi/Rprofile .
15 # 编辑 Rprofile（未显示）:
```

[3]**Rmpi** 使用了 *master/slave* 概念，而不是 *manager/worker*，这一点也引起了一些批评。

```
16 # 在顶部插入
17 # ".libPaths('/home/matloff/Pub/Rlib')"
18 #
19 # 测试:
20 # 在本地运行所有进程
21 $ echo "localhost" > hosts
22 # 在 Rmpi 文件上运行 MPI, 总共 3 个进程
23 $ mpiexec -f hosts -n 3 Rmpi --no-save -q
24 # 现在 R 正在运行, 载入了 Rmpi, 一个 mgr, 两个 wrkr
25 > mpi.comm.size() # 查看进程数, 应该是 3
26 # 这里让两个 worker 分别运行 sum(), 一个处理1:3, 一个处理4:5
27 > mpi.apply(list(1:3, 4:5),sum) # 应该打印 6, 9
```

8.5 示例：计算素数的流水线法

并行算法的一个常见示例包括了计算素数。这个示例和数据科学的联系并不太强——尽管在实验设计和密码学中有所应用——但操作的简单性使其成为简介 **Rmpi** 的一个良好示例。我们采取一个流水线方法。

8.5.1 算法

我们后面会展示的函数 primepipe 有三个参数：

- n：这个函数返回一个由 2 到 n 之间所有素数构成的向量，2 和 n 也包括在内。
- divisors：这个函数会通过能否被向量中数字相除来检测可能的素数。
- msgsize：从 manager 发送到第一个 worker 的消息的大小。

这里是算法细节：

这是经典的埃拉托色尼筛。我们生成一个 2 到 n 的数列，之后 “划掉” 所有 2 的倍数，之后 “划掉”3 的倍数，之后 5 的倍数，以此类推。以 2,3,4,5,6,7,8,9,10,11,12 为例，我们把 2、3、5 的倍数划掉之后

2 3 ~~4~~ ~~5~~ ~~6~~ 7 ~~8~~ ~~9~~ ~~10~~ 11 ~~12~~ ...

最后没有被划掉的数字就是素数。

这和工厂的装配线很相似。第一个工作台划掉了 2 的倍数，下一个工作台从第一个工作台所生的输出中划掉 3 的倍数，等等。所以这类算法的一个好名字是装配线，但传统上我们叫它流水线。

向量 divisors 是“素数泵”。我们用非并行的方法找到一小部分素数，之后在更大规模的并行问题中使用。但我们需要多大一个向量呢？下面会解释。

如果一个数字 i 有一个大于 $\sqrt{n}$ 的除数 k，它也一定有一个比 $\sqrt{n}$ 小的除数（即数字 i/k）。因此要划掉所有 k 的倍数，我们只需要考虑最大为 $\sqrt{n}$ 的 k 的倍数。所以，为了找到小于 n 的素数，我们把所有小于 $\sqrt{n}$ 的素数作为 divisors 向量。

第 8.5.2 节中展示的代码中的 serprime() 函数会完成这一步。比如说，n 是 1000。首先用非并行函数找到所有小于等于 $\sqrt{1000}$ 的素数，之后用这个结果作为流水线函数 primepipe() 的输入，来找到所有小于 1000 的素数。

为了完成这一切，我首先按照第 8.4.1 节中的方法运行 **Rmpi**，之后把第 8.5.2 节中的代码放进一个名为 PrimePipe.R 的文件。我如下运行：

```
1  > source("PrimePipe.R")
2  > dvs <- serprime(ceiling(sqrt(1000)))
3  > dvs
4  [1]  2  3  5  7 11 13 17 19 23 29 31
5  > primepipe(1000, dvs, 100)
6  [1]  2  3  5  7 11 13 17 19 23 29 31 37 41 43 47 53 59 61
7  [19] 67 71 73 79 83 89 97 101 103 107 109 113 127 131 137 139 149
       151
8  [37] 157 163 167 173 179 181 191 193 197 199 211 223 227 229 233
      239 241 251
9  [55] 257 263 269 271 277 281 283 293 307 311 313 317 331 337 347
      349 353 359
10 [73] 367 373 379 383 389 397 401 409 419 421 431 433 439 443 449
      457 461 463
11 [91] 467 479 487 491 499 503 509 521 523 541 547 557 563 569 571
      577 587 593
12 [109] 599 601 607 613 617 619 631 641 643 647 653 659 661 673 677
       683 691 701
```

```
[127] 709 719 727 733 739 743 751 757 761 769 773 787 797 809 811
    821 823 827
[145] 829 839 853 857 859 863 877 881 883 887 907 911 919 929 937
    941 947 953
[163] 967 971 977 983 991 997
```

现在，为了理解 msgsize 参数，我们继续使用上面 $n=1000$ 的示例。每一个 worker 会负责其特定的一块 divisors。如果用两个 worker，那么进程 0（manager）会“划掉”2 的倍数；进程 1（第一个 worker）会处理 3, 5, 7, 11 和 13 的倍数；进程 2 会处理 $k=17,19,23,29$ 和 31。所以，进程 0 会划掉 2 的倍数，把剩下的奇数发送给进程 1。后者会去掉 3, 5, 7, 11 和 13 的倍数，之后把剩下的发送给进程 2。从进程 2 返回到进程 0 的是我们最后的结果。

参数 msgsize 指定了从进程 0 到进程 1 发送的奇数块的大小。后面会更详细解释。

8.5.2 代码

```
# 计算素数的 Rmpi 代码

# 仅仅为了展示目的，还需要优化，比如更好的负载均衡等等
# 该函数会返回 2 到 n 中所有素数;
# 向量 "divisors" 被用作埃拉托色尼筛操作的基础;
# 必须保证 n <= (max(divisors)^2)，而且 n 是偶数;
# "divisors" 可以被提前计算，
# 比如使用一个利用2 到 sqrt (n)的串行素数计算方法
# 也就是下面的 serprime()

# 参数 "msgsize" 控制了从 manager 到第一个 worker，
# 也就是节点1，的消息大小

# manager 代码
primepipe <- function(n, divisors, msgsize) {
    # 向 worker 提供他们所需的函数
    mpi.bcast.Robj2slave(dowork)
```

```
18      mpi.bcast.Robj2slave(dosieve)
19      # 启动 worker，要求每个 worker 运行 dowork()；
20      # 请注意非阻塞调用
21      mpi.bcast.cmd(dowork, n, divisors, msgsize)
22      # 去掉所有偶数
23      odds <- seq(from=3, to=n, by=2)
24      nodd <- length(odds)
25      # 将奇数分块发送到节点1
26      startmsg <- seq(from=1, to=nodd, by=msgsize)
27      for (s in startmsg ) {
28          rng <- s:min(s+msgsize-1,nodd)
29          # 只有一种消息类型，0
30          mpi.send.Robj(odds[rng], tag=0, dest=1)
31      }
32      # 发送数据结束标志，这里选择了 NA
33      mpi.send.Robj(NA, tag = 0, dest = 1)
34      # 等待从最后一个节点接受结果，并返回结果
35      # 不要忘记第一个素数 2
36      lastnode <- mpi.comm.size()-1
37      c(2, mpi.recv.Robj(tag = 0, source = lastnode))
38  }
39
40  # worker 代码
41  dowork <- function(n,divisors ,msgsize) {
42      me <- mpi.comm.rank()
43      # divisors 向量的哪一部分是我的？
44      lastnode <- mpi.comm.size()-1
45      ld <- length(divisors)
46      tmp <- floor(ld / lastnode)
47      mystart <- (me-1) * tmp + 1
48      myend <- mystart + tmp - 1
49      if (me == lastnode) myend <- ld
50      mydivs <- divisors[mystart:myend]
51      # "out" 最后会包含所有结果
```

```
52     if (me == lastnode) out <- NULL
53     # 持续从我前一个节点接受数据块，
54     # 根据 mydivs 进行过滤，再发送给后续节点
55     pred <- me - 1
56     succ <- me + 1
57     repeat {
58         msg <- mpi.recv.Robj(tag=0, source=pred)
59         # 还有什么需要处理？
60         if (me < lastnode) {
61             if (!is.na(msg[1])) {
62                 # 根据我自己的 divisors 进行划掉操作
63                 sieveout <- dosieve(msg, mydivs)
64                 # 将剩余数据发送给下一节点
65                 mpi.send.Robj(sieveout , tag=0, dest=succ)
66             } else {
67                 # 没有后续数据了，所以回复保护符
68                 mpi.send.Robj(NA, tag=0, dest=succ)
69                 return()
70             }
71         } else { # 我是最后一个节点
72             if (!is.na(msg[1])) {
73                 sieveout <- dosieve(msg, mydivs)
74                 out <- c(out, sieveout)
75             } else {
76                 # 没有后续数据了，所以将结果发送回 manager
77                 mpi.send.Robj(out, tag=0, dest=0)
78                 return()
79             }
80         }
81     }
82 }
83 
84 # 检测 x 是否能被 divs 整除
85 dosieve <- function(x,divs) {
```

```
86     for (d in divs) {
87         x<-x[x%%d !=0 | x==d]
88     }
89     x
90 }
91 
92 # 串行计算素数;
93 # 可以用于生成 divisor
94 serprime <- function(n) {
95     nums <- 1:n
96     # 我们假设 nums 中的都是素数，直到我们证明其不是
97     prime <- rep(1,n)
98     maxdiv <- ceiling(sqrt(n))
99     for (d in 2:maxdiv) {
100         # 不需要对非素数进行相除检测
101         if (prime[d])
102             # 在还没确定是非素数的数字上进行检测
103             prime[prime != 0 & nums > d & nums %% d == 0] <- 0
104     }
105     nums[prime != 0 & nums >= 2]
106 }
```

8.5.3 计时示例

让我们尝试一下 $n = 10000000$。串行代码用了 424.592 秒。

让我们在 PC 组成的网络上进行并行测试，首先两个 worker，之后三个 worker，之后四个 worker，以及不同的 `msgsize` 大小。结果展示在表 8.1 中。

并行的版本确实比串行的快。这一部分是由于并行计算，一部分是由于并行版本更高效，因为串行算法进行了更多的划掉操作。更公平的比较应该是一个递归版本的 `serprime()`，因为它会减少操作的数量。但在计时结果中有更重要的东西值得讨论。

首先，如我们所料，用更多的 worker 会有更好的速度，至少在我们尝试的范围之内是这样的。但请注意，加速不是线性的。相比较“完美”的 50% 加速，三个 worker 的最好时间只比两个 worker 快了 30%。使用四个 worker 只

比两个快了 53%。其次，我们可以看到 msgsize 是个很重要的因素，后面会详细解释。

表 8.1 计算素数的计时

msgsize	2 workers	3 workers	4 workers
1000	59.487	58.175	47.248
5000	22.855	17.541	15.454
10000	19.230	14.734	12.522
15000	19.198	14.874	12.689
25000	22.516	18.057	15.591
50000	23.029	18.573	16.114

8.5.4 延迟、带宽和并行性

这里另一个很突出的问题是 msgsize 对性能的影响很大。这里我们要回顾一下第 2.5 节，特别是式 (2.1)。让我们一起看一下它们怎么影响性能的。

在我们上面的计时中，把 msgsize 参数设置得比较小，比如 1000，这样就会有更多的数据块。因此，我们在网络延迟上花费了更多的时间。另一方面，设置成 50000 会使并行程度下降——当每一个数据块的大小是 10000000/2 时，根本没有并行——因而这里的障碍是无法进行延迟隐藏（第 2.5 节），也就是尝试同时进行计算和通信；这会降低速度。

8.5.5 可能的改进

我们有很多方法可以从算法层面对代码进行改进。需要注意的是，我们这里有一个很严重的负载均衡问题（第 2.1 节）。原因如下：

为了简便，我们假设每个进程只处理 divisors 中的一个元素。进程 0 首先去掉所有 2 的倍数，剩下了 $n/2$ 的数字。进程 1 之后去掉剩余数字中所有 3 的倍数，剩下 $n/3$ 的数字。这里看到进程 2 比进程 1 所处理的工作少得多，进程 3 的负载比进程 2 小得多。

一个可能的解决方案是让代码将向量 divisors 分配成不同的大小，之后把比较大的块分配给后面的进程。

需要注意代码通过函数 mpi.send.Robj() 和 mpi.recv.Robj() 来发送数据，而不是通过 mpi.send() 和 mpi.recv()。由于前两个函数进行了序列化/反序列化操作（第 2.10 节），因此会牺牲一些速度，同时在内存分配的速度也会有所下降（第 8.6 节），后面的两个函数要更高效一些。**Rmpi** 是个非常丰富且复杂的扩展包，最好以简单的方式进行介绍，因此我们使用了运行速度比较慢的函数。

8.5.6 代码分析

所以，让我们看一下代码。首先是一些管理函数，和 **snow** 一样，我们需要把每个 worker 使用的函数发送给他们：

```
mpi.bcast.Robj2slave(dowork)
mpi.bcast.Robj2slave(dosieve)
```

“Robj” 很明显代表了 “R object”，所以我们在这个发送函数中可以发送任何东西。这展示了 **Rmpi** 中一个比 MPI 好的特征。

之后，我们让 manager 把数据发送给第一个 worker 来开始计算：

```
1 odds <- seq(from = 3, to = n, by = 2)
2 nodd <- length(odds)
3 startmsg <- seq(from = 1, to = nodd, by = msgsize)
4 for (s in startmsg) {
5     rng <- s:min(s + msgsize - 1, nodd)
6     mpi.send.Robj(odds[rng], tag = 0, dest = 1)
7 }
8 mpi.send.Robj(NA, tag = 0, dest = 1)
```

请记住，我们计算素数的算法是这样的，先去掉 2 的倍数，之后去掉 3 的倍数，以此类推。这里的 manager 进行第一步，去掉所有的偶数。

需要注意的是，这里的 for 循环实现了让 manager 将奇数按照分块发送的计划，而不是一次性全部发送。这对于并行计算非常重要。如果我们不使用高级的（同时也很困难的）非阻断 I/O 技术，而是发送整个 odds 向量，并且在 worker 上也做类似处理，那我们的计算就完全没有并行性可言；每次只有一个 worker 在进行 “划掉” 操作。通过分块发送，使得所有节点都随着流水线而保持忙碌状态。

正如前面所说，参数 msgsize 控制了计算/通信，与发送消息的代价之间的权衡。一个较大的值意味着有较少的延迟代价，但并行性也会下降。

请注意每个 worker 需要知道什么时候开始，它前面的节点就没有更多的输入了。发送一个 NA 值就可以满足这个要求。

在上面对 mpi.send.Robj 的调用中，

```
mpi.send.Robj(odds[rng], tag = 0, dest = 1)
```

参数 tag = 0 意味着这个消息的类型是 0。消息类型是程序员定义的，我们这里只有一种类型。但在一些应用中，我们可能定义很多不同的类型。甚至在我们这里的代码中，我们也可以定义第二种类型，来代表“没有更多的数据”，而不是发送一个 NA 值来通知。MPI 允许接收者只接收特定类型的信息，或者接收所有类型的信息，之后通过 MPI 系统来查询类型。我们这里可以将“没有更多的数据”定义为类型 1，在接收之后再检查是否为类型 1。

参数 dest = 1 意味着，“将消息发送到进程 1”，也就是第一个 worker。由于 MPI 中进程计数从 0 开始，而不是 1，**Rmpi** 也如此，manager 就是进程 0。

之后 manager 启动所有的 worker。技术上讲，它们应该已经开始运行了。比如说，我们可能提前调用了 **Rmpi** 中的函数 mpi.spawn.Rslaves()。但它们并没有进行任何有用的工作。每个 worker 在启动时会进入一个循环，来不停地执行 mpi.bcast.cmd()，这里的“bcast”表示“广播（broadcast）”。这里还有一些小问题。

mpi.bcast.cmd() 的函数名有一点让人困惑，因为它听起来好像所有进程都在进行广播操作，但它意味着所有进程都参与了广播。这里 manager 进行广播，而所有 worker 接收广播。

所以，我们来考虑 manager 执行下面这行代码时会发生什么。

```
mpi.bcast.cmd(dowork, n, divisors, msgsize)
```

如前所述，每个 worker 都会执行一个 mpi.bcast.cmd() 调用，从而挂起来等待 manager 进行调用 mpi.bcast.cmd()。当 manager 在上面的代码中完成了这个调用后，每个 worker 对 mpi.bcast.cmd() 的调用，就会执行 manager 的请求，并进入完成状态，在这里 worker 是执行 dowork() 函数。

这里来自 manager 的广播命令告诉 worker 来执行 dowork(n, divisors, msgsize)。从正在运行应用程序的角度来说，它们开始做有用的活动了，尽管还必须等待接受数据。

最终，最后一个 worker 会将最后的素数列表发送回 manager，manager 接收这个列表，之后将结果返回给调用者：

```
lastnode <- mpi.comm.size() - 1
c(2, mpi.recv.Robj(tag = 0, source = lastnode))
```

需要注意，由于 manager 一开始就是去掉了 2 的倍数，接受的数字中没有 2。但 2 当然是个质数，所以我们需要将其添加回列表。

函数 `mpi.comm.size()` 返回 *communicator* 数量，也就是包括 manager 在内的进程总数。请记住，由于 manager 是进程 0，所以最后一个 worker 的进程数会是 communicator 数减一。在更复杂的 MPI 应用中，我们可以设置多组 communicator，也就是多个进程组，而不是我们这里的一组。广播操作就意味着将信息发送给组内所有进程。

所以，每个 worker 执行的函数 `dowork()` 做了什么？首先，worker 进程 i 必须从 worker 进程 $i-1$ 接收数据，并且将数据发送给 worker 进程 $i+1$。因此，每个 worker 需要知道其进程 ID，或者 MPI 中所说的 *rank*：

```
me <- mpi.comm.rank()
```

现在 worker 需要决定自己要负责的除数。这是个标准的分块操作：

```
1 ld <- length(divisors)
2 tmp <- floor(ld / lastnode)
3 mystart <- (me - 1) * tmp + 1
4 myend <- mystart + tmp - 1
5 if (me == lastnode) myend <- ld
6 mydivs <- divisors[mystart:myend]
```

另一个选择是使用 `mpi.scatter()`，通过一个 scatter 操作来分配 `divisors` 向量。由于 `divisors` 向量比较短，这个方法并不会给我们带来性能的提升，但会让代码更优雅一些。

`dowork()` 的核心是一个很大的 `repeat` 循环，其中这个 worker 不停地从其前面的进程接收数据，

```
msg <- mpi.recv.Robj(tag = 0, source = pred)
```

进行必要的"划掉"操作，

```
sieveout <- dosieve(msg, mydivs)
```

之后将数据发送给后续的 worker，

```
mpi.sends.Robj(sieveout, tag = 0, dest = succ)
```

在最后一个 worker 中，会将所有的结果积累在向量 out 中，

```
sieveout <- dosieve(msg, mydivs)
out <- c(out, sieveout)
```

最后将其发送给 manager，也就是进程 0：

```
mpi.send.Robj(out, tag = 0, dest = 0)
```

这个执行“划掉”的函数 dosieve() 是非常直观的，但请注意，我们尽量利用了向量化的优势：

```
x <- x[x %% d != 0 | x == d]
```

8.6 内存分配问题

在这个以及其他的很多应用中，内存分配都是一个主要问题，因此值得我们在此花费更多的时间。这个问题在于，当一个消息到达一个进程时，**Rmpi** 需要一定的空间来储存它。

尽管在我们上面的素数计算代码中，我们使用了 mpi.recv.Robj() 来接收一个一般的 R 对象，但更基础的接收操作是 mpi.recv()。如果我们调用后者，我们必须为其设置一个缓冲，比如下面的 b：

```
b <- double(100000)
b <- mpi.recv(x = b, type = 2, source = 5)
```

如果接收调用是在循环内，那么重复设置缓冲空间的代价就很大。

这个当然可以通过将

```
b <- double(100000)
```

转移到循环之前的位置来补救[4]。

使用 mpi.recv.Robj()，这个内存分配的代价是“无形的”。如果函数在一个循环内被调用，每次迭代时都有潜在的重分配。所以，尽管 mpi.recv.Robj() 这种调用更方便，你也不应该认为完全没有内存问题。因此使用 mpi.recv()，我们可以获得比 mpi.recv.Robj() 更高的效率。正如我们之前提到的，后者在序列化时也会影响速度。

另一方面，如果我们使用 mpi.recv() 并且在循环前分配内存，我们必须为可能接受的最大的消息分配内存。这对内存是种浪费，如果内存空间是个问题，这个问题就必须被考虑。

8.7 消息传递的性能细节

在消息传递系统中，即使是看似平淡无奇的操作都会有很多很重要的细节。这个小节我们会给出一个概览。

8.7.1 阻塞 vs. 非阻塞 I/O

这个调用

```
mpi.send(x, type = 2, tag = 0, dest = 8)
```

会发送 x 中的数据。但这个调用什么时候返回？这个答案依赖于底层的 MPI 实现。在一些实现中，很可能是大多数实现中，这个调用会在 x 的空间可以重用的时候返回，如后所示。**Rmpi** 调用 MPI，后者调用操作系统中的网络发送函数。最后一步会涉及将 x 的内容从 R 拷贝到操作系统的空间中，之后 x 的空间就是可重用的。这是函数返回的时间点，远远在数据抵达接收者之前。

在其他的 MPI 实现中，这个调用会等待，直到目标进程，即上面示例中的进程 8 接收到数据之后，再返回。直到发生这个结果，在源进程对 mpi.send() 的调用才会返回。

由于网络延迟，两种 MPI 实现之间可能会有很大的性能差别。这也存在死锁的可能（第 8.7.2 节）。

事实上，即使是使用第一种实现，也会有一些延迟。由于这些原因，MPI 提供了非阻塞的发送和接收函数，**Rmpi** 为其提供了诸如 mpi.isend() 和

[4]尽管这样，也是不够的。R 有一个 *copy on write* 原则，意味着如果一个向量的元素被改变了，那么该向量的内存可能会被重分配。这里的“可能”是关键，最近几个版本的 R 尝试减少重分配的次数，但无法保证。

mpi.irecv() 的接口。这样的话，你可以让你的代码发起一个发送或接收，然后进行其他有用的工作，之后再回来通过 mpi.test() 等函数来检查这个操作是否完成了。

8.7.2 死锁问题

考虑进程 3 和进程 8 之间交换数据：

```
me <- mpi.comm.rank()
if (me == 3) {
    mpi.send(x, type = 2, tag = 0, dest = 8)
    mpi.recv(y, type = 2, tag = 0, source = 8)
} else if (me == 8) {
    mpi.send(x, type = 2, tag = 0, dest = 3)
    mpi.recv(y, type = 2, tag = 0, source = 3)
}
```

如果在 MPI 实现中，发送操作被阻塞直到对应的接收完成，那么这段代码会造成一个死锁问题，意味着两个进程被卡死，都在等待对方。这里的进程 3 会开始发送，但等待进程 8 的结果，同时进程 8 也同样等待进程 3。它们会一直等待下去。

这个问题也可以通过很多其他的方式引起。假设我们让 manager 通过下面的调用启动 worker：

```
mpi.bcast.cmd(dowork, n, divisors, msgsize)
```

这个操作会给 worker 发送命令，之后马上返回。与此相反的是，

```
res <- mpi.remote.exec(dowork, n, divisors, msgsize)
```

会在 worker 进行同样的调用，但会一直等待直到所有的 worker 完成它们的工作（之后结果被赋值给 res）。现在假设函数 dowork() 会从 manager 接收消息，同时假设我们使用上面的 mpi.remote.exec()，之后 manager 进行一个发送操作来和 worker 的接收操作配对。这种情况下，我们也会有死锁。

进行共享内存编程时，也可能引起死锁（第 4 章），但消息传递范式特别容易引起死锁。在编写消息传递代码时，必须经常注意死锁的可能性。

所以，怎么解决这个问题？在进程 3 和进程 8 的示例中，我们可以很简单地调整代码顺序：

```
me <- mpi.comm.rank()
if (me == 3) {
    mpi.send(x, type = 2, tag = 0, dest = 8)
    mpi.recv(y, type = 2, tag = 0, source = 8)
} else if (me == 8) {
    mpi.recv(y, type = 2, tag = 0, source = 3)
    mpi.send(x, type = 2, tag = 0, dest = 3)
}
```

MPI 同时用一个发送和接收整合的操作，**Rmpi** 中为其提供了 `mpi.sendrecv()` 接口。

另外一个避免死锁的方法是使用非阻塞的发送和/或接受操作，但这样会让代码变得更加复杂。

第 9 章 MapReduce 计算

随着进入大数据时代，对满足下列要求的计算模式的需求日益增长：(a) 有广泛的应用性；(b) 可以处理分布式数据。后者意味着，数据分布在物理上的不同分块中，它们可能在不同的硬盘上，甚至在不同的地理位置上。将数据分布式储存可以辅助并行计算——不同的数据块可以同时读取——而且这也使得我们可以处理太大而不能读入单个机器内存的数据。对这种计算能力的需求，导致了使用 *MapReduce* 范例开发的各种系统的出现。

MapReduce 其实是我在书中多次见到的 scatter-gather 模式的一种形式，在中间添加了一个排序操作。简单来说，它是这样工作的。输入是一个（分布式）文件，被下列过程处理：

- **Map 阶段**：很多不同的进程被称为 *mapper*，都运行同样的代码。对于输入文件的每一行，mapper 操作每行读入的文件块，对它进行一些处理，之后输出一个输出行，由一个键-值对构成。
- **Shuffle/sort 阶段**：所有 mapper 输出行中，键相同的被汇集到一起。
- **Reduce 阶段**：很多不同的进程被称为 *reducer*，也运行着同样的代码。每一个 reducer 处理其自己的键，比如，对于给定的键，所有 mapper 输出行中键相同的会被同一个 reducer 处理。而且，指定的 reducer 中处理的行会按照键进行排序。

9.1 Apache Hadoop

在笔者写书时，最流行的 MapReduce 软件包是 Hadoop。它是用 Java 开发的，也在 Java（或 C++）中使用最为高效，但它提供了一个 *streaming* 特性，使用户可以从任何编程语言中使用 Hadoop，包括 R。Hadoop 包含了自己的分布式文件系统，毫无悬念地被称为 Hadoop 分布式文件系统（Hadoop Distributed File System，HDFS）。需要注意的是，HDFS 的一个特点就是它是冗余的，从而得到了一定的容错性。

9.1.1 Hadoop Streaming

如前所述，Hadoop 主要为 Java 或者 C++ 应用所开发。然而，在 Hadoop 的 streaming 选项下，Hadoop 可以使用任何语言工作，从 STDIN 和 STDOUT 中读写成行的文本文件。

mapper 的输入来自于一个 HDFS 文件，reducer 的输出同样也是一个 HDFS 文件，每个 reducer 输出一块。文件每行的格式如下

```
key \t data
```

其中 `\t` 是 Tab 分隔符。

由于要在字符串和数值之间相互转换，使用文本格式会引起数值运算程序变慢。这里再次强调，Hadoop 并不是为了最高效率而设计的。

9.1.2 示例：单词计数

Hadoop 的典型“Hello World”示例是对一个文本文件中的单词进行计数。mapper 程序将一行分成单词，之后以 `(word, 1)` 的形式发射（键，值）对。（如果一个单词在一行中出现多次，那么会有多个键值对被发射。）在 Reduce 步骤中，给定单词的所有 1 都被加起来，从而得到该单词的频数。用这种方式，我们对所有单词进行了计数。

这是 mapper 的代码：

```
1 #!/usr/bin/env Rscript
2 
3 # wordmapper.R
4 
5 si <- file("stdin", open = "r")
6 while (length(inln <-
7       scan(si, what = "", nlines = 1, quiet = TRUE,
8            blank.lines.skip = FALSE))){
9   for (w in inln) cat(w, "\t 1\n")
```

```
}
```

这是 reducer 的代码：

```
#!/usr/bin/env Rscript

# wordreducer.R

si <- file("stdin", open = "r")

oldword <- ""

while (length(inln <- scan(si, what = "", nlines = 1,
       quiet = TRUE))) {
    word <- inln[1]
    if (word != oldword) {
        if (oldword != "")
            cat(oldword, "\t ", count, "\n")
        oldword <- word
        count <- 1
    } else {
        count <- count + as.integer(inln[2])
    }
}
```

上面的代码并未经过仔细优化，比如，*The* 和 *the* 被认为是不同的。这里的要点仅仅是为了展示一些原则问题。

9.1.3 运行代码

我在 Hadoop 目录树的顶层运行代码，从其他地方运行的话就要修改对应的路径。首先，我需要放置我们的数据文件，rnyt [1]，

```
$ bin/hadoop fs -put ../rnyt rnyt
```

[1]这个文件是《纽约时报》2009 年 1 月 6 日刊发的文章 “Data Analysts Captivated by R's Power” 的内容。

```
$ bin/hadoop jar contrib/streaming/*.jar \
    -input rnyt \
    -output wordcountsnyt \
    -mapper ../wordmapper.R \
    -reducer ../wordreducer.R
```

第一条命令指明了这是和文件系统（fs）相关的，我在往这个系统中放置文件。我的普通版本文件在我的 home 目录中。

Hadoop 是基于 Java 的，它能够运行.jar 的 Java 归档文件。所以第二条命令指明了我要在 streaming 模式中运行。这同时指明了我想要输出到我的 HDFS 系统中的一个名为 wordcountsnyt 的文件。最后，我指明了我的 HDFS 系统中的 mapper 和 reducer 代码文件，之后开始运行程序。我允许 Hadoop 使用其默认的 mapper 和 reducer 个数，如果需要，也可以在上面指定。

请记住最后的输出会在 HDFS 中以分块的形式存在。这里说明了如何检查（一些内容没有显示）和查看实际的文件内容：

```
$ bin/hadoop fs -ls wordcountsnyt

Found 3 items
-rw-r--r--   1  ... /user/matloff/wordcountsnyt/_SUCCESS
drwxr-xr-x   -  ... /user/matloff/wordcountsnyt/_logs
-rw-r--r--   1  ... /user/matloff/wordcountsnyt/part-00000
$ bin/hadoop fs -cat wordcountsnyt/part-00000
1          NA
$2         1
1,600      1
18th       1
1991,      1
1996,      1
2009       1
2009,      1
250,000    1
6,         1
7,         1
```

```
A           1
ASHLEE      1
According   1
America,    1
Analysts    2
Anne        1
Another     1
Apache,     1
Are         1
At          1
...
```

所以，在 HDFS 中，一个分布式文件会以一个目录的形式存在，分布在 part-00000、part-00001 等分块中。我们的数据只够填充一个分块。

9.1.4 代码分析

第一个需要注意的事情是，这两个 R 文件不是直接被 R 执行，而是用 Rscript。这是用 *batch* 模式运行 R 程序的标准形式，也就是非交互模式。

其次，正如前面所说，mapper 的输入是 STDIN，在这个示例里是从我的 HDFS 中的 rnyt 文件重定向而来，也就是 mapper 中的 si。最后的输出是 STDOUT，被重定向到 HDFS 文件中，因此需要在 reducer 中调用 cat()。mapper 输出之后进入 shuffle 阶段，之后到 reducer，同样适用 STDOUT，也就是 mapper 代码中对 cat() 的调用。

读者可能对于 reducer 里这行有些疑惑：

```
count <- count + as.integer(inln[2])
```

从我们的描述里看，表达式 as.integer(inln[2])——mapper 的单词计数输出——应该总是 1。然而，还有很多的故事，Hadoop 允许用户指定 *combiner* 代码，如下所示。

请记住，所有的通信，比如从 mapper 到 shuffler，都是通过网络，每个网络消息包括一个 (键, 值) 对。所以我们可能会有非常大量的短消息，因此可能会有很多网络延迟，同时由于很多 mapper 同时尝试使用网络，我们还会遇到很大的网络堵塞。解决方案就是让每个 mapper 在将消息发送给 shuffler 之前先进行合并。

合并由用户指定的 *combiner* 来实现。通常 combiner 和 reducer 一样。所以，每个 mapper 会在自己的输出上运行 reducer，之后将合并结果发送给 shuffler，之后再发送给 reducer。

因此在我们的单词计数示例中，当一行文本到达 reducer 时，其计数部分可能已经比 1 大。此外，与 `-mapper` 和 `-reducer` 类似，combiner 代码由运行命令中的 `-combiner` 指定。

9.1.5 硬盘文件的角色

我们之前提到过，Hadoop 有它自己的文件系统，HDFS，其构建于原生操作系统的文件系统之上。为了保证可靠性而进行了冗余，每个 HDFS 块至少存在 3 个拷贝，比如在 3 块单独的硬盘上。非常大的文件也是可行的，但一些情况下，文件会跨越不止一块硬盘或一台机器。

硬盘文件在 Hadoop 程序中扮演了重要角色：

- 输入源自 HDFS 系统中的文件。
- mapper 输出到原生操作系统的临时文件中。
- 最后的输出是到 HDFS 系统中的文件。如前所述，这个文件可能分布在多个硬盘/机器上。

需要注意，通过 HDFS 上的输入输出文件，我们最小化了在集群节点之间移动数据的代价。这和“移动计算要比移动数据要便宜得多”的口号一致。然而，所有的硬盘活动在运行时代价都相当大。

9.2 其他 MapReduce 系统

2014 年晚些时候，对于 Hadoop 性能的担忧越来越多。其中一个问题是无法在 Hadoop 每次运行之间在内存中保留中间结果。这在迭代或多通道算法中是个很严重的问题。

人们正在开发 Spark 包来克服 Hadoop 的种种缺点。早期报告显示它具有非常明显的速度提升，同时维持了读写 HDFS 文件的能力，并且维持了容错的特性。

9.3 MapReduce 系统的 R 接口

由于 Hadoop 的广泛使用，多个 R 接口被开发出来。最流行的是 Revolution Analytics 开发的 **rmr**，和 Saptarshi Guha 开发的作为其博士论文一部分的 **RHIPE**。还有另一个 R 接口，**sparkr**。

9.4 另一个选择："Snowdoop"

所以，Hadoop 真正给了我们什么？两个主要的特性是 (a) 分布式数据存取和 (b) 高效的分布式文件排序。Hadoop 在很多应用中都工作得很好，但大家开始意识到 Hadoop 可能很慢，可以用的数据操作也非常有限。

这两个缺点在很大程度上被新兴的 Spark 所克服。由于强有力的缓存机制和很多的数据操作，Spark 很明显地比 Hadoop 快，有时候非常明显。最近 **distributedR** 已经被发布，主要目的也是为了在大量的数据上使用 R，还有一个更出名的项目 **pbdR**。

但即使是 Spark 也有一个和其他平台一样的问题。所有的这些系统都太复杂了。有大量的设置需要做，这甚至比 Java 或 MPI 的软件依赖，和一些诸如 **rJava** 的软件接口还要糟糕。很多设置需要系统方面的知识，而这正是 R 用户所缺乏的。一旦他们设置系统成功，他们可能被要求设计和 R 中思路非常不同的算法，即使他们仍在写 R 代码。

所以，我们真的需要这样复杂的机器么？Hadoop 和 Spark 提供了高效的分布式排序操作，但如果我们的应用并不依赖于排序，我就需要在代价和好处之间做个选择。

这里有另一个选择，我称之为 "Snowdoop"：用户将数据分块到分布式的小文件中，之后用 **snow** 或其他普通的 R 工具处理这些文件。

9.4.1 示例：Snowdoop 版单词计数

这里我们使用 MapReduce 版的 "Hello World"——单词计数作为我们的示例。和前面所说的一样，单词计数用于查看一个文本文件中是否存在某个单词，并统计文件里不同单词的频率：

```
1 # 每个节点都执行这个函数
2 wordcensus <- function(basename, ndigs) {
```

```
3     fname <- filechunkname(basename, ndigs)
4     words <- scan(fname, what = "")
5     tapply(words, words, length, simplify = FALSE)
6 }
7
8 # manager
9 fullwordcount <- function(cls, basename, ndigs) {
10     setclsinfo(cls) # worker 的 ID 号等等
11     counts <-
12         clusterCall(cls, wordcensus, basename, ndigs)
13     addlistssum <- function(lst1, lst2)
14         addlists(lst1, lst2, sum)
15     Reduce(addlistssum, counts)
16 }
```

上面的代码使用了下面的方法，这是很多"Snowdoop"应用中广泛使用的方法。它们和其他的 Snowdoop 基础函数都被收入到我的 **partools** 扩展包（第 3.5 节）中。这里是调用形式：

```
# 给集群中每个节点一个 ID，储存在全局的 partoolsenv$myid;
# partoolsenv$ncls 是 worker 的数量;
# 在每个 worker 中载入 partools，并且在 manager 上设置 R 的搜索路
   径
setclsinfo(cls)

# 对 R 列表 lst1、lst2 进行"相加"，将共有的元素相加，之后拷贝非空的
   元素
addlists(lst1, lst2, add)

# 生成名为 basename.i 的文件，其中 i 是节点 ID，除非指定 nodenum
filechunkname(basename, ndigs, nodenum = NULL)
```

这里完全是纯粹的 R！没有 Java，没有复杂的设置。实际上，和 **sparkr** 中的单词计数示例进行比较是很有意义的。其中我们可以看到对 **sparkr** 函数 `flatMap()`、`reduceByKey()` 和 `collect()` 的调用。但 `reduceByKey()` 函数

和 R 中久经考验的 tapply() 是非常相似的。collect() 函数或多或少和我们 Snowdoop 库中的 addlists() 函数差不多。所以，再次说明，我们没必要使用 Spark、Hadoop、Java 等其他方案，我们只用普通的 R。

我们使用了 Hadoop 和 Spark 的并行读取优势 [2]，而我们同时避免了 *Hadoop/Spark* 设置的痛苦，也在使用我们熟悉的 R 编程范例。在很多情况下，这是对我们非常有利的一个选择。

当然，这个方法缺少了 Hadoop 和 Spark 中极具优势的容错性。在写这本书的时候，我们还不清楚这个方法的扩展性如何，比如 **parallel** 扩展包在很大数量的节点上工作得如何。但 Snowdoop 对于很多应用是非常有吸引力的。

9.4.2 示例：Snowdoop 版 *k*-means 聚类

让我们再看一下第 4.9 节的 *k*-means 聚类。

```
1  # k-means clustering, 使用 Snowdoop
2  
3  # 分块数据名为 xname, nitrs 个迭代, nclus 个聚类;
4  # 为了简单, 我们假设没有聚类会为空; ctrs 是初始中心
5  
6  # 假设我们已经调用了 setclsinfo
7  
8  kmeans <- function(cls, xname, nitrs, ctrs) {
9     # 告诉每个节点读入其分块;
10    # 首先计算聚类大小, 并计算文件后缀的数字
11    addlistssum <- function(lst1, lst2) addlists(lst1, lst2, sum)
12    for (i in 1:nitrs) {
13       # 对于每个数据点, 找到最近的中心, 并且制表;
14       # 对于每个 worker 和每个中心, 我们计算一个向量,
15       # 其第一个元素是属于这个中心的数据点的个数,
16       # 其他元素是这些数据点的和
17       tmp <- clusterCall(cls, findnrst, xname, ctrs)
18       # 对所有 worker 进行相加
```

[2]请注意，如果文件分块都在同一块硬盘上，无论是 Hadoop、Spark，还是 Snowdoop，都不会得到完全的并行读取。

```
19          tmp <- Reduce(addlistssum, tmp)
20          # 计算新的中心
21          for (i in 1:nrow(ctrs)) {
22             tmp1 <- tmp[[as.character(i)]]
23             ctrs[i, ] <- (1/tmp1[1]) * tmp1[-1]
24          }
25      }
26      ctrs
27  }
28
29  findnrst <- function(xname, ctrs) {
30      require(pdist)
31      x <- get(xname)
32      dsts <- matrix(pdist(x, ctrs)@dist, ncol=nrow(x))
33      # dsts[, i] 现在是 x 中第 i 行和中心的距离
34      nrst <- apply(dsts, 2, which.min)
35      # nrst[i] 告诉我们和 x 中第 i 行距离最近的中心的索引
36      mysum <- function(idxs, myx)
37          c(length(idxs), colSums(x[idxs, , drop=F]))
38      tmp <- tapply(1:nrow(x), nrst, mysum, x)
39  }
40
41  test <- function(cls) {
42     m <- matrix(c(4, 1, 4, 6, 3, 2, 6, 6), ncol=2)
43     formrowchunks(cls, m, "m")
44     initc <- rbind(c(2, 2), c(3, 5))
45     kmeans(cls, "m", 1, initc)
46     # 输出应该是行为 (2.5, 2.5) 和 (5.0, 6.0) 的矩阵
47  }
```

所以，和在 Hadoop 中一样，我们这里再次将文件分块，但使用了普通的 R 函数，比如 tapply() 和 Reduce()。但最重要的是，每次迭代中各个 worker 的数据是一致的。在 Hadoop 中，这需要每次迭代都从硬盘重新读取，而在 Spark 中，我们需要申请缓存，但在这里我们不需要做任何额外的工作。

第 10 章 并行排序和归并

最常见的计算之一就是排序，这也是本章的主题。一个相关的话题是归并，就是将两个有序的向量合并成一个更大的有序向量。

排序并不是一个“易并行”问题（第 2.11 节）。因此，人们发明了很多不同的并行排序算法。本章我们会介绍其中一些入门内容。

10.1 难以实现的最优目标

关于排序方法有大量的文献，其中就包括并行计算。但“最好”的方法或多或少取决于数据的本质，也就是应用程序的本质，甚至是计算平台的本质。比如，一个在多核系统上表现良好的算法，在 GPU 上可能表现很差。

大量的书籍都讨论了相关话题。这里，我们简要讨论一些一般方法和一些非常优秀的程序库。特别地，会着重介绍 Thrust 和 **Rth** 扩展包。

10.2 排序算法

天下没有免费的午餐。

——经典经济学论断

如上所述，存在着大量不同的排序算法。这小节里，我们将讨论一些常见的算法，让读者了解它们是怎么工作的。很不幸的是，每种算法都有其不足，特别是并行实现的时候。

10.2.1 比较和交换操作

很多排序算法都大量使用了*比较和交换操作*。对于两个数字 x 和 y，这意味着

```
if (x > y) then swap x and y
```

为了减少代价，比如需要缓解网络延迟（第 2.5 节）或是减少高速缓存一致性操作（第 2.5.1.1 节），这个操作通常成组进行，也就是每次比较和交换一组数据。“>”在成组的情况下的定义在各个算法中都有所不同，后面会详细讲解。

10.2.2 一些“代表性”的排序算法

这些算法都可以被简单地描述，这里我们给出了大致的讲解；各种细节，包括 C 或其他语言的相关实现，都可以从网上找到。

这里我们假设要为一个长度为 n 的 R 向量 `x` 排序。为了简便，我们假设 n 个数字都是不同的。

- **饱受诟病的冒泡排序**

  这个算法被广泛用做反面教材，也就是*不要这么做*。冒泡排序需要 $O(n^2)$ 的时间来排序 n 个数字，而更好的算法只需要 $O(n \log n)$ 时间。然而，我们稍后会看到，在并行计算中，冒泡排序还是相当有用的。

  这个算法相当简单。我们从 `x[1]` 开始，和 `x[2]` 进行比较交换操作。之后我们比较交换 `x[2]` 和 `x[3]`（这里的 `x[2]` 可能是起初的 `x[1]`），我们继续这样操作，直到 `x[n-1]`。这样一共有 $n-1$ 步操作。

  之后我们回到 `x[2]`，用同样的方式遍历整个向量。这会需要 $n-2$ 次比较交换操作。之后我们操作 `x[3]`，需要 $n-3$ 次操作，以此类推。

  所以，我们需要遍历向量 $n-1$ 次，需要的比较交换操作数是

  $$n-1+n-2+n-3+\cdots+1$$

  应用一个很著名的数学公式后，这可以被简化为 $(n-1)n/2$，也就是 $O(n^2)$。

  这个算法的一个变种是奇偶移项排序。第一步里，`x` 中所有偶数位置的元素和右手边的元素进行比较交换操作；比如，`x[8]` 会和其右边的元素 `x[9]` 进行比较交换操作。第二步里，和左手边的元素进行比较交换操作。第三步中，又回到和右手边的元素进行比较交换操作，以此类推。

这个过程大约需要 n 步，每一步中我们进行大约 $n/2$ 次比较。所以时间复杂度为 $O(n^2)$，和冒泡排序一样。

如果我们想把数据分块，我们可以在相邻数据块之间进行比较交换操作，这个操作有很多不同的定义。例如，我可以把所有的数据发送给成对的线程，之后让有低 ID 的线程持有前半部分数据，另一个线程持有后半部分数据。

因此这个算法可以很容易地被并行化。一般来说，这个算法不是一个很好的选择，但在一些特殊的硬件平台上其表现得很好。

- **快排**

我们首先以 x[1] 作为主元（*pivot*）来开始我们的比较。首先我们确定 x 中所有小于 x[1] 的元素，我们称其为“较小组”。比如说有 k 个元素。其他大于 x[1] 的元素构成“较大组”。我们把较小组写回 x，把第一个元素写在第 1 位，以此类推；原本的 x[1] 写在 $k+1$ 位，并且把较大组写在 $k+2$ 到 n 的位置。

现在我们重复同样的操作两次，一次应用于较小组，一次应用于较大组。前者中，我们使用新的 x[1] 作为主元，后者使用新的 x[k+2] 作为主元。

我们继续这个操作。每次我们形成一个组，之后将其分为自己的较小组和较大组，并且对两个组进行排序。最后，整个向量会被排序。

下面将简略分析时间复杂度。我们先把数据分为两部分（但不一定是完全相等的两部分），之后四份，再是八份，以此类推。最后我们的所有的组大小都为 1，所以这个过程大约需要 $\log_2 n$ 步。每一步中，我们将所有元素和其主元比较，因此有大约 n 个操作。换言之，时间复杂度为 $O(n \log n)$。

熟悉递归编程的读者会很容易认出这里的算法。一个概要如下：

```
1 qs <- function(x) {
2    if (length(x) <= 1) return()
3    find small group
4    find large group
5    move small group to left part of x
6    move large group to right part of x
7    move x[1] to position k + 1 within x
```

```
8      x[small group] <- qs(x[small group])
9      x[large group] <- qs(x[large group])
10 }
```

这个算法的递归本质可以从函数 qs() 自己调用自己看出来！起初，这可能看起来很神奇，但考虑到算法内部如何处理数据，这是非常合理的。有兴趣的读者可能要回顾一下第 4.1.2 节，并且思考一下递归的内部实现。需要注意，尽管递归在 C/C++ 中表现很好，但在 R 中效率不高。完整的 C 代码在第 10.4 节。

原则上讲，快排是相当优秀的，但即使是串行版本也需要非常小心地实现，才能获得很高的效率。在并行情况下，对第 2 章里提到的东西——内存竞争、缓存一致、网络延迟等内容，都会有影响。

其中一种变种，Hyperquicksort，被开发来用于 *hypercube* 网络结构，但其应用广泛，特别是分布式数据。这在第 10.7.1 节中有所讨论。

- **归并排序**

  比如说 n 是 100000，而且我们有四个线程。我们把 x[1] 到 x[250000] 分配给第一个线程，把 x[250001] 到 x[500000] 分配到第二个线程，以此类推。每个线程对于自己的本地数据进行排序，之后把所有数据合并起来。

  到此为止，这个是“易并行”问题。但归并那一步不是。后者很明显是以树的方式进行的。在我们上面的四个线程的示例里，我们可以将线程 1 和线程 2 的数据合并起来，分配给线程 1，同时，我们同样处理线程 3 和线程 4 的数据，把结果分配给线程 3。之后我们再合并线程 1 和线程 3，向量整体上就被排序了。

  这种情况下，归并步骤需要 $O(\log_2 n)$ 步，每一步我们都会将线程数减半。每一步中，向量中的所有 n 个元素会被同样处理。所以和快排一样，总体时间复杂度是 $O(n \log n)$。另外提一点，Thrust 中包含了一个归并排序的函数，thrust::merge(x,y,z)，它会对向量 x 和 y 进行归并排序，并将结果储存到 z 中。

  归并排序的主要缺点在于，归并过程中的很多时间点上，很多线程会空闲下来，因此影响了进程的并行性。

- **桶排序**

  这个算法有时又被称为*抽样排序*，它与只有一层的快排很像。比如我们有三个线程和 90000 个数字需要排序。我们首先使用一小部分数据，比如 1000 个，之后（如果我们在 R 中）使用 quantile() 来决定 0.33 和 0.67 分位数，这里我们称为 b 和 c。线程 1 处理所有小于 b 的数字，线程 2 处理所有 b 和 c 之间的数字，线程 3 处理比 c 大的数字。每个线程对自己需要处理的数字进行排序，之后放回向量中合适的位置。比如，线程 1 需要处理 29532 个数字，它会把排序的结果放在 x[1] 到 x[29532]。

10.3 示例：R 中的桶排序

在使用 C/C++ 之前，让我们先看一个纯 R 的示例。这里我们使用 **parallel** 扩展包里的 multicore 来实现桶排序。

```
# mc.cores 是计算中使用的核数
mcbsort <- function(x, ncores, nsamp = 1000) {
    require(parallel)
    # 使用子样本来决定合适的分位数
    samp <-
        sort(x[sample(1:length(x), nsamp, replace = TRUE)])
    # 每个线程会运行 dowork()
    dowork <- function(me) {
        # 这个线程会处理哪些数字?
        # （这里也可以使用 quantile()）
        k <- floor(nsamp / ncores)
        if (me > 1) mylo <- samp[(me - 1) * k + 1]
        if (me < ncores) myhi <- samp[me * k]
        if (me == 1) myx <- x[x <= myhi] else
            if (me == ncores) myx <- x[x > mylo] else
                myx <- x[x > mylo & x <= myhi]
        #这个线程会排序分配给它的部分
        sort(myx)
    }
    res <- mclapply(1:ncores, dowork, mc.cores = ncores)
    # 把结果链接起来
    c(unlist(res))
}
```

```

test <- function(n, ncores) {
    x <- runif(n)
    mcbsort(x, ncores = ncores, nsamp = 1000)
}
```

这是桶排序的一个直观实现；细节请见注释。

然而，我们也应该很直观地意识到，这不是我们能做到的最好实现。我们后面会做一些计时分析。

10.4 示例：使用 OpenMP 的快排

```
// OpenMP 示例程序:
// 快排; 未必高效

// 交换 yi 和 yj 指向的元素
void swap(int *yi, int *yj)
{   int tmp = *yi;
    *yi = *yj;
    *yj = tmp;
}

// 这里我们考虑 x 中从 x[low] 到 x[high] 的部分,
// 每个元素分别和主元 x[low] 相比;
// 我们处理 x 的这部分, 直到对于某个 m,
// x[m] 左边的元素都 <= 主元,
// x[m] 右边的元素都 >= 主元
int separate(int *x, int low, int high)
{
    int i, pivot, m;
    pivot = x[low];
    swap(x + low, x+ high);
    m = low;
```

```
22     for (i = low; i < high; i++) {
23         if (x[i] <= pivot) {
24             swap(x + m, x + i);
25             m += 1;
26         }
27     }
28     swap(x + m, x + high);
29     return m;
30 }
31
32 // 对数组 z 中从元素 zstart 到元素 zend 的快排序;
33 // 在第一次调用中使用 0 到 n-1, 其中 n 是 z 的长度;
34 // firstcall 参数是 1 或 0, 这取决于是否是第一次调用
35 void qs(int *z, int zstart, int zend, int firstcall)
36 {
37     #pragma omp parallel
38     {
39         int part;
40         if (firstcall == 1) {
41             #pragma omp single nowait
42             qs(z, 0, zend, 0);
43         } else {
44             if (zstart < zend) {
45                 part = separate(z, zstart, zend);
46                 #pragma omp task
47                 qs(z, zstart, part - 1, 0);
48                 #pragma omp task
49                 qs(z, part + 1, zend, 0);
50             }
51         }
52     }
53 }
54
55 // 测试代码
```

```
56  main(int argc, char ** argv)
57  {
58      int i, n, *w;
59      n = atoi(argv[1]);
60      w = malloc(n * sizeof(int));
61      for (i = 0; i < n; i++) w[i] = rand();
62      qs(w, 0, n - 1, 1);
63      if (n < 25)
64          for (i = 0; i < n; i++)
65              printf("%d\n", w[i]);
66  }
```

这段代码中

```
if (firstcall == 1) {
    #pragma omp single nowait
    qs(z, 0, zend, 0);
```

我们只需要一个线程来执行递归树的根调用，因此我们需要一个单独的语句。其他线程与此无关，但根调用会启动两个新的调用，每个线程会有执行 `#pragma omp parallel` 部分和代码

```
#pragma omp task
qs(z, zstart, part - 1, 0);
```

这里我们使用了 `task` 声明，“OMP 系统会确认这个子树最终会被一些线程处理”。如果有线程闲置下来，新的任务会被其中之一立即启动；否则，系统会确定稍后处理这部分。

因此执行过程中，我们首先使用一个线程，之后两个，之后三个，直到所有线程都被使用。换言之，在执行起始阶段会有负载均衡的问题，这和我早先提到的归并排序类似。

有很多可能的改善，比如类似屏障的 `taskwait` 语句。

10.5 Rth 中的排序

很不幸的是，上面的算法没有一个是易并行的，并且多数算法需要一定数量的数据移动。这使得在 R 中高效地实现很困难。好在 Thrust 给我们提供了一个 C++ 的解决方案，**Rth** 中的 `rthsort()` 提供了一个方便的接口。

请记住，上面的桶排序是多核平台上的。**Rth** 的一个主要优势就是我们的代码既可以运行在多核机器上，也可以运行在 GPU 上。

首先我们来测试一下：

```
> library(Rth)
Loading required package: Rcpp
> x <- runif(25)
> x
[1]  0.90189818 0.68357514 0.93200351 0.41806736 0.40033254
    0.09879424
[7]  0.70001364 0.01025429 0.30682519 0.74398691 0.04592790
    0.57226260
[13] 0.66428642 0.14953737 0.30014257 0.92142903 0.99587218
    0.16254603
[19] 0.36737230 0.46898850 0.76138804 0.67405064 0.15926002
    0.19043531
[25] 0.81125042
> rthsort(x)
[1]  0.01025429 0.04592790 0.09879424 0.14953737 0.15926002
    0.16254603
[7]  0.19043531 0.30014257 0.30682519 0.36737230 0.40033254
    0.41806736
[13] 0.46898850 0.57226260 0.66428642 0.67405064 0.68357514
    0.70001364
[19] 0.74398691 0.76138804 0.81125042 0.90189818 0.92142903
    0.93200351
[25] 0.99587218
```

我们稍后会展示计时结果。

再次强调, 用户不需要知道 Thrust/C/C++/CUDA 就可以使用 **Rth**, 但了解其实现是非常有用的:

```
// Thrust 排序的 Rth 接口
#include <thrust/device_vector.h>
#include <thrust/sort.h>

#include <Rcpp.h>
#include "backend.h"

RcppExport SEXP rthsort_double(SEXP a,
    SEXP decreasing, SEXP inplace, SEXP nthreads)
{
    // 为 R 向量构造一个 C++ 代理
    Rcpp::NumericVector xa(a);

    // 设置 device 向量, 并将 xa 拷贝到其中
    thrust::device_vector<double> dx(xa.begin(), xa.end());

    // 排序, 之后拷贝回 R 向量
    if (INTEGER(decreasing)[0])
        thrust::sort(dx.begin(), dx.end(),
            thrust::greater<double>());
    else
        thrust::sort(dx.begin(), dx.end());

    if (INTEGER(inplace)[0]) {
        thrust::copy(dx.begin(), dx.end(), xa.begin());
        return xa;
    } else {
        Rcpp::NumericVector xb(xa.size());
        thrust::copy(dx.begin(), dx.end(), xb.begin());
        return xb;
    }
```

```
32 }
```

需要注意，R 中 double 和 integer 类型是分别处理的，所以上面的代码需要为 double 类型稍加调整。

rthsort() 的一个可选参数 decreasing 为 TRUE 时，会进行降序排列。和这个参数有关的是 INTEGER() 函数。这是 R 的内部函数，而不是来自 **Rcpp**，但它与后者类似。我们输入了一个 SEXP 并构成了一个 C++ 代理。这个情况下，输入是一个整型向量（长度是 1）[1]。INTEGER() 的输出是一个 C++ 整型向量，我们（只）需要第一个元素，它在 C++ 中索引是 0。

之后在下面这个语句中使用

```
thrust::sort(dx.begin(), dx.end(), thrust::greater<int>());
```

Thrust 有一个可选参数来指定比较操作的类型。这里我使用的是 Thrust 的内置函数

```
thrust::greater<int>(x, y)
```

如果 $x > y$，会返回 true。由于 Thrust 中排序函数的设置方式，这对应了一个降序的排序。但我们可以根据应用提供自己的比较函数来使用特定排序。

由于 **Rcpp** 和 Thrust 都模仿了 C++ STL，这使得二者非常相似；了解其中一个之后，另一个就非常简单了。下面的语句

```
thrust::copy(dx.begin(), dx.end(), xb.begin());
```

非常简单明了。

10.6 计时比较

这里我们比较了 R 内置的串行的 sort()，我们用 **multicore** 实现的桶排序，和 **Rth** 中使用 OpenMP 后台的 rthsort()[2]。

[1] R 中的逻辑值被处理成整数型。

[2] 由于没有从 R 中调用，第 10.4 节中的 OpenMP 版本的快排没有包含在这里。

n	使用的函数	线程数	时间（秒）
50000000	`sort()`	1	11.132
50000000	`mcbsort()`	4	11.173
50000000	`rthsort()`	4	4.162
50000000	`mcbsort()`	8	11.009
50000000	`rthsort()`	8	3.852
100000000	`sort()`	1	21.445
100000000	`mcbsort()`	4	21.856
100000000	`rthsort()`	4	7.647
100000000	`mcbsort()`	8	22.137
100000000	`rthsort()`	8	7.728
250000000	`sort()`	1	90.079
250000000	`mcbsort()`	4	51.951
250000000	`rthsort()`	4	22.865
250000000	`mcbsort()`	8	51.005
250000000	`rthsort()`	8	19.806

可以看到从 R 到 C/C++ 的确有很大的速度提升。同时需要注意纯粹的 R 并行只有在最大的向量 $n = 250000000$ 时才有速度提升。即使我们把线程数从 4 提高到了 8，`mcbsort()` 也没有提升。

在 GeForce GTX 550 Ti GPU 上 $n = 50000000$ 的排序只用了 1.243 秒，比 8 核机器快了三分之一。然而，$n = 100000000$ 时，由于显卡显存不足，程序无法运行。解决方案见第 10.7 节。

10.7 分布式数据上的排序

第 9 章里，我们解释了，对于非常大的数据集，将文件分开储存可能是更好的方式。这样处理，文件实际上被分为很多分开的文件，以不同的文件名（特别是以数字编号）命名，它们可能存在于不同的硬盘中，甚至有不同的地理位置，但对于用户来说，看起来仍是一个单一文件。Hadoop 分布式文件系统（Hadoop Distributed File System）简化了这一过程。

这种情况下，我们对排序的开发和本章前面的开发方式都不一样。我们的输入数据在物理上不同的文件中，或者在不同机器的内存中，比如在一个集群中，我们希望输出也拥有同样的分布式结构。换言之，我们排序的数组会被储存在分块的形式中，不同的数据块储存在不同的文件中，或者在不同的机器上。这个小节中，我讨论一下这如何实现。

第 2.5 节中讨论的网络延迟和带宽问题，在集群和分布式数据集上，显得非常重要。由于排序并不是一个并行操作，这些问题对于在这种情况下开发有效的并行排序非常重要。这严重依赖于特定的通信方法，这里只给了一些通用的建议。

10.7.1 Hyperquicksort

为了简便，我假设有 2^k 个进程，ID 分别为 $0,1,2,\cdots,2^k-1$，我们的数据分布在这些进程中。我们这里不涉及细节，只简单探讨工作原理。

一共有 k 次迭代。在 i 次迭代中，所有的进程被分为名为 i-cube 的不相交的组，分别由 2^i 个进程构成，每个进程在组内被分配了一个伙伴。i-cube 中的进程将自己的中位数通知 i-cube 中的其他所有进程，作为主元使用。之后每个进程和其伙伴进程进行一次比较交换操作，比主元小的数字被分配到 ID 较小的进程中，较大的数据被分配到 ID 较大的进程中。

最后向量整体被排序，仍然以分布式形式储存在进程之间。

第 11 章 并行前缀扫描

前缀扫描是一个积累操作，和 R 中计算累加和的 cumsum() 函数类似：

```
> x <- c(12,5,13)
> cumsum(x)
[1] 12 17 30
```

(12, 5, 13) 的前缀扫描是

$$(12, 12+5, 12+5+13) = (12, 17, 30)$$

正如我们上面见到的。

11.1 一般公式

一般来说，抽象形式中，我们有一个可交换的操作符 $\otimes$，还有前缀扫描的输入序列 $(x_0, \cdots, x_{n-1})$ 和输出序列 $(s_0, \cdots, s_{n-1})$，其中

$$\begin{aligned} s_0 &= x_0, \\ s_1 &= x_0 \otimes x_1, \\ &\cdots, \\ s_{n-1} &= x_0 x_1 \otimes \cdots \otimes x_{n-1} \end{aligned} \tag{11.1}$$

这里的操作数 x_i 不一定是数字。比如说，它们可以是矩阵，$\otimes$ 表示矩阵相乘。

上面这种形式的扫描被称作 *inclusive* 扫描，其中 x_i 被包括在 s_i 中。*exclusive* 版本会剔除掉 x_i。所以上面这个小示例的向量的 exclusive 累加和会是

$$(0,12,12+5)=(0,12,17)$$

11.2 应用

前缀扫描已经成为实现并行算法的一个流行工具，在各种情况下大量应用。我们这里考虑以一个并行的过滤操作为例，

```
> x
 [1] 19 24 22 47 27  8 28 39 23  4 43 11 49 45 43  2 13  8 50 41
   24 13  7 14 38
> y <- x[x > 28]
> y
[1] 47 39 43 49 45 43 50 41 38
```

为了能够并行化这个操作，让我们来看一下如何将其转化为一个前缀扫描问题：

```
> b <- as.integer(x > 28)
> b
 [1] 0 0 0 1 0 0 0 1 0 0 1 0 1 1 1 0 0 0 1 1 0 0 0 0 1
> cumsum(b)
 [1] 0 0 0 1 1 1 1 2 2 2 3 3 4 5 6 6 6 6 7 8 8 8 8 8 9
```

请注意向量 b 改变的地方——在第 $4,8,11,13,14,15,19,20$ 和 25 个元素处。但这些也正是由 x 进入 y 的元素。

所以这里的 cumsum()，一个前缀扫描操作，也构成了过滤操作。因此，如果我们可以找到一个并行化前缀扫描的方法，也就可以并行化过滤操作（上面 b 的生成和检查 b 中数值变化的操作，都是易并行问题）。

同时，令人吃惊的是，这同样给了我们一个并行化快排的方法。快排中的分块步骤——找到所有比主元小的元素和所有比它大的元素——只是两个过滤操作。桶排序的第一步也是个过滤操作。

11.3 一般策略

所以说，我们该如何并行化前缀扫描操作呢？事实上，存在着大量好方法。

11.3.1 一个基于 log 的方法

一个并行化前缀扫描的常见办法是，先处理相邻的一对 x_i，之后处理索引相差二的一对数据，之后相差四，相差八，以此类推。

我们暂时假设我们有 n 个线程，比如说每个元素对应一个线程。很明显，这个情况很多时候不成立，但我们后面会对其进行扩展。线程 i 会处理与 x_i 赋值相关的任务。这里展示基本想法，比如 $n=8$：

步骤 1：

$$x_1 \leftarrow x_0 + x_1 \tag{11.2}$$
$$x_2 \leftarrow x_1 + x_2 \tag{11.3}$$
$$x_3 \leftarrow x_2 + x_3 \tag{11.4}$$
$$x_4 \leftarrow x_3 + x_4 \tag{11.5}$$
$$x_5 \leftarrow x_4 + x_5 \tag{11.6}$$
$$x_6 \leftarrow x_5 + x_6 \tag{11.7}$$
$$x_7 \leftarrow x_6 + x_7 \tag{11.8}$$

步骤 2：

$$x_2 \leftarrow x_0 + x_2 \tag{11.9}$$
$$x_3 \leftarrow x_1 + x_3 \tag{11.10}$$
$$x_4 \leftarrow x_2 + x_4 \tag{11.11}$$
$$x_5 \leftarrow x_3 + x_5 \tag{11.12}$$
$$x_6 \leftarrow x_4 + x_6 \tag{11.13}$$
$$x_7 \leftarrow x_5 + x_7 \tag{11.14}$$

步骤 3：

$$x_4 \leftarrow x_0 + x_4 \tag{11.15}$$

$$x_5 \leftarrow x_1 + x_5 \tag{11.16}$$

$$x_6 \leftarrow x_2 + x_6 \tag{11.17}$$

$$x_7 \leftarrow x_3 + x_7 \tag{11.18}$$

在步骤 1 中，我们处理索引相差一的元素，之后步骤二处理索引相差二的，第三步处理相差四的。

为什么这个算法可以工作？让我们考虑 x_7 随着时间是如何变化的。用 a_i 表示原始的 x_i，其中 $i = 0, 1, \cdots, n-1$。这里展示了 x_7 在不同步骤之后的值：

步骤	值
1	$a_6 + a_7$
2	$a_4 + a_5 + a_6 + a_7$
3	$a_0 + a_1 + a_2 + a_3 + a_4 + a_5 + a_6 + a_7$

所以 x_7 最终会得到预计的值。对于 $i = 2$ 的时候，x_2 最终也会成为 $a_0 + a_1 + a_2$，和意料的一样。另外一点，这次的"最终"来的更早一些，在第 2 步结束；这会成为下面的一个重要问题。

对于一般的 n，计算路径如下。在第 i 步，每个 x_j 都会被累加到其自身和 $x_{j+2^{i-1}}$ 之上，其中 $j \geqslant 2^{i-1}$。

如果 n 是 2 的幂，那么会有 $\log_2 n$；否则需要的步骤数是 $\lfloor \log_2 n \rfloor$。

请注意以下几点：

- 上面的赋值操作中，x_i 既作为输入，又作为输出。在我们的代码实现中，我们需要确保这个位置在读取前没有被写入。

  一个方法是使用一个辅助数组 y_i。在奇数步骤中，y_i 将 x_i 作为输入，在偶数步骤中相反。这种方法的一般情况——我们维持两个数据对象，而不是一个，之后用两者相互改变——被叫做红黑法。这是受了棋盘启发，其中相邻的方块颜色不同。这里的 x_i 是"红"，y_i 是"黑"。

- 再次注意，随着运行，越来越多的线程会闲置下来；x_i 不会在步骤 i 之后马上改变，而是早很多。因此线程 i 会闲置下来，负载均衡很差。

- 每步的同步操作会在多核/多处理器下引起消耗。（GPU 下使用多个 block，代价会更大。）

那么，如果是更典型的情形，n 比我们的线程数 p 要大，会发生什么情况？我们的方法会向数据动态分配线程，每一步都重新分配。如果在给定的一个步骤中，我们有 k 个不闲置的 x_i，那么我们让每个线程处理大约 k/p 个 x_i 的位置。

11.3.2 另一种方法

除了上面的自底向上的方法，我也可以用只有一层的自顶向下方法，如下所示。和你以前见过的一样，一个很自然的方法是将向量分成几块，之后在每一块上运行该算法，再通过某些方法合并结果：

(a) 将 x_i 分成 p 块，每块大小约为 n/p。

(b) 对每个线程计算其分块的前缀扫描。

(c) 计算每个分块最右边位置的前缀扫描。(实际上，我只需前 $p-1$ 个。)

(d) 每个线程根据 (c) 步的结果调整自己的前缀扫描。

这是这个算法的伪代码。Ti 表示线程 i。

```
将数组分为 p 块
对于 i = 0,...,p-1
   Ti 同时对块 i 进行串行扫描，结果为 Si
从 Si 最右边的元素形成新数组 G
对 G 进行并行扫描
对于 i = 1,...,p-1
   Ti 同时将 Gi 加到块 i 的每个元素上
```

比如说，我们有一个向量

```
2 25 26 8 50 3 1 11 7 9 29 10
```

并且我们想要计算累加和。假设我们有三个线程。我们将数据分成三块，

2 25 26 8	50 3 1 11	7 9 29 10

之后扫描每个分块

2 27 53 61	50 53 54 65	7 16 45 55

但我们仍然没有扫描整个数组。比如说，那个 50 应该是 $61+50=111$，那个 53 应该是 $61+53=114$。换言之，61 必须被加到第二个分块 $(50,53,54,65)$ 上，而 $61+65=126$ 必须被加到第三块 $(7,16,45,55)$ 上。这是最后一步，从而得到

2 27 53 61	111 114 115 126	133 142 171 181

11.4 并行前缀扫描的实现

上面的代码非常容易实现，而且我们会在下面见到一个示例。但值得注意的是，并行前缀扫描已经在很多函数库中实现：

- MPI 标准实际上内置了一个并行前缀函数，`MPI_Scan()`。对于 $\otimes$ 操作有很多选择，包括最大、最小、相加和相乘。
- CUDA 或 OpenMP/TBB 的 Thrust 库包括了函数 `inclusive_scan()` 和 `exclusive_scan()`。在第 11.6 节，我们会看到一个示例。
- TBB 自身提供了 `parallel_scan()` 函数。
- CUDPP（CUDA Data Parallel Primitives Library）库包含了排序等 CUDA 函数，其中很多是基于并行扫描实现的。

这些实现中有些相当复杂，但提供了更广的一般性。

请注意前缀扫描一般来说是 $O(n)$ 复杂度的操作。因此第 2.9 节中的讨论暗示了通信代价会是一个很大的问题。这些函数库并不能保证可以在你的平台和你的应用中良好地运行。

11.5 OpenMP 实现的并行 cumsum()

这里我会用 OpenMP 编写拥有并行累加和的 C++ 代码。这段代码可以通过 **Rcpp** 从 R 中调用。

```
1  // shiyong OMP 的并行版本 cumsum()
2  #include <Rcpp.h>
```

```
3  #include <omp.h>
4
5  // 输入向量 x，需要使用的线程数 nth
6  RcppExport SEXP ompcumsum(SEXP x, SEXP nth)
7  {
8      Rcpp::NumericVector xa(x);
9      int nx = xa.size();
10
11     // 用于存储累积和的向量
12     double csms[nx];
13
14     // 设置线程数
15     // INTEGER 是一个用于处理 SEXP 的结构
16     int nthreads = INTEGER(nth)[0];
17     omp_set_num_threads(nthreads);
18     // 用于存储块结尾加和的空间
19     double adj[nthreads - 1];
20
21     int chunksize = nx / nthreads;
22
23     // 输出向量
24     Rcpp::NumericVector csout(nx);
25
26     #pragma omp parallel
27     {
28         int me = omp_get_thread_num();
29         int mystart = me * chunksize,
30             myend = mystart + chunksize - 1;
31         if (me == nthreads - 1) myend = nx - 1;
32         int i;
33
34         // 对我的分块求累加和
35         double sum = 0;
36         for (i = mystart; i <= myend; i++) {
```

```
37            sum += xa[i];
38            csms[i] = sum;
39        }
40
41        // 计算中间校正值
42        //
43        // 首先确保所有的分块累加和就绪
44        #pragma omp barrier
45        // 只需要一个线程进行计算
46        // 并将其累加到右边的结束点
47        #pragma omp single
48        {
49            adj[0] = csms[chunksize - 1];
50            if (nthreads > 2)
51                for (i = 1; i < nthreads - 1; i++) {
52                    adj[i] =
53                        adj[i - 1] + csms[(i + 1) * chunksize -
   1];
54                }
55        }
56        // 每个 single 语句后的隐式屏障
57
58        // 进行校正
59        double myadj;
60        if (me == 0) myadj = 0;
61        else myadj = adj[me - 1];
62        for (i = mystart; i <= myend; i++)
63            csout[i] = csms[i] + myadj;
64    }
65    // 每个 parallel 语句后的隐式屏障
66    return csout;
67 }
```

这段代码是对我们早先学习的 OpenMP 原则非常直观的应用。可以按照第 5.5.5 节中的方法编译运行。需要注意的是，在 R 中调用时，nth 参数需要使用 as.integer()。

```
.Call("ompcumsum", x, as.integer(2))
```

11.5.1 栈大小的限制

在上面的代码中，让我们考虑平淡无奇的这几行，

```
double csms[nx];
...
Rcpp::NumericVector csout(nx);
```

这里回顾一下第 4.1.2 节中的讨论，关于局部变量是如何储存在内存中的：每个线程被分配了内存中称为栈的一部分空间，用于储存该线程的局部变量。在我们上面的示例中，csms 和 csout 就是这种变量。

这一点的重要性在于，操作系统会给栈的大小设置一个限制。由于我们的累加和的代码会运行于非常大的向量之上，（否则，R 自身的串行版本的 cumsum() 就足够快了），我们冒着栈空间不足的风险，这会引起一个执行错误。

特定的操作系统允许你以各种不同的方式改变默认的栈大小。这会在下一个小节中完成。然而，这给我们带来另一个问题，我们是否要遵循基础的 R 哲学，没有副作用。在我们这里的设置中，如果我愿意违反这一点，我们可以改写上面的代码，使得 csout 是 ompcumsum() 的一个参数，而不是其返回值。只要我们实际的 csout 是一个顶层变量，也就是在命令行水平的变量，它不会储存在栈上，也就不会引起栈的问题。

11.5.2 让我们尝试一下！

我在一个 C shell 中运行这个代码，首先设置了一个很大的栈空间，40 亿字节，来计算长度为 5 亿的数据的累加和：

```
% limit stacksize 4000m
```

在 bash shell 中，我会使用 ulimit，比如

```
% ulimit -s 4000000
```

或者，在任何系统上，我可以将栈的大小作为 gcc 的一个参数。

在本书前言中提到的 16 核机器上，我尝试了从 2 到 16，相隔 2 的不同核数。为了减少抽样误差，我在每个核心数上运行了三次。结果展示在图 11.1 中。

对这个规模的样本，增加核心数到 8 还会有加速，之后就没有提高了。

通过比较，R 自身的 `cumsum()` 在三次运行中的中位数时间是 10.553。可见，即使是两个核的加速都要远大于 2，这也反映出我们仅在 C++ 层级上工作。

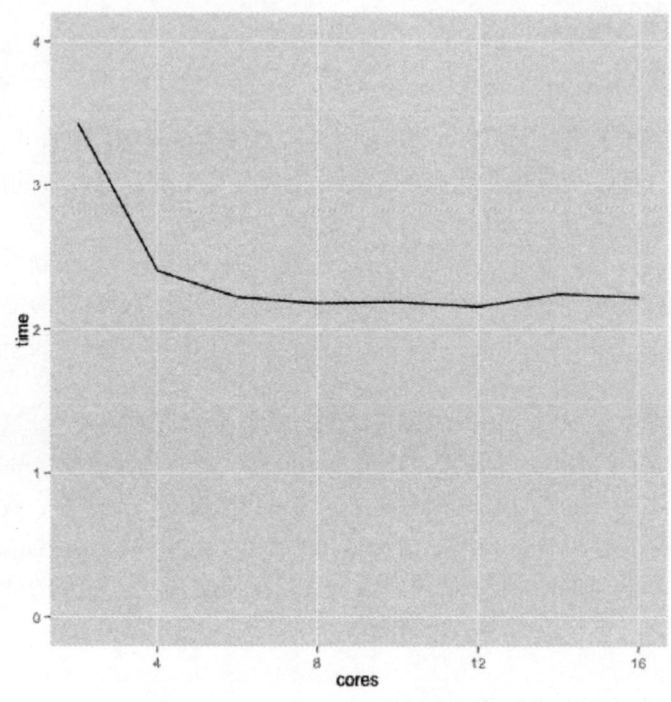

图 11.1 OpenMP 累加和运行时间

11.6 示例：移动平均

移动平均 定义如下。给定输入 $x_1, \cdots, x_n$ 和窗口跨度 w，输出 $a_w, \cdots, a_n$，其中

$$a_i = \frac{x_{i-w+1} + \cdots + x_i}{w} \tag{11.19}$$

目的在于解答这样一个问题，在时间点 i，“最近的趋势如何？”，其中 $i = w, \cdots, n$。

11.6.1 Rth 代码

Rth 包含了函数 rthma()，使用从 Thrust 示例中改进的算法来并行计算移动平均。这里是 rthma.cpp 中的 C++ 代码：

```
// Thrust 中移动平均示例的 Rth 接口
// 参见 github.com/thrust/thrust/blob/master/examples/ 中的
// simple_moving_average.cu 文件

// 从 Thrust 示例文档中修改而来的 C++ 代码

#include <thrust/device_vector.h>
#include <thrust/scan.h>
#include <thrust/transform.h>
#include <thrust/functional.h>
#include <thrust/sequence.h>
#include <Rcpp.h>  // Rcpp includes
#include "backend.h"  // from Rth

// 更新函数，用于从前一个结果中计算当前的移动平均
struct minus_and_divide :
    public thrust::binary_function<double, double, double>
{
    double w;
    minus_and_divide(double w) : w(w) {}
    __host__ __device__
    double operator()(const double& a, const double& b) const
    {return (a - b) / w;}
};

// 计算 x 中窗宽 w 的移动平均
```

```
27  // SEXP （S 表达式）是 R 中用于内部存储的结构名称
28  RcppExport SEXP rthma(SEXP x, SEXP w, SEXP nthreads)
29  {
30      Rcpp::NumericVector xa(x);  // 转换成 C++ 矩阵
31      int wa = INTEGER(w)[0];  // 把这个 SEXP 转换成 int
32  
33      #if RTH_OMP
34      omp_set_num_threads(INT(nthreads));
35      #elif RTH_TBB
36      tbb::task_scheduler_init init(INT(nthreads));
37      #endif
38  
39      // 设置 device 向量并将 xa 拷贝到其中
40      thrust::device_vector<double> dx(xa.begin(), xa.end());
41  
42      int xas = xa.size();
43      if (xas < wa)
44          return 0;
45  
46      // 在 device 上为累加和分配空间，并进行计算
47      thrust::device_vector<double> csums(xa.size() + 1);
48      thrust::exclusive_scan(dx.begin(), dx.end(), csums.begin());
49      // 在结尾处需要另一个加和
50      csums[xas] = xa[xas-1] + csums[xas-1];
51  
52      // 从累加和中计算移动平均
53      Rcpp::NumericVector xb(xas - wa + 1);
54      thrust::transform(csums.begin() + wa, csums.end(),
55          csums.begin(), xb.begin(), minus_and_divide(double(wa)));
56  
57      return xb;
58  }
```

11.6.2 算法

再次使用 x_i 作为输入，其首先使用 Thrust 函数 exclusive_scan() 计算了累加和 c_i：

```
thrust::exclusive_scan(dx.begin(), dx.end(),
    csums.begin());
```

这里的 dx 包含了 x_i 在设备（GPU 或 OpenMP/TBB）上的一个拷贝，而 csums 会包含我们的累加和 c_i。

由于式 (11.19) 中的分子是

$$x_{i-w+1} + \cdots + x_i = c_i - c_{i-w} \tag{11.20}$$

我们只需要计算 $c_i - c_{i-w}$ 这些差值并除以 w。

我们可以使用 Thrust 中的 transform() 函数来完成这一切：

```
thrust::transform(csums.begin() + wa, csums.end(),
    csums.begin(), xb.begin(),
    minus_and_divide(double(wa)));
```

如其名字所暗示，transform() 使用一个或多个输入，使用用户指定的转换函数，再将结果写入输出向量中。你可以看到前两个参数首先是偏移了 w 的 c_i，之后是 c_i 本身。这个仿函数计算式 (11.20) 中的数值并除以 w：

```
1 struct minus_and_divide :
2     public thrust::binary_function<double,double,double>
3 {
4     double w;
5     minus_and_divide(double w) : w(w) {}
6     __host__ __device__
7     double operator()(const double& a, const double& b) const
8     {return (a - b) / w;}
9 };
```

11.6.3 性能

我在 16 核的机器上再次运行这些代码。由于这台机器支持超线程（见第 1.4.5.2 节），它可能会一直到 32 线程都带来加速。对于每个线程数，实验包括首先运行 R 扩展包 **caTools** 中的 `runmean()` 来作为一个运行时间的基准：

```
> n <- 1500000000
> x <- runif(n)
> system.time(runmean(x, 10))
   user  system elapsed
 39.326  15.925  55.334
```

之后使用不同的核数运行 `rthma()`。请注意我需要在 OpenMP 和 TBB 之间做个选择，首先选择了前者。请看图 11.2 中的结果。

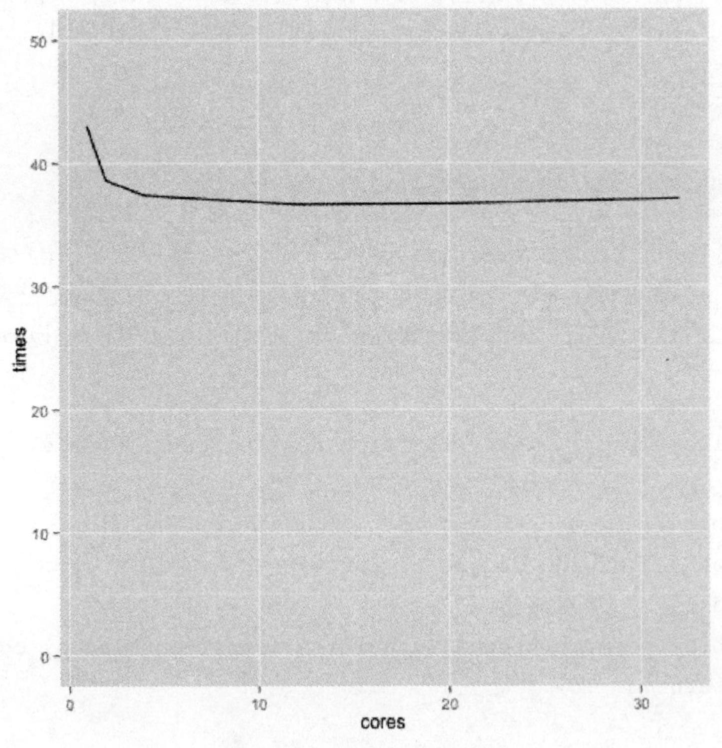

图 11.2 Rthma 运行时间

再次，相比于用 runmean()，由于我们使用了 C++，即使仅使用单核，我们也有了性能提升。

在到 12 个核之前，随着核数的增加，我们获得了小幅度的提升。之后就趋于平稳，可能和图 2.2 中所见的一些恶化有关。而更详细的研究需要在每个核心数下多次运行。

那 TBB 性能如何？使用 TBB 后台来运行 rthma()，并且允许 TBB 来为我们选择核心数，我得到了 34.233 秒的运行时间，比 OpenMP 的最好时间略好。

另外，我也在 GPU 上做了尝试。由于 GPU 的内存限制，测试用例要小一些。结果如下：

```
> n <- 250000000; x <- runif(n);
> system.time(runmean(x, 10))
  user  system elapsed
 6.972   3.440  10.449
> system.time(.Call("rthma", x, as.integer(10), as.integer(-1)))
  user  system elapsed
 2.628   0.724   3.583
```

这有大约三倍的加速，非常好，尽管和 GPU 众多的核心数不相符。通信代价可能是非常大的一个影响因素。

11.6.4 使用 Lambda 函数

如果你有一个支持 C++11 中 *lambda* 函数的编译器，这会让你使用 Thrust、TBB 或其他使用仿函数的库时更加容易。让我们看一下如何在 C++ 函数 rthma() 中使用。

```
1 #include <thrust/device_vector.h>
2 #include <thrust/scan.h>
3 #include <thrust/transform.h>
4 #include <thrust/functional.h>
5 #include <thrust/sequence.h>
6 #include <Rcpp.h>
7 #include "backend.h"  // from Rth
```

```
// 结构体 minus_and_divide 现在已经被删除

RcppExport SEXP rthma(SEXP x, SEXP w, SEXP nthreads)
{
   Rcpp::NumericVector xa(x);
   int wa = INTEGER(w)[0];
   #if RTH_OMP
   omp_set_num_threads(INT(nthreads));
   #elif RTH_TBB
   tbb::task_scheduler_init init(INT(nthreads));
   #endif
   thrust::device_vector<double> dx(xa.begin(), xa.end());
   int xas = xa.size();
   if (xas < wa) return 0;
   thrust::device_vector<double> csums(xa.size() + 1);
   thrust::exclusive_scan(dx.begin(), dx.end(), csums.begin());
   csums[xas] = xa[xas-1] + csums[xas-1];
   Rcpp::NumericVector xb(xas - wa + 1);

   // 改变后的代码
   thrust::transform(csums.begin() + wa, csums.end(),
      csums.begin(), xb.begin(),
      // lambda 函数
      [=] (double& a, double& b) {return((a - b) / wa);});

   return xb;
}
```

在这一行里

```
[=] (double& a, double& b) {return((a-b)/wa);});
```

我们生成了一个函数对象，和我们在早先版本里在结构体中使用 operator()

的概念一样。但这次我们作为 `thrust::transform()` 的参数就地生成了这个对象。这和 R 中的匿名函数类似。细节如下：

- `[=]` 中的括号告诉编译器一个函数对象即将开始。（这里的 `=` 符号会稍后讲解。）
- 函数 `rthma()` 中的局部变量 `wa` 被认为是 lambda 函数的“全局”变量，因此不用作为一个参数传递给该函数就可以使用 `wa`（这和 R 中非常相似）。我们说 `wa` 被该函数所捕获。

  `=` 表示我们希望通过传值来使用 `wa`，仅仅使用其数值，而不是引用指向它的指针。如果是后面的情形（从而可以改变其指向的对象），我们要使用 `&` 而不是 `=`。
- 这里的 `a` 和 `b` 都是普通参数。

所有这一切都比使用仿函数要清晰整洁！

顺便一提，在使用 `g++` 进行编译时，需要添加 `-std=c++11` 编译选项来使用 `lambda` 函数。

第 12 章 并行矩阵运算

矩阵是 R 语言中的核心类型，以至于有一本名为 *Hands-on Matrix Algebra Using R*(Hrishikesh Vinod, World Scientific, 2011) 的书。在近些年中，矩阵的应用范围被大大扩张，从回归分析和主成分分析的传统领域，到图像处理和社交网络中的随机图分析。

在现代应用中，矩阵经常非常巨大，数万行甚至更大的矩阵也都很常见。因此对于并行矩阵算法的需求也非常巨大，这也是本章的主题。

R 程序员可以使用很多并行矩阵软件。对于 GPU 来说，有 R 扩展包 **gputools**、**gmatrix**（这个非常值得注意，因为它允许我们遵循第 2.5.2 节中"把它留在原地"的原则）、**MAGMA** 等。而且，越来越多基于 GPU 的函数库被开发出来。这个请参考 **PLASMA** 和 **HiPLAR**，以及 **pdbDMAT**。

这个章节不可能完全覆盖 R 中并行线性代数的所有内容。而且，在一些特殊的情形下，这些函数库也不能满足我们的需要。因此，我们主要通过使用函数库中的示例来讲解基本的通用原则。对函数库的选择主要依赖于安装和使用是否容易。

12.1 平铺矩阵

很显然，并行处理依赖于找到一个将任务分块的方法来完成。在矩阵算法中，这通常是通过将矩阵分块的方法来完成，这一般被称为平铺操作。

比如说，令

$$\boldsymbol{A} = \begin{pmatrix} 1 & 5 & 12 \\ 0 & 3 & 6 \\ 4 & 8 & 2 \end{pmatrix} \tag{12.1}$$

和

$$\boldsymbol{B}=\begin{pmatrix}0&2&5\\0&9&10\\1&1&2\end{pmatrix}\tag{12.2}$$

所以

$$\boldsymbol{C}=\boldsymbol{A}\boldsymbol{B}=\begin{pmatrix}12&59&79\\6&33&42\\2&82&104\end{pmatrix}\tag{12.3}$$

我们可以将 $\boldsymbol{A}$ 分块为

$$\boldsymbol{A}=\begin{pmatrix}\boldsymbol{A}_{11}&\boldsymbol{A}_{12}\\\boldsymbol{A}_{21}&\boldsymbol{A}_{22}\end{pmatrix}\tag{12.4}$$

其中

$$\boldsymbol{A}_{11}=\begin{pmatrix}1&5\\0&3\end{pmatrix}\tag{12.5}$$

$$\boldsymbol{A}_{12}=\begin{pmatrix}12\\6\end{pmatrix}\tag{12.6}$$

$$\boldsymbol{A}_{21}=\begin{pmatrix}4&8\end{pmatrix}\tag{12.7}$$

和

$$\boldsymbol{A}_{22}=\begin{pmatrix}2\end{pmatrix}\tag{12.8}$$

类似地，我们可以将 $\boldsymbol{B}$ 和 $\boldsymbol{C}$ 分成与 $\boldsymbol{A}$ 大小兼容的块（我们稍后会解释“兼容”），

$$\boldsymbol{B}=\begin{pmatrix}\boldsymbol{B}_{11}&\boldsymbol{B}_{12}\\\boldsymbol{B}_{21}&\boldsymbol{B}_{22}\end{pmatrix}\tag{12.9}$$

和

$$C = \begin{pmatrix} C_{11} & C_{12} \\ C_{21} & C_{22} \end{pmatrix} \tag{12.10}$$

其中

$$B_{21} = \begin{pmatrix} 1 & 1 \end{pmatrix} \tag{12.11}$$

这里的关键在于，如果我们假装子矩阵是数字，相乘仍然可行！矩阵 $\boldsymbol{A}$、$\boldsymbol{B}$、$\boldsymbol{C}$ 被认为大小为 "2×2"，这样的话，我们可以得到

$$\boldsymbol{C}_{11} = \boldsymbol{A}_{11}\boldsymbol{B}_{11} + \boldsymbol{A}_{12}\boldsymbol{B}_{21}, \tag{12.12}$$

（在表达式的右边，我们仍然将 $\boldsymbol{A}_{11}$ 作为矩阵处理，尽管我们假设其是数字来得到了这个等式。）

读者可以验证这里的矩阵计算是成立的，比如右边的计算结果真的可以得到和 $\boldsymbol{C}_{11}$ 相等的矩阵。读者也会看到所需要的兼容性，比如 $\boldsymbol{B}_{11}$ 的行数必须和 $\boldsymbol{A}_{11}$ 的列数相等。

12.2 示例：snowdoop 方法

假设我们想计算矩阵乘积 $\boldsymbol{AB}$。在 Snowdoop 的语境中，乘数 $\boldsymbol{A}$ 会被分块储存在多个节点上。另外一个情形是用户希望使用 GPU，但 $\boldsymbol{A}$ 太大以至于无法放进 GPU 的内存。在这种情形下，我们也会希望分块处理 $\boldsymbol{A}$。这是平铺的一种特殊情形。这里我们会看到如何处理这个问题，使用 GPU 的情形来说明。

考虑乘积 $\boldsymbol{Ax}$ 的计算，其中 $\boldsymbol{A}$ 是一个矩阵，而 $\boldsymbol{x}$ 是一个可相乘的矩阵。假设 $\boldsymbol{A}$ 太大以至于无法放进我们的 GPU。我们的策略很简单：将 $\boldsymbol{A}$ 按行分成块，用 $\boldsymbol{x}$ 与 $\boldsymbol{A}$ 的分块相乘，将结果连接起来就得到了 $\boldsymbol{Ax}$，正如我们在第 1.4.4 节中所做的。代码也非常简单，以 **gputools**（第 6.7.1 节）为例:

```
1  # GPUTiling.R
2  biggpuax <- function(a, x, ntiles)
3  {
4     require(parallel)
5     require(gputools)
```

```
6       nrx <- nrow(a)
7       y <- vector(length = nrx)
8       tilesize <- floor(nrx / ntiles)
9       for (i in 1:ntiles) {
10          tilebegin <- (i - 1) * tilesize + 1
11          tileend <- i * tilesize
12          if (i == ntiles) tileend <- nrx
13          tile <- tilebegin:tileend
14          y[tile] <- gpuMatMult(a[tile, , drop = FALSE], x)
15      }
16      y
17  }
```

请注意，在这个（单）GPU 示例里，尽管每个平铺分开中是并行处理的，但分块之间仍然是串行的。而且，我们会遇到 CPU 和 GPU 之间的通信代价。这将阻碍我们对代码进行加速。

另一方面，如果我们有多个 GPU 或者有一个 Snowdoop 配置，这样的分块会有很大优势。

12.3 并行矩阵相乘

由于很多并行的矩阵算法依赖于矩阵相乘，一个核心问题就是如何通过把上一节的平铺方法一般化来并行这个操作。

由于矩阵相乘是“易并行”的，读者可能最初会觉得这很容易高效地实现。然而，我们下面会看到，在每一个平台上都会有严重的代价开销。

我们用 $\boldsymbol{AB}$ 表示想要得到的乘积。为了简便，我们假设进行相乘的矩阵是 $n \times n$。用 p 来表示“进程”数，比如共享内存系统中的线程或消息传递系统中的节点。

12.3.1 消息传递系统的矩阵相乘

第 1.4.4 节和第 12.2 节展示了如何使用 **snow** 来并行化矩阵与向量相乘，将矩阵按行分块，之后使用矩阵的平铺性质。矩阵与矩阵相乘的计算可以用同样的方法完成。但还存在更复杂的方法。

12.3.1.1 分布式存储

回想一下对文件进行分块的概念，比如在 Hadoop 分布式文件系统中。消息传递系统中的典型算法假设了乘积 $\boldsymbol{AB}$ 中的矩阵 $\boldsymbol{A}$ 和矩阵 $\boldsymbol{B}$ 分布式存储在集群的不同节点中，最后的乘积也会分布式存储。

除了前面的 MapReduce 设置，这样做还有几个原因：

- 对于这个应用，每个节点只处理 $\boldsymbol{A}$ 和 $\boldsymbol{B}$ 的一部分是非常自然的。
- 一个节点，比如节点 0，最初保存了 $\boldsymbol{A}$ 和 $\boldsymbol{B}$ 的所有内容，为了减少网络通信的时间，它只把矩阵的一部分发送给其他节点。
- 单个节点没有足够的内存来储存整个矩阵。

12.3.1.2 Fox 算法

为了简便起见，我们假设 $\sqrt{p}$ 可以被 n 整除，从而将每个矩阵平铺为 $\sqrt{p}\times\sqrt{p}$ 规模的分块。每个矩阵被分为 m 行和 m 列的分块，其中 $m=n/\sqrt{p}$。

我们考虑负责计算乘积 $\boldsymbol{C}$ 中的 (i,j) 块的节点，它会计算

$$\boldsymbol{C}_{i,j}=\boldsymbol{A}_{i,1}\boldsymbol{B}_{1,j}+\boldsymbol{A}_{i,2}\boldsymbol{B}_{2,j}+\cdots+\boldsymbol{A}_{i,i}\boldsymbol{B}_{i,j}+\cdots+\boldsymbol{A}_{i,m}\boldsymbol{B}_{m,j} \tag{12.13}$$

在这里（仅仅这一节），由于代码使用取模操作，行和列的编号从 0 而不是 1 开始，会方便很多。现在将公式 (12.13) 重新排序，将 $A_{i,i}$ 放在最前：

$$\begin{aligned}\boldsymbol{A}_{i,i}\boldsymbol{B}_{i,j}+\boldsymbol{A}_{i,i+1}\boldsymbol{B}_{i+1,j}+\cdots+\boldsymbol{A}_{i,m-1}\boldsymbol{B}_{m-1,j}+\boldsymbol{A}_{i,0}\boldsymbol{B}_{0,j}+\boldsymbol{A}_{i,1}\boldsymbol{B}_{1,j}+\ldots\\+\boldsymbol{A}_{i,i-1}\boldsymbol{B}_{i-1,j}\end{aligned} \tag{12.14}$$

这个算法如下所述。负责计算 $\boldsymbol{C}_{i,j}$ 的节点进行如下操作（同时其他节点操作其自己的 i 和 j）：

```
iup  = i+1 mod m;
idown = i-1 mod m;
for (k = 0; k < m; k++) {
    km = (i+k) mod m;
    把(A[i, km]) 广播到处理 C 的第 i 行的所有节点
    C[i,j] = C[i, j] + A[i, km]*B[km, j]
```

```
    把 B[km, j] 发送给处理 C[idown, j] 的节点
    从处理 C[iup, j] 的节点接收 B[km+1 mod m, j]
}
```

主要想法就是让不同的计算节点之间不停地定时交换子矩阵，从而一个节点可以“及时”接收到其需要的子矩阵。

这个算法可以通过修改来适用不是方阵的情形。

12.3.1.3 开销问题

在使用集群的情形下，网络通信的常规开销是最主要的。

我们有很多机会来重叠计算和通信的时间，这也是解决通信问题的最好方法（请回想一下第 2.5 节中延迟隐藏的概念）。

很显然，这个算法最适合于我们将 PE（第 2.5.1.2 节）组成一个网状拓扑的情形，也就是每个 PE 都与其“北”、“南”、“东”、“西”节点相连，甚至是与一个 torus 网络相连。比如说，带有高级通信能力的 MPI 的广播操作，就可以利用网络拓扑。

12.3.2 多核机器上的矩阵相乘

由于矩阵相乘的线性形式由多层循环构成，OpenMP 中一个很自然的并行化方式就是通过 for pragma 语句。

```
// nrowsa A 中的行数
#pragma omp parallel for
for (i = 0; i < nrowsa; i++)
    for (j=0; j < ncolsb; j++){
        sum = 0;
        for (k = 0; k < ncolsa; k++)
            sum += a[i][k] * b[k][j];
        c[i][j] = sum ;
    }
}
```

这并行化了外层循环。我们用 p 代表线程数。由于循环中的每个 i 都处

理了 $\boldsymbol{A}$ 中的一行，我们这里将 $\boldsymbol{A}$ 按行分成了 p 份。一个线程会计算 $\boldsymbol{A}$ 中一行和整个 $\boldsymbol{B}$ 的乘积，得到了 $\boldsymbol{C}$ 中对应的一行。

请注意，根据我们在第 119 页的讨论，可以知道这些行并不一定是“分块”；$\boldsymbol{A}$ 中被分配给一个指定线程的行并不一定是连续的。我们稍后会再讨论这一点。

12.3.2.1 开销问题

首先，缓存效应必须被考虑（读者可能需要回顾一下第 2.3.1 节和第 5.8 节再继续）。假设我们在使用纯 C/C++ 工作，使用行主序储存。

在我们执行上面最内层的循环（k）时，我们实际上是在遍历 $\boldsymbol{A}$ 的一行和 $\boldsymbol{B}$ 的一列。因此我们的代码可以有相当好的空间特性。R 显然使用的是列主序存储。

更进一步，如上所说，给定线程处理的行可能不是连续的，从而更严重地影响了空间局限性。我们希望避免这个，比如，使用第 5.3 节中的参数分块。

我们不可能在所有地方得到良好的局部性，所以我们可能就保持不变了，但还有其他考虑。一个问题是任务粒度。正如在第 5.3 节中所讨论的，任务规模太大的话，我们在计算的最后会有很差的复杂均衡。如果只对 $\boldsymbol{A}$ 进行平铺，设置足够小的任务规模会比较难。

所以，高效的共享内存软件会同样并行化上面的 $\boldsymbol{A}$ 和 $\boldsymbol{C}$ 的列，所以我们不仅可以并行化 i 循环，也可以并行化 j 循环。在 OpenMP 中，我们可以使用 collapse 语句。比如，

```
#pragma omp for collapse(2)
```

意味着，“并行化后面的 2 个嵌套循环”。

还有另一个问题——数据对象对齐问题。当然，你不希望用没对齐的数据，对吧？但很严肃地说，这实际上是个大问题。

用 r 表示矩阵 $\boldsymbol{A}$ 在内存中开始的地址。如果 r 不是缓存块大小（比如 64 字节）的整数倍，那么 $\boldsymbol{A}$ 的起始就会在一个内存分块的中间。假设矩阵 $\boldsymbol{B}$ 也有一部分在这个块中。之后我们会遇到第 5.8 节中讨论的伪共享问题。这会是对性能的一个显著制约。我们可以让编译器来对齐对象，或者可以简单地在 $\boldsymbol{A}$ 的起始部分“填充”零来让 $\boldsymbol{A}$ 中“真正”的数据从 64 的整数倍地址开始。

你可以看到，好的并行计算有时会需要一些底层的调整。

12.3.3 GPU 上的矩阵相乘

我们再次考虑矩阵乘积 $\boldsymbol{AB}=\boldsymbol{C}$。考虑到 CUDA 在使用大量线程的时候工作得更好，一个很自然的选择就是让每个线程计算乘积 $\boldsymbol{C}$ 的一个元素，比如：

```
__global__ void matmul(float *a, float *b, float *c, int nrowsa,
    int ncolsa, int ncolsb)
{
    int k, i, j; float sum;
    // 这个线程会计算 c[i][j];
    // i 和 j 的值由线程和 block ID 决定（没有显示）
    sum = 0;
    for (k = 0; k < ncolsa; k++)
    // 将 a[i,k] * b[k,j] 加到 sum 上
        sum += a[i*ncolsa + k] * b[k*ncolsb + j];
    // 对 c[i,j] 进行赋值
    c[i*ncolsb + j] = sum;
}
```

这应该有一个很好的加速。但我们可以做的好很多，后面会进行讨论。

12.3.3.1 开销问题

在 GPU 上，内存是主要问题。首先，如果需要进行相乘的矩阵还没有在“设备”（也就是 GPU 内存）中，它们必须被拷贝过去，这就会引发延迟。

其次，很大的矩阵可能无法放进 GPU 内存中。这种情形下，我们必须采取第 12.2 节中的平铺方法（包括 GPU 计算中进行的平铺操作），这意味着我们会遇到多次数据拷贝开销。

另一个问题是跨度（第 3.11 节）。多核机器和 GPU 上编程的一个重要区别在于，后者有详细的硬件结构信息，比如 GPU 内存分页因子。在我们调整算法以得到最好性能的时候，希望设计一个可以让所有分块都处于忙碌状态的跨度。

最后，是 GPU 的共享内存问题。再次强调这个名字有些让人误解；这个

内存实际上是程序员控制的缓存[1]。为了利用共享内存的速度，程序员必须编写代码将数据从 GPU 全局内存拷贝到共享内存中。

比如，这里摘录自 Richard Edgar 教授一个讲座中的矩阵相乘代码[2]：

```
for(int a = aBegin, b = bBegin; a <= aEnd; a+= aStep, b+= bStep){
   // 子矩阵的共享内存
   __shared__ float As[BLOCK_SIZE][BLOCK_SIZE];
   __shared__ float Bs[BLOCK_SIZE][BLOCK_SIZE];
   // 将矩阵从全局内存载入共享内存
   // 每个线程会载入每个子矩阵的一个元素
   As[ty][tx] = A[a + (dc_wA * ty) + tx];
   Bs[ty][tx] = B[b + (dc_wB * ty) + tx];
}
```

这里的 A 和 B 在 GPU 的全局内存中，我们将其分块拷贝到共享内存数组 As 和 Bs 中。由于这段代码被设计成 As 和 Bs 会在执行阶段被频繁地使用，接受拷贝数据的延迟从而使用快速的共享内存是值得的。

幸运的是，CUBLAS 库的作者已经替读者完成了这一切。他们编写了非常好的手动优化代码来提高性能，比如重复使用 GPU 共享内存等等。

12.4 BLAS 函数库

在任何有关高性能矩阵操作的讨论中，第一个问题就是，“你在用哪个 BLAS？”

12.4.1 概述

BLAS 是 Basic Linear Algebra Subprograms 的首字母缩写，它是一个用于低级的矩阵操作（比如矩阵相加和相乘）的函数库。后面会讲到，存在很多不同的 BLAS 实现，所有实现都（不同程度地）专门优化了缓存行为来得到很好的性能。

---

[1]内存在指定的 GPU block 中所有线程间共享。

[2]相同或类似的代码可以从英伟达 CUDA 示例网站上找到。

R 使用的是 “标准” BLAS，也是就是 CBLAS，这是 Ubuntu Linux 的标配。然而，用户可以从源代码编译 R 来使用用户自己最喜欢的 BLAS，也可以每次运行 R 的时候动态选择 BLAS。

因此，即使是普通的线性计算，比如 R 的%*% 操作符，矩阵操作的速度根据你 R 所使用的 BLAS 实现不同，会有很大的不同。

在并行计算的语境里，特别值得注意的一个 BLAS 版本是 OpenBLAS，一个可以在多核机器上得到性能提升的多线程版本，即使串行代码中也会有很大的性能提高。第 12.5 节中我们会更详细地讨论。

请注意，还有一个 CUBLAS，这是英伟达为其 GPU 平台特制的一个 BLAS。很多 R 扩展包，比如 **gputools** 和 **gmatrix**，利用了这个函数库，当然，你可以编写自己的专用 R 接口，比如通过 **Rcpp** 来从 R 中使用它。

对于消息传递系统（集群或多核），还有设计用于运行在 MPI 之上的 PBLAS。**MAGMA** 函数库，以及其 R 接口 **magma**，后者的目标是在异构平台上得到好性能，也就是拥有 GPU 的多核系统。

BLAS 库同时构成了很多更高级矩阵库的基础，比如矩阵求逆和特征值计算。LAPACK 是一个广泛使用的用于此应用的函数库。类似地，还有基于 PBLAS 的 ScaLAPACK。

12.5 示例：OpenBLAS 的性能

OpenBLAS 是一个相对新的项目，它是已经停止的 GotoBLAS 项目的继续。现在其长期前途还不确定，但看起来非常有潜力。

为了下面的计时测试，我仅仅从默认到 BLAS 切换到了 OpenBLAS。这需要一些文件权限的设定，由于我在一台自己没有 root 权限的机器上工作，因此把自己的 R 拷贝安装在 `/home/matloff/MyR311` 目录中（我需要使用-`with-shared-blas` 来编译 R）。我也下载和编译了 OpenBLAS，将其安装在 `/home/matloff/MyOpenBLAS`。之后我们需要把 R 的标准 BLAS 库通过一个符号链接替换掉，如下所示。

我进入 `/home/matloff/MyR311/lib/R/lib` 目录，之后进行如下操作：

```
$ mv libRblas.so libRblas.so.SAVE
$ ln -s /home/matloff/MyOpenBLAS/lib/libopenblas.so \\
   libRblas.so
```

所以，现在无论我什么时候运行 R，它都会载入 OpenBLAS 而不是默认的 BLAS。

OpenBLAS 是一个多线程应用。它没有使用 OpenMP 来管理线程，但它允许我们使用 OpenMP 的环境向量来设置线程数，比如在 bash shell 中，

```
$ export OMP_NUM_THREADS=2
```

如果线程数没有设置，OpenBLAS 会使用所有可以用的核 [3]。请注意，这可能不是最优的选择，我们后面会看到这一点。

有一点非常重要，这就是所有我需要做的设置。从现在开始，如果我想并行地计算矩阵乘积 $\boldsymbol{AB}$，我只需要使用普通的 R 语法：

```
> c <- a %*% b
```

我使用了前言中提到的 16 核机器，分别使用了 $1, 2, 4, 6, 8, 10, 12, 14$ 和 16 个核来对一个 5000×5000 的随机矩阵进行平方操作。让我们看一下图 12.1 中的计时结果。尽管这里的抽样方差不小，我们需要多次运行来得到一个更平滑的图，但这个结果非常清晰：直到六个核，我们得到了线性加速（核心数翻倍让运行时间基本减半），之后加速就慢慢消失了，如果还有加速的话。

需要注意，众多的多核系统在核心组中资源如何分配上并不相同。比如说，可能会有不止一个内核进行共享缓存。对于给定的应用和硬件平台，很难预测 “加速消失” 会在什么时候发生。

数值算法的性能不仅仅和速度有关，我们也必须考虑精度。OpenBLAS 不仅通过使用多核来加速，同时对代码进行很多调整，来达到相当程度的优化。读者可以这样想象，一个开发团队对速度如此痴迷，以至于在数值精度上可能做出些牺牲。因此后者是非常值得关注的话题。

我对这个问题进行了一个简单的实验。我使用下面的代码生成了一个 $p \times p$ 的相关矩阵，其中所有变量之间相关系数为 ρ

```
covrho <- function(p, rho) {
   m <- diag(p)
   m[row(m) != col(m)] <- rho
   m
}
```

[3]如果机器支持超线程（第 1.4.5.2 节），“核心” 数是物理核心数和超线程程度的乘积。

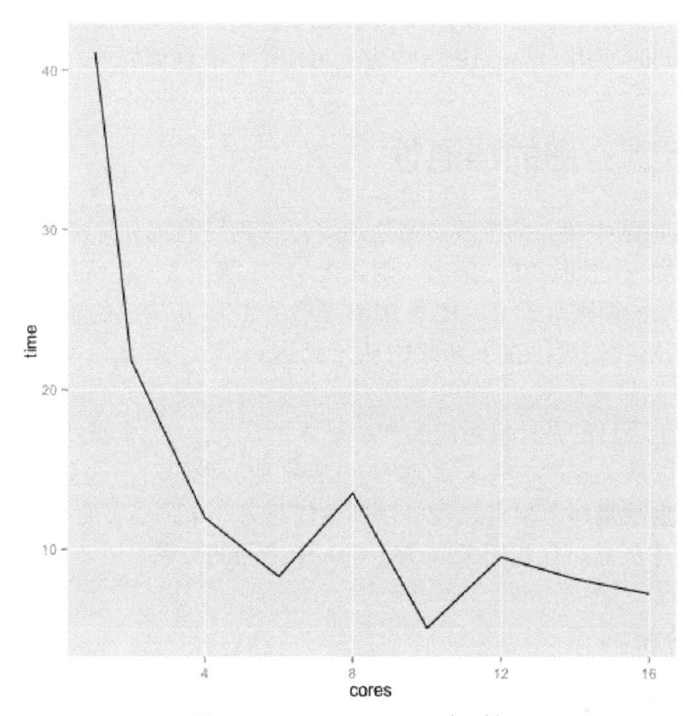

图 12.1 OpenBLAS 运行时间

这里选择的应用是使用 R 的 `eigen()` 函数来进行特征值计算。我在一台有 2 个超线程的 16 核的机器上运行这段代码，没有指定使用的线程数，所以 OpenBLAS 会使用 32 个线程。

首先，关注另一个计时结果：使用 $p = 2500$ 和 $\rho = 0.95$，OpenBLAS 很明显地击败了 R 自带的 BLAS，OpenBLAS 用时 12.101 秒，R 自带的 BLAS 用时 57.407 秒。现在，为了精确测试：根据我博客 Mad (Data) Scientist 上一个读者的建议，我首先设置了一个 R 参数来在输出中显示 20 位小数：

```
options(digits = 20)
```

使用原始的 R，主特征值是 2375.0500000000147338，而 OpenBLAS 的结果是 2375.049999999991087。二者相差在 10^{-14} 左右，这对于这样一个病态矩阵[4]来说相当好了。当然，我们并不知道哪个计算的特征值和“真”值更接近。

[4]这意味着矩阵中的细小变化会引起输出的巨大变化，这里是主特征值。这种情形下，舍入误差可能会是个很严重的问题。

无需多说，如果你正在使用 OpenBLAS，而且也已经使用了机器上的所有核，如果同时使用 OpenMP 等内容，可能不会有任何好处。

12.6 示例：图的连通性

用 n 表示图中顶点的个数。与之前类似，我们定义 $n \times n$ 的邻接矩阵$\boldsymbol{A}$，如果顶点 i 和 j 之间存在一条边，则元素 (i, j) 等于 1（也就是说顶点 i 和 j 是"邻接的"），否则等于 0。$\boldsymbol{R}^{(k)}$ 用于表示由 1 和 0 构成的矩阵，其中元素 (i, j) 为 1 表示我们可以在 k 步之内从 j 到达 i（请注意 k 只是一个上标，不是指数）。

我们的主要目的是计算对应的可达矩阵，其 (i, j) 元素是 1 或 0，取决于我们是否可以从 i 经过一些步骤到达 j。特别地，我们对于这个图是否是**连通的**感兴趣，也就是每个顶点是否可以到达任意另一个顶点，有且只有 R 全部由 1 构成时才成立。让我们考虑 $\boldsymbol{R}^{(k)}$ 和 $\boldsymbol{R}$ 之间的关系。

12.6.1 分析

首先，请注意

$$\boldsymbol{R} = b\left(\sum_{k=1}^{n-1} \boldsymbol{R}^{(k)}\right) \tag{12.15}$$

其中 `b()` 进行了一个布尔操作，将非零的数字变成 1，0 仍然是 0。

所以，如果我们计算了所有的 $\boldsymbol{R}^{(k)}$，就得到了 $\boldsymbol{R}$。但我们可以使用一个技巧来避免计算全部。

为了理解这一点，我们假设从顶点 8 到顶点 3 之间存在一条 16 步的路径。如果图是有向的，这就意味着 $\boldsymbol{A}$ 不是对称的，那可能就不存在从顶点 3 出发最终回到这个顶点的路径。如果这样，那么

$$\boldsymbol{R}_{83}^{(16)} = 1 \tag{12.16}$$

但是

$$\boldsymbol{R}_{83}^{(k)} = 0, k > 16 \tag{12.17}$$

所以说我似乎仍然需要计算所有的 $\boldsymbol{R}^{(k)}$。但我们其实可以通过在图中做一点调整来避免这一切：在每个顶点与其自身之间添加一条认为的"边"。从矩阵上来讲，就是将 $\boldsymbol{A}$ 的对角线设置为 1。

现在，在上面的示例中，我们可以得到

$$\boldsymbol{R}_{83}^{(k)} = 1,\ k \geqslant 16 \tag{12.18}$$

因为，在第 16 步之后，我们可以从顶点 3 重复 $k-16$ 次回到其自身。

这给我们节省了大量的工作——我们只需要计算 $\boldsymbol{R}^{(n-1)}$。所以我们如何做？我们需要最后一个结论：

$$\boldsymbol{R}^{(k)} = b(\boldsymbol{A}^k) \tag{12.19}$$

为什么这个结论是对的？比如说，我们考虑经过两步从顶点 2 到 7。可能性如下：

- 从顶点 2 到顶点 1，之后从顶点 1 到顶点 7，或者
- 从顶点 2 到顶点 2，之后从顶点 2 到顶点 7，或者
- 从顶点 2 到顶点 3，之后从顶点 3 到顶点 7，或者
- ……

但这也就是说

$$\boldsymbol{R}_{27}^{(2)} = b(a_{21}a_{17} + a_{22}a_{27} + a_{23}a_{37} + \cdots) \tag{12.20}$$

关键点在于 `b()` 这里的参数是 $(\boldsymbol{A}^2)_{27}$，即式 (12.19) 所示。

所以，最初的图连通性问题被化简为一个矩阵求幂问题。我们只需要计算 $\boldsymbol{A}^{n-1}$（之后使用 `b()`）。

12.6.2 Log 技巧

更进一步，我们可以使用“log”技巧进一步减少计算。比如说我们想求矩阵 $\boldsymbol{B}$ 的 16 次幂。我们将其平方，得到 $\boldsymbol{B}^2$，之后再平方，得到 $\boldsymbol{B}^4$。再做两次平方分别得到 $\boldsymbol{B}^8$ 和 $\boldsymbol{B}^{16}$。这样只需要四次矩阵相乘计算，而不是 15 次。一般来说，对于 2^m 次幂，我们需要 m 步。

在图连通性设置中，我们需要求 $n-1$ 次幂，但我们可以减少到

$$2^{\lceil \log_2 n-1 \rceil} \tag{12.21}$$

次计算。

12.6.3 并行计算

任何矩阵相乘的并行工具都可以用于计算矩阵求幂，比如 OpenBLAS 或者 GPU。此外，我在 CRAN 上的 **matpow** 扩展包，下一小节中会有介绍，可以用于简化这一过程。

另外，本书的内部审阅者之一提出了下面这个问题：$\boldsymbol{A}$ 很有可能是可以对角化的，也就是可以找到一个矩阵 $\boldsymbol{C}$，使得

$$\boldsymbol{A} = \boldsymbol{C}^{-1}\boldsymbol{D}\boldsymbol{C} \tag{12.22}$$

其中 $\boldsymbol{D}$ 是一个对角矩阵，其元素是 $\boldsymbol{A}$ 的特征值（见附录 A）。那么

$$\boldsymbol{A}^k = \boldsymbol{C}^{-1}\boldsymbol{D}^k\boldsymbol{C} \tag{12.23}$$

矩阵 $\boldsymbol{D}^k$ 非常容易计算。所以如果可以找到一个计算矩阵特征值（同样会求出 $\boldsymbol{C}$）的并行方法，这也就是计算 $\boldsymbol{A}^k$ 的另一个并行方法。

然而，计算特征值并不是一个易并行问题。在图连通性应用中，我们需要精确结果，而不是近似。

事实上，计算特征值的一个方法其实是使用了矩阵求幂的。

12.6.4 matpow 扩展包

我和 Jack Norman 在 CRAN 上的矩阵求幂扩展包 **matpow**，为矩阵求幂提供了灵活方便的方法。

12.6.4.1 特性

matpow 扩展包在两个重要的方面非常灵活：

- 用户可以指定一个回调函数，从而在每次迭代结束时进行特定操作。比如，如果使用求幂方法来计算特征值，可以在每次迭代之后检查收敛性，在结果收敛时结束计算。
- 可以使用任何矩阵类/相乘类型——R 中内置的 `matrix` 类，GPU 相乘，等等。这意味着我们可以方便地并行化矩阵求幂计算。

12.7 线性系统求解

假设我们有一个由下面方程组成的系统

$$a_{i1}x_1 + \cdots + a_{i,n}x_n = b_i,\ i = 1, \cdots, n \tag{12.24}$$

其中 x_i 是需要求解的未知数。这种系统在数据科学中很常见，比如在线性回归分析、最大似然估计的计算中，等等。

如读者所知，这个系统可以很简洁地如下表示

$$\boldsymbol{Ax} = \boldsymbol{b} \tag{12.25}$$

其中 $\boldsymbol{A}$ 是 $n \times n$ 的矩阵，其中元素为 a_{ij}，$\boldsymbol{x}$ 和 $\boldsymbol{b}$ 是 $n \times 1$ 矩阵，其中元素为 b_i。

原则上讲，我们可以通过计算 $\boldsymbol{A}^{-1}\boldsymbol{b}$ 来得到 $\boldsymbol{x}$。然而，我们需要考虑，诸如数值精确度和我们的算法“易并行”（或不并行）的程度，等等。

12.7.1 经典解法：高斯消去法和 LU 分解

我们通过将列向量 $\boldsymbol{b}$ 附加在 $\boldsymbol{A}$ 的右侧来形成一个 $n \times (n+1)$ 的矩阵 $\boldsymbol{C} = (\boldsymbol{A}|\boldsymbol{b})$。之后我们用下面的最基本形式的串行伪代码来处理 $\boldsymbol{C}$ 的行

```
for ii = 1 to n
    divide row ii by c[ii][ii]
    for r = 1 to n, r != ii
        replace row r by row r - c[r][ii] times row ii
```

在上面伪代码的相除操作中，c_{ii} 可能是 0 ，或者接近 0。在这种情形下，会进行一个选择操作（伪代码里没有展示）：将这一行和下面一行进行交换。

这将 $\boldsymbol{C}$ 转换成化简后的行阶梯形矩阵，其中 $\boldsymbol{A}$ 现在是单位矩阵 $\boldsymbol{I}$，$\boldsymbol{b}$ 是解向量 $\boldsymbol{x}$。（如果我们进行了任何选择，我们必须将 $\boldsymbol{b}$ 重排回原来的顺序。）

一个很重要的变种是仅仅转换到行阶梯形矩阵。这意味着最后得到的 $\boldsymbol{C}$ 是上三角矩阵，对于所有的 $i > j$ 的元素 c_{ij} 都是 0，所有的对角线元素都是 1。这是伪代码：

```
for ii = 1 to n
    用 c[ii][ii] 去除第 ii 行
```

```
    for r = ii+1 to n // 如果 r = n - 1 则循环为空
        用第 r - c[r][ii] 行乘以第 ii 行来代替第 r 行
```

这对应了一组新的方程，

$$
\begin{aligned}
c_{11}x_1 + c_{22}x_2 + \cdots + c_{1,n}x_n &= b_1 \\
c_{22}x_2 + \ldots + c_{2,n}x_n &= b_2 \\
\ldots \\
c_{n,n}x_n &= b_n
\end{aligned}
$$

我们之后通过反向代回法得到 x_i：

```
x[n] = b[n] / c[n,n]
for i = n - 1 donwto 1
    x[i] =
        (b[i] - c[i][n-1]*x[n-1]-...-c[i][i+1]*x[i+1]) / c[i][i]
```

求解行阶梯形矩阵和著名的 LU 分解，将 $\boldsymbol{A}$ 分解为

$$\boldsymbol{A} = \boldsymbol{L}\boldsymbol{U}$$

其中 $\boldsymbol{L}$ 和 $\boldsymbol{U}$ 分别是下三角和上三角矩阵。读者可以通过反向代回法得到 $\boldsymbol{L}$ 和 $\boldsymbol{U}$ 的逆矩阵，之后得到

$$\boldsymbol{A}^{-1} = \boldsymbol{U}^{-1}\boldsymbol{L}^{-1} \tag{12.26}$$

现在，R 使用其 `solve()` 函数，（根据用户的选择）来求解 $\boldsymbol{A}\boldsymbol{x} = \boldsymbol{b}$ 或简单地求 $\boldsymbol{A}^{-1}$。

总而言之，行阶梯形矩阵形式会节省我们的一些工作，由于矩阵处于简化的行阶梯形的形式，我们不需要重复地处理矩阵的上半部分。

通过选择，两种形式的数值稳定性都很好。但并行性如何？由于我们可以将一些行分配到每个线程，这在行阶梯形矩阵形式中也很容易。但在行阶梯形矩阵形式中，随着时间，我们需要处理的行越来越少，这使得保持所有线程都忙碌变得很难。

12.7.2 Jacobi 算法

我们可以将式 (12.24) 重写为

$$x_i = \frac{1}{a_{ii}}[b_i - (a_{i1}x_1 + \cdots + a_{i,i-1}x_{i-1} + a_{i,i+1}x_{i+1} + \cdots + a_{i,n}x_n)],\ i = 0, 1, \cdots, n. \tag{12.27}$$

这暗示了一个很自然的迭代方法来求解这个等式：现在从我们的猜测开始，比如，对于所有的 i，$x_i = b$。在第 k 次迭代时，我们通过将第 k 次猜测的结果带入式 (12.27) 的右边，从而得到第 $k+1$ 次猜测。我们继续迭代，之后两次相邻猜测之后的差距小到我们可以认为已经收敛。

如果 $\boldsymbol{A}$ 的对角元素的绝对值比同行其他元素的绝对值的和大，这个算法可以保证收敛。但如果我们的猜测和 x 的真实值比较接近，这个方法应该可以成功。

最后一种情形有些不实际，但在数据科学中，我们有很多迭代算法需要在每次迭代中实现矩阵求逆（或等价计算），比如广义线性模型（R 中的 `glm()`），多参数的最大似然估计等。Jacobi 也可以用于在迭代之间更新逆矩阵。

12.7.2.1 并行化

并行化这个算法非常容易：给每个进程分配 $\boldsymbol{x} = (x_0, x_1, ..., x_{n-1})$ 的一部分。请注意这意味着每个进程必须保证其他进程在每次迭代时得到其更新值。

为了并行化这个算法，请注意式 (12.27) 中的矩阵项可以写成

$$\boldsymbol{x}^{(k+1)} = \boldsymbol{D}^{-1}(b - \boldsymbol{O}\boldsymbol{x}^{(k)}) \tag{12.28}$$

其中 $\boldsymbol{D}$ 是由 $\boldsymbol{A}$ 的对角元素构成的对角矩阵（所以其逆矩阵就是由这些元素的倒数构成的对角矩阵），$\boldsymbol{O}$ 是将 $\boldsymbol{A}$ 的对角元素替换成 0 的对角矩阵，$\boldsymbol{x}^{(i)}$ 是我们对 $\boldsymbol{x}$ 在第 i 次迭代中的猜测值。这将问题简化成了一个矩阵相乘问题，从而我们可以通过使用并行矩阵相乘的方法来并行化 Jacobi 算法。

12.7.3 示例：R/gputools 实现的 Jacobi 算法

这里是使用 **gputools** 的 R 代码：

```
1 jcb <- function(a,b,eps) {
2    n <- length(b)
3    d <- diag(a)  # 向量，不是矩阵
4    tmp <- diag(d)  # 向量，不是矩阵
```

```
5      o <- a - diag(d)
6      di <- 1/d
7      x <- b  # 初始猜测，也可以更好
8      repeat {
9          oldx <- x
10         tmp <- gpumatmult(o, x)
11         tmp <- b - tmp
12         x <- di * tmp  # 逐元素相乘
13         if (sum(abs(x-oldx)) < n * eps) return(x)
14     }
15 }
```

12.7.4 QR 分解

著名的 QR 分解将矩阵 $\boldsymbol{A}$ 分解为

$$\boldsymbol{A} = \boldsymbol{QR}$$

其中 $\boldsymbol{Q}$ 和 $\boldsymbol{R}$ 分别是正交矩阵和上三角矩阵（附录第 A.5 节）。由于其数值稳定性和串行速度，这是线性回归和特征值问题中的首选方法之一；根据所求值的不同，在一些问题中，比如高斯分解中，其复杂度是 $O(n^2)$ 而不是 $O(n^3)$。

然而，这个方法很难并行化。这个方法就是 **gputools** 中的 `gpuSolve()` 函数，可以类比 R 中的 `solve()`。

12.7.5 计时结果

R 的 `solve()` 函数，如前所述，使用了 LU 分解。计时实验中以 OpenBLAS 作为 BLAS 库，并使用了不同的线程数。为了进行比较，我们也用 R 内置的 BLAS 库运行了 `solve()`，以及 **gputools** 中的 `gpuSolve()`。这里使用的是前面提到的可以超线程的四核机器。

对于一个 4000×4000 的随机矩阵，结果如下：

平台	时间
built-in BLAS	107.408
GPU	78.061
OpenBLAS, 1 个线程	6.612
OpenBLAS, 2 个线程	3.593
OpenBLAS, 4 个线程	2.087
OpenBLAS, 6 个线程	2.493
OpenBLAS, 8 个线程	2.993

这相当意外！不仅仅是因为 OpenBLAS 在这里是明显的冠军，而且它也击败了 GPU。后者的确比默认的 R 要快，但仍然无法接近 OpenBLAS 的性能——甚至是单线程的性能。GPU 在易并行问题中是很有价值的，但在其他问题中想得到加速是非常难的。

速度和线程数之间的关系也同样很有趣。四线程过后，性能就开始下降了。这个规律在重复实验中也被证实了，这里没有展示。这其实并不让人感到惊讶，因为这台机器上实际只有四个核，尽管每个核可以有限的同时运行两个线程。为了证明这一点，我在支持 2 度超线程的 16 核的机器上同样运行了这些实验。同样地，在 16 核左右，性能就不再提高了。

12.8 稀疏矩阵

正如前面所提到的，在很多并行的线性代数处理程序中，矩阵可能非常大，甚至有上百万的行或列。然而，在很多情形下，矩阵的绝大部分由 0 构成。

这在数据科学应用中相当常见。一个很好的示例是*购物篮数据*。比如说我们有 n 次交易，每次消费者在供货商提供的 s 中消费一个或多个项目。输入文件中 n 条记录，每条记录都由购买的项目构成，每个项目在 1 到 s 范围之内，由一个 ID 标记。

在很多统计/机器学习方法中，我们可能想把这个数据转换成一个 $n \times s$ 矩阵，由 0 和 1 构成。i 行 j 列中的 1 意味着交易 i 中包括了项目 j。

如果每次交易平均有 v 个项目，那么矩阵中占 v/s 比例的元素是由 1 构成的。这个数字相当小，所以我们的矩阵确实相当*稀疏*。

为了节省内存，人们可以用压缩形式储存稀疏矩阵，只储存非零的元素。稀疏矩阵一般分两种。第一种，所有矩阵在同样的已知位置都是 0。比如三对

角矩阵中，仅有的非零元素要么在对角线上，要么在上下的子对角线上，其他的所有元素都是 0，比如

$$\begin{pmatrix} 2 & 0 & 0 & 0 & 0 \\ 1 & 1 & 8 & 0 & 0 \\ 0 & 1 & 5 & 8 & 0 \\ 0 & 0 & 0 & 8 & 8 \\ 0 & 0 & 0 & 3 & 5 \end{pmatrix} \tag{12.29}$$

处理这种矩阵的代码可以根据这一点来存取非零元素。

第二种稀疏矩阵中我们的代码要处理在不同的“随机”位置的非零元素，与购物篮示例相同。有很多方法被开发出来储存这种稀疏矩阵，比如压缩稀疏行（Compressed Sparse Row，CSR）格式我们会使用下面的 C 结构体，来表示一个 $m \times n$ 的矩阵 $\boldsymbol{A}$，其中有 k 个非零元素，

```
struct {
   int m,n;  // A 的行数和列数
   // A 中的非零元素，行主序
   float *avals;
   int *cols;  // avals[i] 被储存在 A 中的列 cols[i] 中; 长度是 k
   int *rowplaces;  // rowplaces[i] 是 A 中第 i 行的第一个非零
                    // 元素在 avals 中的索引 (但最后一个元素是 k
   )
}
```

由于这里在使用 C 语言表示矩阵，我们的行和列的索引会从 0 开始。

对于矩阵 (12.29)（如果我们没有特别指出是三对角矩阵，仅仅当作普通的稀疏矩阵）：

- `m, n`: 5,5
- `avals`: 2,1,1,8,1,5,8,8,8,3,5
- `cols`: 0,0,1,2,1,2,3,3,4,3,4
- `rowplaces`: 0,1,4,7,9,11

比如说，看一下 `rowplaces` 中的 4。它在该数组的第 2 个位置，所以这意味着 `avals` 中的第 4 个元素——第 3 个 1——是矩阵 $\boldsymbol{A}$ 中第 2 行的第 1 个非零元素。对照一下矩阵，你会发现确实如此。

对于矩阵 $\boldsymbol{A}$ 的并行操作也可以用常规方法完成，比如将 $\boldsymbol{A}$ 按行分块。需要注意，尽管可能会有负载均衡的问题，但也可以使用我们之前用过的方法来解决。

请注意，大型的稀疏矩阵可能并不需要并行计算，因为计算时间取决于非零元素的个数，这用串行代码可能也是可行的。另外，请记住，如果我们进行稀疏矩阵相乘，结果可能不是稀疏的，特别是连续相乘，比如矩阵求幂。

和往常一样，用户应该首先搜索好的矩阵库。比如 PSBLAS，这是一个运行在 MPI 之上的用于稀疏矩阵的 BLAS 版本。对于 GPU，可以使用 CUSP 库。

第 13 章 原生统计方法：子集方法

本书里一个反复出现的主题是，易并行问题是非常容易加速的，但其他问题就非常有挑战。很幸运的是，存在着将非易并行统计问题转化为等价或可以合理代替的易并行问题。

我将其称之为*软件炼金术*。本章会展示这些方法，主要集中介绍一个特定的方法——分块均值（Chunk Averaging，CA），同时也会简单介绍其他两种方法。

我们来定义一些记号。手边有一个“典型的长方形数据矩阵”对我们会很有帮助，其中 n 行代表 n 个观测，p 列代表 p 个变量。同时，假设我们在估计一个总体参数 θ，可能是一个向量。我们对整体数据集的估计由 $\hat{\theta}$ 表示，经常会称其为“完全估计量”。

13.1 分块均值

从 1999 年以来，不同作者对分块均值的特定形式进行了研究。这里展示的广义的形式来自我自己的研究，参见 *Software Alchemy: Turning Complex Statistical Computations into Embarrassingly-Parallel Ones*, Norman Matloff, `http://arxiv.org/abs/1409.5827`。

CA 相当简单：比如说 $\hat{\theta}$ 通过在我们的数据上使用函数 `g()` 生成。例如，`g()` 可以是 R 的 `glm()` 函数，来计算 logistic 回归中系数的估计。那么，CA 的计算步骤如下：

(a) 将数据按行分为 r 块。起初的 $k = n/r$ 个观测构成第一块，之后的 k 个观测构成第二块，以此类推。

(b) 对于每个分块使用 `g()`。

(c) 将步骤 (b) 中得到的 r 个结果取均值，从而得到我们对 θ 的 CA 估计量 $\tilde{\theta}$。

请注意一般情况下 `g()` 的结果是一个向量，所以我们在步骤 (c) 中是对向量取均值。

如果 n 不能被 r 整除，可以使用正比于分块大小的权重来取一个加权均值。特别地，以 n_i 表示分块 i 的大小，$\hat{\theta}_i$ 表示该分块上对 θ 的估计。则 CA 估计为

$$\tilde{\theta} = \sum_{i=1}^{r} \frac{n_i}{n} \hat{\theta}_i \tag{13.1}$$

这里假设了所有观测值均为独立同分布（i.i.d.）。那么分块中的数据也是独立同分布，所以我们也可以得到标准差，或者更一般的结果，估计的协方差矩阵。用 $\boldsymbol{V}_i$ 表示分块 i 的协方差矩阵（由 `g()` 的输出得到）。则 $\hat{\theta}$ 的协方差矩阵估计为

$$\sum_{i=1}^{r} (\frac{n_i}{n})^2 \boldsymbol{V}_i \tag{13.2}$$

和统计中的很多过程类似，这里有一个可以调整的参数：r，即分组的数目。

13.1.1 渐进等价

正如我们在这本书里看到的，分块是个久经考验的并行方案。但 CA 与众不同的是其统计学本质，其可靠性来自于 CA 估计量 $\tilde{\theta}$ 在统计上和完全估计量 $\hat{\theta}$ 是等价的。

可以很容易证明，如果数据是独立同分布的，而且完全估计量是渐进多元正态分布，那么 CA 方法也会生成一个渐进多元正态的估计量。并且**最重要**的是，分块估计量和原始估计量有相同的渐进协方差矩阵。

最后一点，由于步骤 (b) 是易并行的，这也就是暗示了 CA 方法的确使用了软件炼金术——将一个非易并行的问题转化为一个统计上等价的易并行问题。

13.1.2 $O(\cdot)$ 分析

假设计算 $\hat{\theta}$ 的复杂度为 $O(n^c)$，比如我们的相互外链示例（第 2.9 节）中的 $O(n^2)$。如果 r 个分块被并行处理，那么 CA 可以把一个 $O(n^c)$ 时间复杂度的问题简化为复杂度大约 $O(n^c/r^c)$ 的统计上等价的问题。然而一个基于 r 的线性加速只能将时间复杂度简化成 $O(n^c/r)$。

如果 $c>1$，那么 CA 中得到的加速就比线性加速大，这称为*超线性*。这是从一般并行处理领域转化而来的概念。这种情况发生时，由于缓存效应等原因，影响的程度通常很小。但在我们的统计学语境中，超线性是很常见的，而且影响非常大。

顺便一提，一个很类似的分析会指出 CA 即使在串行代码中也会有加速，也就是每次只处理一个分块。这时的处理时间为 $rO(\frac{n^c}{r^c})=O(\frac{n^c}{r^{c-1}})$。所以，当 $c>1$ 时，即使在单一处理器上，CA 也可能比完全估计量要快。

同时需要注意，即使在易并行问题中，CA 也是有益的。比如说，我们的函数 `g()` 是一个已有的软件包的一部分。即使底层的算法是易并行的，将其并行化也可能是一个需要仔细思考的过程。CA 这时给了我们一个快速而简单的方法来探索估计量的易并行本质。这会在第 13.1.4.3 节中展示。

对于一些应用，我们的加速可能会更不明显。正如在第 3.4.1 节中讨论的，线性（或者非线性但仍然有参的）回归模型会带来挑战。本节的后面我们会看到一个示例。

13.1.3 代码

CA 的代码是对式 (13.1) 和 (13.2) 的直观实现。我在 CRAN 上的 **partools** 包中也有 `ca()` 函数。

13.1.4 计时实验

让我们看一下在一些示例中的加速效果。

13.1.4.1 示例：分位数回归

这里我使用了 CRAN 上的 **quantreg** 扩展包来进行模拟实验。有 m 个符合 $U(0,1)$ 的独立同分布预测变量，响应变量如下生成

$$Y=X_1+\cdots+X_m+0.2U$$

其中 U 同样也符合 $U(0,1)$ 分布。样本量为 25000 和 50000，$m = 75$。实验中使用了本书前言中提到的最多 32 线程的机器。

图 13.1 中展示的结果非常富有启发性。我们得到了非常大的加速，特别是 $n = 50000$ 时，得到了超线性加速。当我们超过 16 核之后，似乎就没有更多的加速了，甚至可能有些下降。回顾一下这台机器有 16 个核，支持 2 度的超线程，因此有可能在 16 线程之后得到一些性能提升，但在这个应用里我们没有看到。

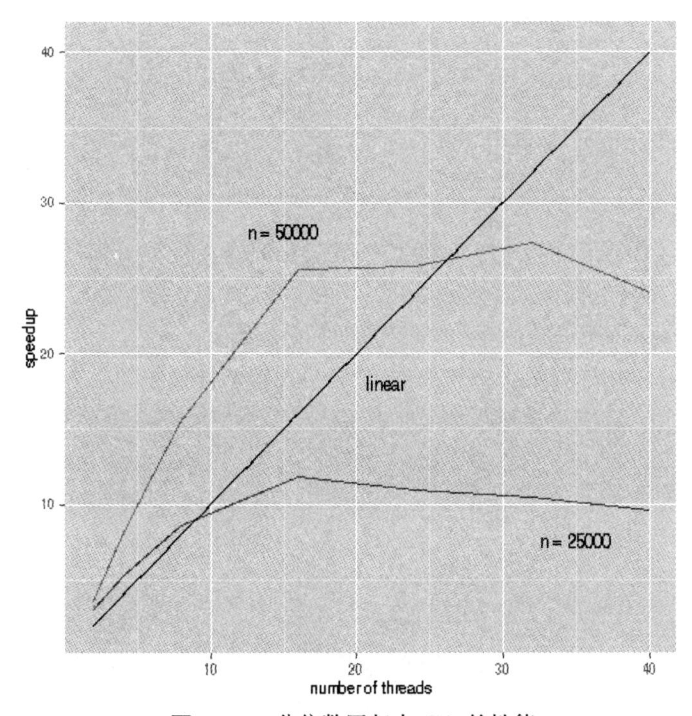

图 13.1 分位数回归中 CA 的性能

13.1.4.2 示例：logistic 模型

这里使用的数据集是来自加州大学欧文分校机器学习库的森林地面覆盖数据。这里我们有七种不同的地面覆盖类型，以及诸如“中午山坡影子”等协变量。我们的目标是根据协变量的观测值来预测地面覆盖。这里分析的子数据集中有 500000 个观测值。

计时实验包括了由前 10 个协变量来预测 Cover Type 1。这里是针对全部数据的代码和计时结果[1]：

```
> forest <- read.csv("covtype.data")
# 只关注 Type 1
> forest <- cbind(as.integer(forest[, 55] == 1), forest)
> forest <- as.matrix(forest)
> nrf <- nrow(forest)
> forest <- forest[sample(1:nrf, nrf, replace = F),]
> system.time(g1 <- glm(forest[, 1] ~ forest[,2:11], family =
    binomial)
   user   system   elapsed
 40.174    1.754    41.977
```

图 13.2 中展示了 41.977 秒的运行时间，以及 CA 方法在 16 核机器上使用 2, 4, 8, 12 和 16 线程相比较的结果。加速开始时是线性的，之后表现欠佳，但仍然不错，尤其是考虑到前面提到的种种因素。

但准确性如何？理论上讲 CA 估计量和完全估计量在统计上是等价的，但是渐进等价（这里应该注意，完全估计量自身也是基于渐进性的，因为 glm() 自身如此）。让我们看一下这里的结果如何。表 13.1 显示了使用不同核数时，对第一个预测变量的系数估计（1 个核同时也就是完全估计量）：

表 13.1 系数估计

核心数	$\hat{\beta}_1$
1	0.006424
2	0.006424
4	0.006424
8	0.006426
12	0.006427
16	0.006427

即使是最小的分块大小，结果也都惊人的相似。

[1]由于原始数据是有序的，这里进行了一个随机变换。

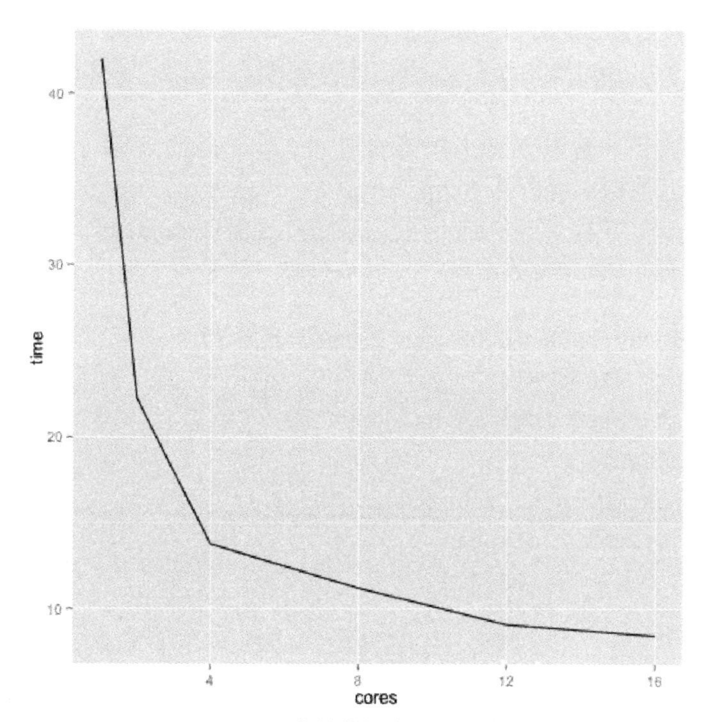

图 13.2 森林数据中 CA 的性能

13.1.4.3 示例：Hazard 函数估计

对于一个密度函数为 f，cdf 为 F 的连续分布，*hazard* 函数定义为

$$h(t) = \frac{f(t)}{1 - F(t)}$$

CRAN 上的 **muhaz** 扩展包对于截尾或非截尾数据计算 h 的非参估计。它提供了多种方法，包括这里的一种基于核函数的密度估计，使用局部的带宽估计。这些方法的细节超出了本书讨论的范畴，但我们可以考虑一个组距变化的直方图，每个分组的组距由该区域的密度函数所决定。抛开技术细节，关键点在于 (a) 有很多计算需要进行，(b) 这里的计算是易并行的（非截尾数据，也就是我们这里的情况）。

首先，读者可能想到，既然这个过程是易并行的，那么我们不需要 CA。CA 这个方法，事实上，是用于把一个非易并行的问题转化为易并行问题，所以我们为什么要在一个已经是易并行的问题上用它呢?

答案是为了方便。将 **muhaz** 扩展包重写为并行计算非常不方便。但相反，如果我们对 **muhaz** 使用 CA 方法，我们不需要重写就可以得到易并行的速度。

所以，让我们看一下其工作得如何。这里使用的是另一个著名的数据集，航班延迟数据，可以从 `http://stat-computing.org/dataexpo/2009/the-data.html` 获得。hazard 函数用于估计变量 `DepDelay`（departure delay，起飞延迟）。首先将数据集中的 NA 移除。这是完全估计量的结果：

```
1  > x <- read.csv("2008.500k.csv", header = T)
2  > depdelay <- x$DepDelay
3  > depdelay <- depdelay[!is.na(depdelay)]
4  > library(muhaz)
5  > system.time(mhout <- muhaz(depdelay))
6     user   system   elapsed
7    95.365    0.220    95.612
```

之后使用一个 8 节点的 CA 方法：

```
1  > library(parallel)
2  > cls <- makeCluster(8)
3  > clusterCall(cls, function() library(muhaz))
4   ...
5  > source("~/ChunkAveraging.R")
6  > system.time(
7  +   mhoutca <- ca(cls, depdelay,
8  +     ovf = function(zchunk) muhaz(zchunk)$haz.est[20],
9  +     estf = function(estoutchunk) estoutchunk)
10 + )
11     user   system   elapsed
12     0.244    0.020    14.418
```

这是相当不错的结果，我们几乎得到了七倍的加速。

13.1.5 非 i.i.d. 情形

如前所述，CA 方法的正确性由 $\tilde{\theta}$ 和 $\hat{\theta}$ 在统计上的等价性所保证。这一点来源于数据的独立同分布本质。那其他情况呢?

独立同分布假设对大部分统计方法都很重要。人们在每天的数据分析中很少考虑这个假设的意义，但对于 CA 方法，有一个很重要的原因来关注这一点：很多数据集中，数据的物理储存是有一定顺序的。

比如说，一个数据集中一个变量是性别，由 5000 名男性和 5000 名女性构成。数据文件可能被以某种方式储存，使得前 5000 个记录是男性，后 5000 个记录是女性。假设 $r = 2$，那么第一部分的分布就与第二部分不同，所以两部分并不是同分布的，CA 理论也就无法使用。

因此，如果分析师知道或怀疑数据的分布是有某种顺序的，他应该首先对这 n 个记录做一个随机排列。如果矩阵 x 包含了原始数据，那么可以运行下面这行

```
x <- x[sample(1:n, n, replace = FALSE), ]
```

13.2 Bag of Little Bootstraps 方法

Bag of Little Bootstraps（BLB），这个奇妙的方法在 A. Kleiner 等人的文献 [2]中有描述。据我所知，现在还没有实现 BLB 方法的公开代码，这里也会展示这个过程的概要（此处假设了读者对 *bootstrap* 方法比较熟悉）。

在 BLB 中，和 CA 方法一样，人们同样关注数据分块，但分块是随机挑选的。我们挑选了 s 个大小为 b 的分块。对于每个分块，我们使用标准的 bootstrap，（有放回地）抽取 r 个大小为 b 的样本。之后我们对所有分块取均值。和 CA 类似，作者证明了，对于独立同分布数据，BLB 产生的估计量和 $\hat{\theta}$ 是渐进等价的。

BLB 方法有三个可以调整的参数：b，s 和 r。上面的论文包含了如何选择这些参数的建议。

[2] A. Kleiner, A. Talwalkar, P. Sarkar, M.I. Jordan, A Scalable Bootstrap for Massive Data, *Journal of the Royal Statistical Society*, Series B, 2013.

13.3 变量子集

这里考虑一个回归分析或分类问题。我们可以考虑对预测变量取子集，也就是矩阵的列，而不是对观测值即数据矩阵的行取子集。这种形式被称为 *boosting*。

比如说有 50 个预测变量，我们希望通过 R 的 `glm()`，使用一个 logistic 回归模型来预测二元输出 Y。我们可以随机选择 k 对预测变量，对每对变量使用 `glm()`，而不是对全部 50 个预测变量调用一次 `glm()`，再使用其结果对于未来遇到的新数据来预测 Y 的值。之后对于未来的数据点，我们可以生成 k 个预测值，然后使用多数原则来预测新的 Y 值。比如说，如果 k 个对新 Y 的预测中多数是 1，那么我们的猜测就是 1。可以使用三个变量，或者更一般的 m 个预测变量来对每个小模型进行拟合，而不是一对变量。

这个方法的出发点是 Richard Bellman 的维度诅咒概念，这断言了在高维数据中，也就是有非常多的预测变量，预测会变得极端困难。我们通过整合低维中的预测来尝试规避这一点。

然而，在我们的语境中，我们可以将之前所述的 boosting 方法看作一个并行化我们操作的方法。比如，考虑一个有 p 个预测变量的线性回归分析。正如在第 3.4.1 节中讨论的，对于固定的样本量，需要的计算是 $O(p^3)$ 或 $O(p^2)$，这取决于使用的数值方法。时间复杂度是超过 p 的线性复杂度的，所以 boosting 可以省下计算时间。由于我们在易并行设置下同时拟合了 k 个模型，这也会为我们节省很多时间。

请注意，和 CA 以及 BLB 方法不同，boosting 方法无法产生一个统计上等价的估计量。但这确实给我们节省了时间（由于投票环节，或许也会减少过拟合的可能性）。

这个方法有两个可以调整的参数：k 和 m。

附录 A　回顾矩阵代数

本书假定读者已经上过（或者已经自学）线性代数的课程。本附录可作为基础矩阵代数的回顾，对于缺乏此背景知识的读者，也可以作为快速上手的资料。

A.1　术语和符号

矩阵是一个长方形的数字阵列。**向量**是仅含一行或一列的矩阵（**行向量**仅含一行，**列向量**仅含一列）。

"矩阵的元素 (i,j)" 这句话是指第 i 行、第 j 列的元素。

请记住下面的约定：

- 大写字母，如 $\boldsymbol{A}$、$\boldsymbol{X}$，用来表示矩阵和向量。
- 带下标的小写字母，如 $a_{2,15}$、x_8，用来表示它们的元素。
- 带下标的大写字母，如 $\boldsymbol{A}_{13}$，用来表示子矩阵和子向量。

如果 $\boldsymbol{A}$ 是一个**方阵**，即它的行数和列数都是 n，则它的**对角线**上的元素是 a_{ii}，其中 $i=1,\cdots,n$。

如果一个方阵，对所有的 $i>j$，都有 $a_{ij}=0$，则被称为**上三角矩阵**。相应的，我们也定义了**下三角矩阵**。

含有 n 个元素的向量 $\boldsymbol{X}$ 的**范数**（或**长度**）为：

$$\|\boldsymbol{X}\| = \sqrt{\sum_{i=1}^{n} x_i^2} \tag{A.1}$$

A.1.1 矩阵加法和乘法

- 对于行数和列数相同的两个矩阵，加法是逐元素定义的，如：

$$\begin{pmatrix}1 & 5\\0 & 3\\4 & 8\end{pmatrix}+\begin{pmatrix}6 & 2\\0 & 1\\4 & 0\end{pmatrix}=\begin{pmatrix}7 & 7\\0 & 4\\8 & 8\end{pmatrix} \tag{A.2}$$

- 矩阵与**标量**（即数字）的乘法，也是逐元素定义的，如：

$$0.4\begin{pmatrix}7 & 7\\0 & 4\\8 & 8\end{pmatrix}=\begin{pmatrix}2.8 & 2.8\\0 & 1.6\\3.2 & 3.2\end{pmatrix} \tag{A.3}$$

- 相同长度的向量 $\boldsymbol{X}$ 和 $\boldsymbol{Y}$，它们的**内积**或**点积**的定义为：

$$\sum_{k=1}^{n} x_k y_k \tag{A.4}$$

- 对矩阵 $\boldsymbol{A}$ 和 $\boldsymbol{B}$ 来说，如果 $\boldsymbol{B}$ 的行数等于 $\boldsymbol{A}$ 的列数（称 $\boldsymbol{A}$ 和 $\boldsymbol{B}$ **可相乘**），则可以定义 $\boldsymbol{A}$ 和 $\boldsymbol{B}$ 的乘积。此时，结果 $\boldsymbol{C}$ 的元素 (i,j) 被定义为：

$$\boldsymbol{C}_{ij}=\sum_{k=1}^{n} a_{ik}b_{kj} \tag{A.5}$$

例如：

$$\begin{pmatrix}7 & 6\\0 & 4\\8 & 8\end{pmatrix}\begin{pmatrix}1 & 6\\2 & 4\end{pmatrix}=\begin{pmatrix}19 & 66\\8 & 16\\24 & 80\end{pmatrix} \tag{A.6}$$

可以形象化地把 $\boldsymbol{C}_{ij}$ 理解为 $\boldsymbol{A}$ 的第 i 行与 $\boldsymbol{B}$ 的第 j 列的内积，参见下面的黑体：

$$\begin{pmatrix}\mathbf{7} & \mathbf{6}\\0 & 4\\8 & 8\end{pmatrix}\begin{pmatrix}\mathbf{1} & 6\\\mathbf{2} & 4\end{pmatrix}=\begin{pmatrix}\mathbf{19} & 66\\8 & 16\\24 & 80\end{pmatrix} \tag{A.7}$$

- 矩阵乘法满足结合律和分配率，但一般并不满足交换律：

$$\boldsymbol{A}(\boldsymbol{B}\boldsymbol{C})=(\boldsymbol{A}\boldsymbol{B})\boldsymbol{C} \tag{A.8}$$

$$\boldsymbol{A}(\boldsymbol{B}+\boldsymbol{C}) = \boldsymbol{AB}+\boldsymbol{AC} \tag{A.9}$$

$$\boldsymbol{AB} \neq \boldsymbol{BA} \tag{A.10}$$

A.2 矩阵转置

- 矩阵 $\boldsymbol{A}$ 的转置，记为 $\boldsymbol{A}'$ 或 $\boldsymbol{A}^{\mathrm{T}}$。它是将 $\boldsymbol{A}$ 的行和列进行交换所得，例如：

$$\begin{pmatrix} 7 & 70 \\ 8 & 16 \\ 8 & 80 \end{pmatrix}^{\mathrm{T}} = \begin{pmatrix} 7 & 8 & 8 \\ 70 & 16 & 80 \end{pmatrix} \tag{A.11}$$

- 如果 $\boldsymbol{A}+\boldsymbol{B}$ 存在，则

$$(\boldsymbol{A}+\boldsymbol{B})^{\mathrm{T}} = \boldsymbol{A}^{\mathrm{T}}+\boldsymbol{B}^{\mathrm{T}} \tag{A.12}$$

- 如果 $\boldsymbol{A}$ 和 $\boldsymbol{B}$ 可相乘，则

$$(\boldsymbol{AB})^{\mathrm{T}} = \boldsymbol{B}^{\mathrm{T}}\boldsymbol{A}^{\mathrm{T}} \tag{A.13}$$

A.3 线性独立

长度相同的一组向量 $\boldsymbol{X}_1,\cdots,\boldsymbol{X}_k$，除了所有的 a_i 都是 0 的情形外，如果它们不满足：

$$a_1\boldsymbol{X}_1+\cdots+a_k\boldsymbol{X}_k = 0 \tag{A.14}$$

则称它们**线性独立**。

A.4 行列式

令 $\boldsymbol{A}$ 为一个 $n\times n$ 的矩阵。$\boldsymbol{A}$ 的行列式 $\det(\boldsymbol{A})$ 的定义涉及到有关排列的一个抽象公式。公式在这里先略去，我们来关注下面的计算方法。

让 $\boldsymbol{A}_{-(i,j)}$ 表示 $\boldsymbol{A}$ 的一个子矩阵，它是由 $\boldsymbol{A}$ 中去掉第 i 行和第 j 列后获得的。行列式可以通过对 $\boldsymbol{A}$ 的第 k 行递归计算而取得：

$$\det(\boldsymbol{A}) = \sum_{m=1}^{n} (-1)^{k+m} \det(\boldsymbol{A}_{-(k,m)}) \tag{A.15}$$

其中

$$\det \begin{pmatrix} s & t \\ u & v \end{pmatrix} = sv - tu \tag{A.16}$$

一般来说，行列式只在理论上比较重要，但是它可以让人对概念理解得更加清晰。

A.5 矩阵求逆

- 大小为 n 的**单位矩阵** $\boldsymbol{I}$，它的对角线元素都是 1，其余元素都是 0。在乘积有定义的情况下，它满足 $\boldsymbol{AI} = \boldsymbol{A}$ 和 $\boldsymbol{IA} = \boldsymbol{A}$。
- 如果 $\boldsymbol{A}$ 是一个方阵，且 $\boldsymbol{AB} = \boldsymbol{I}$，则称 $\boldsymbol{B}$ 是 $\boldsymbol{A}$ 的**逆**，记为 $\boldsymbol{A}^{-1}$。$\boldsymbol{BA} = \boldsymbol{I}$ 此时也成立。
- 当且仅当 $\boldsymbol{A}$ 的行（或列）是线性独立的时候，$\boldsymbol{A}^{-1}$ 才存在。
- 当且仅当 $\det(\boldsymbol{A}) \neq 0$ 的时候，$\boldsymbol{A}^{-1}$ 才存在。
- 如果 $\boldsymbol{A}$ 和 $\boldsymbol{B}$ 是方阵、可相乘且可逆，则 $\boldsymbol{AB}$ 也可逆，且

$$(\boldsymbol{AB})^{-1} = \boldsymbol{B}^{-1}\boldsymbol{A}^{-1} \tag{A.17}$$

如果矩阵 $\boldsymbol{U}$ 的每一行的范数都是 1 且彼此正交，即内积为 0，则称 $\boldsymbol{U}$ 是正交的。$\boldsymbol{U}$ 满足 $\boldsymbol{UU}^{\mathrm{T}} = \boldsymbol{I}$，即 $\boldsymbol{U}^{-1} = \boldsymbol{U}$。

三角矩阵的逆可以比较简单地用**向后替换**法来求得。

一般来说，人们并不直接计算矩阵的逆。常用的方法是 **QR 分解**：对矩阵 $\boldsymbol{A}$ 来说，计算矩阵 $\boldsymbol{Q}$、$\boldsymbol{R}$，使得 $\boldsymbol{A} = \boldsymbol{QR}$，其中 $\boldsymbol{Q}$ 是正交矩阵，$\boldsymbol{R}$ 是上三角矩阵。

如果 $\boldsymbol{A}$ 是方阵且可逆，则 $\boldsymbol{A}^{-1}$ 可以很简单的求得：

$$\boldsymbol{A}^{-1} = (\boldsymbol{QR})^{-1} = \boldsymbol{R}^{-1}\boldsymbol{Q}^{\mathrm{T}} \tag{A.18}$$

某些情形下，$\boldsymbol{A}$ 是复杂系统中的一部分，可能不需要显式地计算它的逆。

A.6 特征值和特征向量

令 $\boldsymbol{A}$ 为一个方阵 [1]。

- 如果标量 λ 和非零向量 $\boldsymbol{X}$ 满足

$$\boldsymbol{AX} = \lambda \boldsymbol{X} \tag{A.19}$$

  则它们分别被称为 $\boldsymbol{A}$ 的**特征值**和**特征向量**。
- 如果 $\boldsymbol{A}$ 是实对称矩阵，则它是**可对角化**的。对一个对角矩阵 $\boldsymbol{D}$，存在一个正交矩阵 $\boldsymbol{U}$，满足

$$\boldsymbol{U}^{\mathrm{T}}\boldsymbol{AU} = \boldsymbol{D} \tag{A.20}$$

  则 $\boldsymbol{D}$ 的元素是 $\boldsymbol{A}$ 的特征值，$\boldsymbol{U}$ 的列向量是 $\boldsymbol{A}$ 的特征向量。
  式 (A.20) 的另一个充分条件是 $\boldsymbol{A}$ 的特征值都是不同的。这时，$\boldsymbol{U}$ 就不需要是正交的了。
  另外，后面这个充分条件表明，如果我们把矩阵的元素看成连续随机变量，那么“大部分”方阵都是可对角化的。在这种情形下，有重复的特征值的概率是 0。

A.7 R 中的矩阵代数

R 编程语言中有大量的矩阵代数的工具，在这里介绍一下。需要注意的是，R 使用的是列主序。

线性代数中，向量既可以表示成 R 向量的形式，也可以表示成只有一行或一列的矩阵。

```
> # 构造矩阵
> a <- rbind(1:3, 10:12)
> a
     [, 1] [, 2] [, 3]
[1, ]    1     2     3
[2, ]   10    11    12
> b <- matrix(1:9, ncol=3)
```

[1] 对非方阵，此处的讨论应该拓展到**奇异值分解**的领域。

```
> b
     [ , 1][ , 2][ , 3]
[1,]      1      4      7
[2,]      2      5      8
[3,]      3      6      9
# 乘法
> c <- a %*% b; c + matrix(c(1, -1, 0, 0, 3, 8), nrow=2)
      [, 1] [, 2] [, 3]
[1, ]    15    32    53
[2, ]    67   167   274
> c %*% c(1, 5, 6)  # 注意这两个 c 的区别
      [, 1]
[1, ]   474
> # 转置, 求逆
> t(a)  # 转置
      [, 1] [, 2]
[1, ]     1    10
[2, ]     2    11
[3, ]     3    12
> u <- matrix(runif(9), nrow=3)
> u
           [, 1]       [, 2]      [, 3]
[1, ] 0.08446154  0.86335270  0.6962092
[2, ] 0.31174324  0.35352138  0.7310355
[3, ] 0.56182226  0.02375487  0.2950227
> uinv
           [, 1]      [, 2]      [, 3]
[1, ]  0.5818482  -1.594123   2.576995
[2, ]  2.1333965  -2.451237   1.039415
[3, ] -1.2798127   3.233115  -1.601586
> u %*% uinv  # 注意舍入误差
              [, 1]          [, 2]          [, 3]
[1, ]  1.000000e+00  -1.680513e-16  -2.283330e-16
[2, ]  6.651580e-17   1.000000e+00   4.412703e-17
```

```
[3, ]  2.287667e-17  -3.539920e-17   1.000000e+00
> # 特征值和特征向量
> eigen(u)
$ values
[1]  1.2456220+0.0000000i  -0.2563082+0.2329172i
-0.2563082-0.2329172i
$ vectors
              [, 1]                  [, 2]                  [, 3]
[1, ] -0.6901599+0i  -0.6537478+0.0000000i  -0.6537478+0.0000000i
[2, ] -0.5874584+0i  -0.1989163-0.3827132i  -0.1989163+0.3827132i
[3, ] -0.4225778+0i   0.5666579+0.2558820i   0.5666579-0.2558820i
> # 对角矩阵（非对角线是 0）
> diag(3)
      [, 1] [, 2] [, 3]
[1, ]     1     0     0
[2, ]     0     1     0
[3, ]     0     0     1
> diag((c(5, 12, 13)))
      [, 1] [, 2] [, 3]
[1, ]     5     0     0
[2, ]     0    12     0
[3, ]     0     0    13
```

附录 B　R 语言快速入门

这里我们为 R 这种数据/统计编程语言提供一个快速入门。进一步的阅读材料可以从 `http://heather.cs.ucdavis.edu/~matloff/r.html` 找到。

R 的语法和 C 类似。R 既是面对对象的（从封装、多态和一切都是对象来说），也是一门函数式语言（如几乎没有副作用，所有的行为都是函数调用，等等）。

B.1　对照

项目	C/C++	R
赋值	=	<-（或 =）
数组术语	数组	向量、矩阵、数组
下标	从 0 开始	从 1 开始
数组符号	m[2][3]	m[2, 3]
二维数组	行主序	列主序
混合容器	结构体	列表
返回机制	return	return() 或者最后的计算结果
逻辑值	true、false	TRUE、FALSE
模块混合	include、link	library()
运行方法	批处理	交互式、批处理

B.2 启动 R

直接在终端窗口输入"R"就可以启动 R。在 Windows 机器上，你应该可以找到一个 R 图标。

如果你喜欢从一个 IDE 中运行 R，你可能要考虑 Emacs 里的 ESS、Eclipse 中的 StatET 或者 RStudio，这些都是开源的。ESS 是很多"硬核程序员"的最爱，而支持代码高亮、易于使用的 RStudio 在普通用户中颇受欢迎。如果你已经是个 Eclipse 用户，StatET 就是你所需要的。

R 一般交互式运行，> 就是提示符。交互式运行便于用户运行样例代码来进行学习，这也是它的优点之一；记住我的格言"有疑问，就去尝试"。

B.3 编程示例一

下面是一个用于介绍概念的 R 会话。我在另一个窗口打开了一个文本编辑器，用于修改代码，之后使用 R 的 source() 命令载入代码。odd.R 文件的原始内容如下：

```
1  oddcount <- function(x) {
2      k<-0  # 将0赋值给k
3      for (n in x) {
4          if (n%%2 == 1) k<-k+1  # %% 是求模运算
5      }
6      return(k)
7  }
```

最后一个也可以简单地写成

```
    k
```

因为 R 函数最后一个运算结果会被自动返回。

下面展示的是一个 R 会话。你可以自己键入这些代码，来做这些实验[1]。

```
1  > source("odd.R") # 从指定文件中载入代码
2  > ls()  # 我们现在有什么对象?
```

[1]这个文件的源代码在http://heather.cs.ucdavis.edu/~matloff/MiscPLN/R5MinIntro.tex。你可以下载之后，自己复制/粘贴这些文本。

```
[1] "oddcount"
# oddcount 是什么类型?
> class(oddcount)
[1] "function"
# 在交互模式下，只要不在一个函数内，我们可以
# 使用对象的名字来打印对象;
# 或者使用 print()，比如 print(x+y)
> oddcount  # 函数也是对象，所以我们可以打印它
function(x) {
    k<-0 # 将0赋值给k
    for (n in x) {
        if (n %% 2 == 1) k <- k + 1 # %% 是求模运算
    }
    return(k)
}

# 我们来测试 oddcount() 之前先引入向量的一些概念
> y <- c(5,12,13,8,88)  # c() 用于连接对象
> y
[1] 5 12 13 8 88
> y[2] # R 的下标从 1 开始，不是 0
[1] 12
> y[2:4] # 提取 y 的第 2、3、4 个元素
[1] 12 13 8
> y[c(1,3:5)]  # 第 1、3、4、5 个元素
[1] 5 13 8 88
> oddcount(y)  # 应该报告两个奇数
[1] 2

# （在另一个窗口）修改代码，通过向量化来加速执行
> source("odd.R")
> oddcount
function(x) {
    x1 <-(x %% 2 == 1)
```

```
37      # x1 是一个 TRUE 和 FALSE 构成的向量
38      x2 <- x[x1]
39      # x2 由 x 在 x1 中为 TRUE 的元素构成
40      return(length(x2))
41  }
42
43  # 我们尝试 y 的一部分，第 2、3 个元素
44  > oddcount(y[2:3])
45  [1] 1
46  > # 我们尝试 y 的一部分，第 2、4、5 个元素
47  > oddcount(y[c(2 ,4 ,5)])
48  [1] 0
49  # 让代码变得更加紧凑
50  > source("odd.R")
51  > oddcount
52  function(x) {
53      length(x[x %% 2 == 1])
54      # 最后的计算结果会被自动返回
55  }
56  > oddcount(y)  # 测试一下
57  [1] 2
58
59  # 利用 TRUE 和 FALSE 分别被处理成 1 和 0 这一事实，
60  # 代码可以变得更加紧凑
61  > oddcount <- function(x) sum(x %% 2 == 1)
62  # 请确保你明白这里涉及的步骤：
63  # x 是个向量，因此 x%%2 是一个新向量，
64  # 由对 x 的每个元素进行模 2 运算的结果构成；
65  # x %% 2 == 1 是对刚刚的结果使用 == 1 运算，从而得到一个由
66  # TRUE 和 FALSE 构成的新向量；
67  # sum() 将结果加起来（作为 1 和 0 处理）
68
69  # 我们也可以判断哪个元素是奇数
70  > which(y %% 2 == 1)
```

```
71  [1] 1 3
72
73  # 现在我们可以使用 R 的列表类型来返回
74  # 奇数和奇数的个数
75  > source("odd.R")
76  > oddcount
77  function(x) {
78      x1 <- x[x %% 2 == 1]
79      return(list(odds=x1, numodds=length(x1)))
80  }
81
82  # R 的列表类型可以包括任何类型；成员由 $ 分隔
83  > oddcount(y)
84  $odds
85  [1] 5 13
86
87  $numodds
88  [1] 2
89
90  # 将结果储存在 ocy 里，这是个列表类型
91  > ocy <- oddcount(y)
92  > ocy
93  $odds
94  [1] 5 13
95  $numodds
96  [1] 2
97
98  > ocy$odds
99  [1] 5 13
100 > ocy[[1]]
101 [1] 5 13
102
103 # 我们也可以使用 [[]] 而不是 $ 来获取列表元素
104 > ocy[[2]]
```

```
[1] 2
```

请注意 R 中的 function() 函数是用于定义函数的！所以这里使用了赋值。比如，这里是上面会话末尾 odd.R 的内容：

```
oddcount <- function(x) {
  x1 <- x[x %% 2 == 1]
  return(list(odds=x1, numodds=length(x1)))
}
```

我们生成了一些代码，之后使用 functions() 来生成了一个函数对象，然后把它赋值给了 oddcount。

值得注意的一点是我们最终向量化 了函数 oddcount()。这意味着利用了 R 基于向量的、函数式语言的本质，使用了 R 的内置函数，而不是循环。这样做就把解释性的 R 代码提升到了 C 的层面，从而可能带来很大的提速。例如：

```
# 从 (0,1) 生成 1000000 个随机数
> x <- runif(1000000)
> system.time(sum(x))
   user  system  elapsed
  0.008   0.000    0.006
> system.time({s <- 0;
for (i in 1:1000000) s <- s + x[i]})
   user  system  elapsed
  2.776   0.004    2.859
```

B.4 编程示例二

矩阵是向量的一种特殊形式，添加了行数和列数作为类型属性。

```
# rbind() 函数用于合并矩阵的行
# 还有一个 cbind() 用于列
> m1 <- rbind(1:2,c(5,8))
> m1
```

```
5        [,1] [,2]
6   [1,]    1    2
7   [2,]    5    8
8   > rbind(m1,c(6,-1))
9        [,1] [,2]
10  [1,]    1    2
11  [2,]    5    8
12  [3,]    6   -1
13
14  # 从 1,2,3,4,5,6 构成一个两行的矩阵
15  # R 使用列主序存储
16  > m2 <- matrix(1:6, nrow=2)
17  > m2
18       [,1] [,2] [,3]
19  [1,]    1    3    5
20  [2,]    2    4    6
21  > ncol(m2)
22  [1] 3
23  > nrow(m2)
24  [1] 2
25  > m2[2,3] # 取第 2 行第 3 列的元素
26  [1] 6
27
28  # 提取 m2 的第 2 列和第 3 列，任意行
29  > m3 <- m2[,2:3]
30  > m3
31       [,1] [,2]
32  [1,]    3    5
33  [2,]    4    6
34  > m1 * m3 # 元素之间的相乘
35       [,1] [,2]
36  [1,]    3   10
37  [2,]   20   48
38  > 2.5 * m3 # 标量相乘
```

```
39      [,1] [,2]
40 [1,]  7.5 12.5
41 [2,] 10.0 15.0
42 > m1 %*% m3 # 线性代数中的矩阵相乘
43      [,1] [,2]
44 [1,]   11   17
45 [2,]   47   73
46
47 # 矩阵是向量的特定形式
48 # 所以可以当作向量处理
49 > sum(m1)
50 [1] 16
51 > ifelse(m2 %% 3 == 1, 0, m2)
52      [,1] [,2] [,3]
53 [1,]    0    3    5
54 [2,]    2    0    6
```

上面的“标量相乘”可能和你设想的不同，即使结果和你预料的一样。这里解释一下：

在 R 里并不存在标量；标量是只有一个元素的向量。然而，R 经常使用循环重复的方式来进行向量大小的匹配。在上面的例子里，我们对表达式 `2.5 * m3` 进行求值，数字 2.5 被循环重复成下面的矩阵

$$\begin{pmatrix} 2.5 & 2.5 \\ 2.5 & 2.5 \end{pmatrix} \tag{B.1}$$

以用于和 `m3` 进行元素间的相乘。

`ifelse()` 函数是向量化的另一个例子。它使用下面这种形式

```
ifelse(逻辑类型的向量表达式1, 向量表达式2, 向量表达式3)
```

三个表达式必须长度相等，尽管 R 会通过循环的方式来调整长度。这个函数会返回一个长度相同的向量（如果使用矩阵，结果会是个形状相同的矩阵）。根据向量表达式 1 中的元素是 `TRUE` 还是 `FALSE`，结果中的每个元素是向量表达式 2 或向量表达式 3 中的对应元素。

在我们上面的例子里，

```
> ifelse(m2%%3 == 1, 0, m2) # 见下面的详细解释
```

表达式 m2 %%3 == 1 求值后得到一个逻辑型的矩阵

$$\begin{pmatrix} T & F & F \\ F & T & F \end{pmatrix} \tag{B.2}$$

（TRUE 和 FALSE 这里被简写成 T 和 F。）

0 被循环成下面的矩阵

$$\begin{pmatrix} 0 & 0 & 0 \\ 0 & 0 & 0 \end{pmatrix} \tag{B.3}$$

作为向量表达式 3 的 m2 求值后仍是其自身。

B.5 编程示例三

这次我们关注向量和矩阵。

```
> m <- rbind(1:3, c(5,12,13))
> m
     [,1] [,2] [,3]
[1,]    1    2    3
[2,]    5   12   13
> t(m) # 转置
     [,1] [,2]
[1,]    1    5
[2,]    2   12
[3,]    3   13
> ma <- m[,1:2]
> ma
     [,1] [,2]
[1,]    1    2
[2,]    5   12
> rep(1,2) # "repeat" 生成多个拷贝
[1] 1 1
> ma %*% rep(1,2) # 矩阵相乘
```

```
      [,1]
[1,]    3
[2,]   17
> solve(ma, c(3,17)) #求解线性系统
[1] 1 1
> solve(ma) # 矩阵求逆
     [,1] [,2]
[1,]  6.0 -1.0
[2,] -2.5  0.5
```

B.6 R 列表类型

在向量之后，`list` 类型是 R 中重要的构造方法。列表和向量类似，只有其中的元素可以是混合类型这一点不同。

B.6.1 基础

这里是一个例子：

```
> g <- list(x = 4:6, s = "abc")
> g
$x
[1] 4 5 6

$s
[1] "abc"

> g$x # 可以使用成员名来获取内容
[1] 4 5 6
> g$s
[1] "abc"
# 也可以使用索引获取，但需要使用双括号
> g[[1]]
[1] 4 5 6
```

```
16 > g[[2]]
17 [1] "abc"
18 > for (i in 1:length(g)) print(g[[i]])
19 [1] 4 5 6
20 [1] "abc"
```

B.6.2 Reduce() 函数

我们经常需要使用某种方式来组织一个列表中的元素。其中一个方法是使用 Reduce() 函数:

```
1  > x <- list(4:6, c(1,6,8))
2  > x
3  [[1]]
4  [1] 4 5 6
5  
6  [[2]]
7  [1] 1 6 8
8  
9  > sum(x)
10 Error in sum(x) : invalid 'type' (list) of argument
11 > Reduce(sum, x)
12 [1] 30
```

这里 Reduce() 将 R 的 sum() 作用到 x 上,并把结果累积起来。当然你可以使用自己编写的函数。

```
1 > Reduce(c, x)
2 [1] 4 5 6 1 6 8
```

B.6.3 S3 类型

R 是一种面对对象的(也是函数式的)语言。R 有两种特别的类型,S3 和 S4。我们这里介绍 S3。

S3 对象只是一个列表,它有一个属性,即类型名:

```
> j <- list(name = "Joe", salary = 55000, union = T)
> class(j) <- "employee"
> m <- list(name = "Joe", salary = 55000, union = F)
> class(m) <- "employee"
```

现在有了我们命名为“employee”的类的两个对象。请记住这一点。

我们可以编写范型函数：

```
> print.employee <- function(wrkr) {
+   cat(wrkr$name, "\n")
+   cat("salary", wrkr$salary, "\n")
+   cat("union member", wrkr$union, "\n")
+ }
> print(j)
Joe
salary 55000
union member TRUE
> print(m)
Joe
salary 55000
union member TRUE
```

刚刚发生了什么？R 中的 print() 是一个范型函数，这意味着它其实只是指定类型的函数的一个占位符。当我们打印上面的 j 时，R 解释器搜寻函数 print.employee()，即刚刚编写的，也就是我们执行的函数。如果没有这个，R 会使用列表类型的 print 函数，和前面类似：

```
# 删除这个函数，来看看使用 print 会发生什么
> rm(print.employee)
> j
$name
[1] "Joe"

$salary
[1] 55000

```

```
$union
[1] TRUE

attr(,"class")
[1] "employee"
```

B.6.4 方便的工具

无论是 R 基础包里的函数，还是 CRAN 上别人贡献的代码，很多时候都返回类对象。例如，列表中存在列表也是很常见的情况。很多情况下，这些对象都错综复杂，也没有很好的文档。为了查看一个对象——即使是你自己编写的——这里有一些方便的工具：

- `names()`：返回列表的元素名。
- `str()`：展示每个构成的最初几个元素。
- `summary()`：范型函数。类 `x` 的作者可以编写一个特定的 `summary.x()`，来打印重要的部分；否则函数默认也会打印一些基本信息。

比如：

```
> z <- list(a = runif(50),
    b = list(u = sample(1:100, 25), v = "blue sky"))
> z
$a
 [1] 0.301676229 0.679918518 0.405027042 0.412388038
 [7] 0.900498062 0.119936222 0.928304164 0.979945937
[13] 0.902377363 0.941813898 0.207571134 0.049504986
[19] 0.092011899 0.564024424 0.530251779 0.562163986
[25] 0.360718988 0.392522242 0.009853107 0.148819125
[31] 0.381143870 0.027740959 0.371025885 0.417984331
[37] 0.777219084 0.588650413 0.377617399 0.856198893
[43] 0.629269146 0.921698394 0.595483477 0.940457376
[49] 0.228829858 0.700500359

$b
```

```
16 $b$u
17  [1] 33 67 32 76 29  3 42 54 97 41 57 87 36 92 81 31 78 12 85 73
       26 44 86 40 43
18
19 $b$v
20 [1] "blue sky"
21 > names(z)
22 [1] "a" "b"
23 > str(z)
24 List of 2
25  $ a: num [1:50] 0.302 0.68 0.209 0.51 0.405 ...
26  $ b:List of 2
27   ..$ u: int [1:25] 33 67 32 76 29 3 42 54 97 41 ...
28   ..$ v: chr "blue sky"
29 > names(z$b)
30 [1] "u" "v"
31 > summary(z)
32   Length Class  Mode
33 a 50     -none- numeric
34 b  2     -none- list
```

B.7 R 中的调试

R 中的内置调试工具，debug() 函数，非常有用，但也很初级。下面是一些其他选择：

- RStudio IDE 拥有一个内置的调试工具。
- Emacs 用户可以使用 ess-tracebug。
- Eclipse 上的 StatET IDE 有一个不错的调试工具。这可以在所有主流平台上使用，但安装起来比较麻烦。
- 我自己的调试工具，**debugR**，非常容易扩展和安装，但现在仅限于 Linux、Mac 和其他 Unix 家族系统。见 http://heather.cs.ucdavis.edu/debugR.html。

附录 C 给 R 程序员的 C 简介

C 语言非常复杂，C++ 更复杂。本章的目的是针对那些熟悉 R 的人，帮助他们培养一些读 C 语言源代码的能力。

C.1 示例程序

```
// Learn.c

// 从键盘输入 5 个整数
// 求平方后打印结果

// 加载所需的标准 I/O 定义
#include <stdio.h>

// 长为 n 的数组 x 的每个元素，
// 本函数对其进行原地平方；
// 两个参数都是整数
int sqr(int *x, int n) {
   // 为整数 i 分配空间
   int i;
   // for 循环，i = 0, 1, 2,..., n-1
   for (i = 0; i < n; i++)
      x[i] = x[i] * x[i];
}
```

```
19
20 int main() {
21 // 为数组 y 分配能含 10 个整数的空间,
22 // 为 i 分配一个整数的空间
23 int y[10], i;
24 for (i = 0; i < 5; i++)
25     // 输入 y[i]
26     scanf("%d", &y[i]);
27 sqr(y, 10); // 调用函数
28 for (i = 0; i < 5; i++)
29     printf("%d\n", y[i]);
30 }
```

使用 gcc 编译器来编译，其编译和运行结果：

```
$ gcc -g Learn.c
$./a.out
5 12 13 8 88
25
144
169
64
7744
```

C.2 分析

注释已经解释了大部分事情，但有些地方还需要详细阐述。首先，考虑第 20 行。每个 C 程序（或者其他的可执行二进制程序）都需要有一个 main() 函数，它是程序执行的起点。

正如你所看到的第 23 行及其他地方，每个变量在使用前都需要被声明，即我们要让编译器为它分配空间。在 C 中数组的索引是从 0 开始的，这意味着我们要分配从 y[0] 到 y[9] 的空间。编译器也需要知道变量的类型，在此处为整数。

scanf() 函数有两个参数，在此处，第一个参数是字符串"%d"，用来定义格式。在这里我们让它读取一个整数（“d” 指的是 “十进制数”）。

第二个参数就比较微妙了，它是 C 和 R 在哲学层面的主要分歧。后者对没有引入副作用这件事引以为傲，即在 R 中人们不能改变参数的值。例如，在 R 中调用 sort(x)，并不改变 x 的值。那 C 呢？

从技术上讲，C 也不允许直接改变参数。但关键问题是，C 允许——并且大量使用——指针变量。例如，考虑如下代码：

```
int u;
int *v = &u;
*v = 8;
```

&u 中的 & 符号，表示这个表达式对 u 的内存地址进行求值。*v 中的 * 符号，告诉编译器我们想把一个内存地址赋值给 v。最后一行

```
*v = 8;
```

的意思是，“把 8 放到 v 所指向的内存地址中”。这会让 u 的值变为 8!

现在，我们可以明白在 scanf() 中发生了什么。我们来改写一下：

```
int *z = &y[i];
scanf("%d", z)
```

我们让编译器生成机器代码，把从键盘读取的数值（如 y 中的值）放入 z 所指向的内存地址中。虽然很复杂，但它就是这样工作的。因为我们不改变 y[i]，所以在第 29 行不需要这么做。

第 12 行和第 17 行也是这么工作的。在前者中，我们宣称 x 是个指针变量。但第 27 行又是怎么回事呢？为什么后者不需要写成 &y？原因是数组变量就是指针。这个（没有下标的）简单的表达式 y，实际上就是 &y[0]。

如果你不太理解这一点，了解这个事实就好：指针被认为是到目前为止，折磨 C 新手程序员（特别是计算机科学专业的学生！）的最难的概念。时间久了，你就会习惯指针了。

C.3 C++

当面向目标编程的大潮涌来的时候，很多 C 语言界的人期待 C 也支持面向对象编程。因此，就有了 C++（最开始被称为“带类的 C”）。

读者可以在网站和书上看到很多非常棒的 C++ 教程，但这里只是个非常简要的概述，让读者对涉及的东西有个印象。

C++ 的类结构很像 R 的 S4。我们用关键字 `new` 来创建一个新的类实例，这跟我们在 R 中调用 `new()` 来创建 S4 类对象非常像。

跟 S4 一样，C++ 一般都包含方法，即仅供那个类所定义的函数。例如，在本书的 `Rcpp` 代码中，我们有时使用 `Rcpp::wrap` 表达式，它就是 `Rcpp` 类中的 `wrap()` 函数。

C++ 沿用了 C 中突出强调的指针。例如，有一个很重要的关键字 `this`。当调用一个类实例的某些方法时，它就是指向这个实例的指针。

索 引

注：以 “f” 结尾的页码指书中插图。以 “t” 结尾的页码指书中表格。

A

Accelerator chip(加速芯片), 175
Adjacency matrix(邻接矩阵)
    C programming(C 编程), 124–138
    mutual outlinks problem(相互外链问题), 27–28
    R-callable code(可供 R 调用的代码), 130–132
    shared-memory paradigm(共享内存范式), 95–102
    transforming(转换), 95–102, 124–130
Apache Hadoop
    code(代码), 205–206
    code analysis(代码分析), 208–209
    disk files role(硬盘文件的角色), 209
    streaming(流), 205
    word count(单词计数), 205
Asymptotic equivalence(渐进等价), 267, 270, 273

B

Bag of Little Bootstraps(BLB), 273
Bandwidth(带宽), 21–25
Barrier function(屏障函数), 90–93
“Big O” notation(大 O 标记), 28–29
Bootstraps methods(自举法), 273
Bubble sort(冒泡排序), 215
Bucket sorting(桶排序), 217, 参见 Parallel sorting(并行排序)
Bus(总线), 23–24
Bus contention(总线冲突), 24

C

C programming(C 编程), 参见 R programming(R 编程)
    adjacency matrix(邻接矩阵), 124–138
    analysis(分析), 297–298
    C++, 298–299
    C++ code(C++ 代码), 124–138, 149–150, 232–234, 237–238
    C++ functions(C++ 函数), 2, 17, 153, 154, 241
    cache(缓存), 143–152
    code(代码), 124–138, 149–150, 232–234, 237–238
    code analysis(代码分析), 117–118, 127–130, 135, 140–141
    compiling code(编译代码), 116–117, 132–133, 139–140
    debugging(调试), 152–154
    developing time(开发时间), 143
    false sharing(伪共享), 148, 250
    functions(函数), 2, 17, 153, 154, 241
    GDB, 153–154
    Intel TBB, 154–155
    lockfree synchronization(无锁同步), 155–156
    loop scheduling options(循环调度选项), 121–125
    malloc function(malloc 函数), 131
    maximal burst(最大脉冲), 113–121
    memory issues(内存问题), 143–148

mutual inlinks(相互外链), 149–151
OpenMP, 112–123, 149–152
perstart function(**perstart** 函数), 114–121
processor affinity(处理器关联), 152
R programmers(R 程序员), 296–299
R-callable code(可供 R 调用的代码), 130–142
Rcpp function(Rcpp 函数), 136–142
reduction operations(归并操作), 149–152
rows/columns(行与列), 152
run times(运行时间), 143
running code(运行代码), 119–120, 134–137, 140–141
sample program(示例程序), 296–297
shared-memory paradigm(共享内存范式), 112–156
speedup(加速), 142–143
Threading Building Blocks, 154–155
thread scheduling(线程调度), 120
time series(时间序列), 113–121
timings(计时), 123, 123t, 143, 143t, 148, 148t
transforming adjacency matrix(转换邻接矩阵), 124–130
virtual memory issues(虚拟内存问题), 143–148
wavefront approach(波前方法), 145–148, 148t

C++
C programming(C 编程), 296–299
functions(函数), 2, 17, 153, 154, 241
R programming(R 编程), 177
Thrust programming(Thrust 编程), 178

Caches(缓存)
C programming(C 编程), 143–151
cache coherency(缓存一致性), 24–25
cache hit(缓存命中), 21–22, 28
cache miss(缓存未命中), 21–23, 28–31, 110, 148, 153
monitoring(监测), 20
page faults(缺页错误), 19
speed(速度), 18–19

Chunk averaging(分块均值)
asymptotic equivalence(渐进等价), 267
code(代码), 270, 272
coefficient estimates(系数估计), 270t
glm function(**glm** 函数), 261, 266, 270, 274,
hazard functions(**hazard** 函数), 271
logistic model(logistic 模型), 269–271
muhaz package(**muhaz** 包), 271–272
non-i.i.d. settings(非 i.i.d. 情形), 273
$O(\cdot)$ analysis($O(\cdot)$ 分析), 268
partools package(**partools** 包), 268
quantile regression(分位数回归), 268, 269f
quantreg package(**quantreg** 包), 268
statistical approaches(统计方法), 266–274
timing experiments(计时实验), 268–271, 269f, 271f

Chunk computation(分块计算), 8
Chunk size(分块大小), 56, 61
Chunking(分块), 33–36, 43, 55–56

Clusters
cluster functions(**cluster** 函数), 8–14, 34–35, 38–39, 44–45, 49–50
cluster model(集群模型), 187
clusterSplit function(**clusterSplit** 函数), 34–35
k-means clustering(*k*-means 聚类), 102–111
message passing paradigm(消息传递范式), 3–4, 187
mutual Web outlinks(相互网页外链), 8–14
processing elements(处理元素), 25

Code analysis(代码分析)
Apache Hadoop, 211–212
C programming(C 编程), 120–123, 129–131, 137
finding primes(计算素数), 197–200
finding quantiles(计算分位数), 180–182
MapReduce computation(MapReduce 计算), 211–212
matrix multiplication(矩阵相乘), 87
maximal burst(最大脉冲), 113–121
message passing paradigm(消息传递范式), 200–203
mutual outlinks(相互外链), 11–15
OpenMP, 112–123, 149–152
parallel loop scheduling(并行循环调度), 45–50, 56

parallel processing in R(R 中的并行处理), 11–15
R programming(R 编程), 87
R-callable code(可供 R 调用的代码), 137
Rcpp, 141–143
shared-memory paradigm(共享内存范式), 87
Thrust programming(Thrust 编程), 183–185
Code complexity(代码复杂度), 40–41, 158
CUDA programming(CUDA 编程)
atomic operations(原子操作), 163, 171–174
code(代码), 169–172
development kit(开发工具), 158
optimizing code(优化代码), 158–159
streaming multiprocessors(流式多处理器), 164–166
streaming processors(流处理器), 165
synchronization(同步), 173–174
threads(线程), 162–166
D
Data serialization(数据序列化), 29
Deadlock problem(死锁问题), 202
Debugging in C(C 中的调试), 153–154
Debugging in multicore(multicore 中的调试), 75
Debugging in R(R 中的调试), 295
Debugging in **snow**(**snow** 中的调试), 74
Direct memory access(DMA), 188
Disk files role(硬盘文件角色), 209
Dynamic scheduling(动态调度), 32
E
“Embarrassingly parallel” application(易并行应用), 29–30
Ethernet(以太网), 20, 187
F
False sharing(伪共享), 148, 250
Foreach package(**foreach** 包), 67–71
Foreach tool(foreach 工具), 7
G
Gateway(网关), 24
Gather paradigm(gather 范式), 8, 189, 207
Gaussian elimination(高斯消元法), 268–269
GDB, 153–154
GPU programming(GPU 编程)
atomic operations(原子操作), 163, 171–174
code(代码), 159–160, 169–172
code complexity(代码复杂度), 158
cores(核), 164
CUDA code(CUDA 代码), 159–160, 169–172
description(描述), 3–4
global memory(全局内存), 174–175
gputools function(**gputools** 函数), 175–176
grid configuration choices(grid 配置选项), 166
hardware details(硬件细节), 169
hardware structure(硬件结构), 164–169
latency hiding(延迟隐藏), 168
matrix multiplication(矩阵相乘), 258–259
mutual inlinks problem(相互内链问题), 170–173
NVIDIA GPUs, 159–169
OS in hardware(硬件中的操作系统), 166–167
parallel distance computation(并行距离计算), 175–176
R programming(R 编程), 175–176
“R + X” notion, 158, 175
resource limitations(资源限制), 169
shared memory(共享内存), 159, 165, 168–169
shared-memory paradigm(共享内存范式), 157–177
streaming multiprocessors(流式多处理器), 164–166
streaming processors(流处理器), 165
synchronization(同步), 173–174
thread divergence problem(线程分支问题), 166
threads(线程), 162–166
timing experiments(计时实验), 172
Xeon Phi chip(Xeon Phi 芯片), 175–176
Graph connectedness(图链接度)
analysis(分析), 264–266
“log trick”(log 技巧), 266
matpow package(**matpow** 包), 266–267

parallel computation(并行计算), 266–267
parallel matrix operations(并行矩阵操作), 264–267
Graphics processing units (GPUs), 参见 GPU programming(GPU 编程)
H
Hadoop
code(代码), 205–206
code analysis(代码分析), 208–209
disk files role(硬盘文件角色), 209
streaming(流), 205
word count(单词计数), 205
Hardware platforms(硬件平台), 22–25, 163–168
`Hazard` functions estimating(`Hazard` 函数估计), 271
Hyperquicksort, 参见 Parallel sorting(并行排序)
I
Intel TBB, 122
Intel Xeon Phi, 3, 175–176
Internet service providers(ISP), 21
J
Jacobi 算法, 261
"Just leave it there" principle("把它留在原地"原则), 25
K
k-means clustering(*k*-means 聚类), 89, 102–111, 212
L
`Lambda` functions(`Lambda` 函数), 182, 241
Latency(延迟), 21–26, 168, 199
Linear equations(线性等式)
code(代码), 271
Gaussian elimination(高斯消元法), 268–269
Jacobi algorithm(Jacobi 算法), 270
LU decomposition(LU 分解), 268–269, 272
parallelization strategies(并行策略), 270–271
QR decomposition(QR 分解), 271
R/gputools, 271
solving(求解), 267–271
timing results(计时结果), 270
Locality of reference(引用的局部性), 20, 73, 250
Lockfree synchronization(无锁同步), 155–156
`lock/unlock` functions(`lock/unlock` 函数), 94–97
"Log trick"("log 技巧"), 266
Logistic model(logistic 模型), 269–271
Loop scheduling(循环调度)
`allcombs` functions(`allcombs` 函数), 46–49, 52, 59
chunk size(分块大小), 56, 61
chunking(分块), 33–36, 43, 55–56
`cluster` functions(`cluster` 函数), 8–14, 34–35, 38–39, 44–45, 49–50
code(代码), 42–44, 53–55, 64–71
code analysis(代码分析), 45–50, 56
code complexity(代码复杂度), 40–41
debugging in multicore(multicore 中的调试), 78
debugging in **snow**(**snow** 中的调试), 77–78
dispatching of work(任务分配), 48–50
`dochunk` function(`dochunk` 函数), 48–50
`doichunk` function(`doichunk` 函数), 34–35
dynamic scheduling(动态调度), 36
foreach package(**foreach** 包), 67–71
multicore tool(multicore 工具), 57–62
mutual outlinks problem(相互外链问题), 38–39, 70–72
notions(概念), 36–37
OpenMP, 112–123, 149–152
parallel distance computation(并行距离计算), 64–68
parallel loop scheduling(并行循环调度), 35–78
parallelization strategies(并行策略), 41–42
partools package(**partools** 包), 52, 77–78
`pdist` function(`pdist` 函数), 64–68
`psetsstart` function(`psetsstart` 函数), 48–50
random task permutation(随机任务置换), 71–74
`Reduce` function(`Reduce` 函数), 50
regressions(回归), 41–53

reverse scheduling(反向调度), 32
"Round Robin" manner(轮询方法), 32, 43, 59, 122
sample run(样例运行), 41
snow functions(**snow** 包的函数), 38–48, 50–64
snowapr function(**snowapr** 函数), 38–49, 51–59
static scheduling(静态调度), 32
stride(跨度), 71
task list(任务列表), 42–43
task scheduling(任务调度), 43
timing experiments(计时实验), 48–52
timings(计时), 56–57, 64–69, 124–126, 126t
work stealing(任务窃取), 125–126
LU decomposition(LU 分解), 268–269, 272

M

Machine performance(机器性能), 18–20
Machine structures(机器结构)
clusters(集群), 29
hardware platforms(硬件平台), 22–25
memory basics(内存基础), 20–22
multicore machines(多核机器), 25–29
nodes(节点), 29
speed(速度), 18–19
Machine types(机器类型), 3
MapReduce computation(MapReduce 计算)
Apache Hadoop, 204–209
code(代码), 205–206
code analysis(代码分析), 208–209
disk files role(硬盘文件角色), 209
kmeans function(**kmeans** 函数), 212–213
map phase(map 阶段), 204
other systems(其他系统), 209
R interfaces(R 接口), 210
reduce phase(reduce 阶段), 204
shuffel/sort phase(shuffel/sort 阶段), 204
Snowdoop, 210–213
word count(单词计数), 205
matpow package(**matpow** 包), 266–267
Matrix algebra(矩阵代数)
determinants(行列式), 277
eigenvalues(特征值), 279
eigenvectors(特征向量), 279
linear independence(线性独立), 278
matrix addition(矩阵相加), 276
matrix inverse(矩阵求逆), 278
matrix multiplication(矩阵相乘), 276–277
matrix transpose(矩阵转置), 277
notation(概念), 275–276
R, 279–281
review(回顾), 275–281
terminology(术语), 275
Matrix multiplication(矩阵相乘)
code(代码), 86–89
code analysis(代码分析), 87
leveraging R(利用 R), 91
mmulthread function(**mmulthread** 函数), 86–93
R programming(R 编程), 85–91
rollmean function(**rollmean** 函数), 97–99
shared nature of data(数据的共享本质), 89–90
splitIndices function(**splitIndices** 函数), 88, 98
timing comparisons(计时比较), 90–91
Maximal burst(最大脉冲)
C programming(C 编程), 113–116
code analysis(代码分析), 117–120
shared-memory paradigm(共享内存范式), 93–95, 113–121
time series(时间序列), 93, 113–121
timings(计时), 121, 121t
Memory access(内存获取), 19–22, 27–32, 191
Memory banks(内存组), 23
Memory basics(内存基础), 20–22
Memory issues(内存问题)
C programming(C 编程), 143–148
global memory(全局内存), 159, 174–175
GPU programming(GPU 编程), 174–175
improving memory performance(提升内存性能), 27
memory allocation issues(内存分配问题), 203–204
message passing paradigm(消息传递范式), 203–204
overallocation(过度分配), 101
shared memory(共享内存), 159–169, 259
stride(跨度), 71, 251

virtual memory(虚拟内存), 143–148
Mergesort(归并排序), 222–223, 226, 参见 Parallel sorting(并行排序)
Message Passing Interface (MPI)
BLAS performance(BLAS 性能), 261
message-passing systems(消息传递系统), 80, 190–193, 200–206, 257–258
parallel prefix functions(并行前缀函数), 238
parallel processing systems(并行处理系统), 2
Message passing paradigm(消息传递范式)
algorithms(算法), 194
bandwidth(带宽), 199
blocking I/O(阻塞 I/O), 204–205
cluster model(集群模型), 187
code(代码), 193–206
code analysis(代码分析), 200–203
deadlock problem(死锁问题), 205–206
`divisors` function(`divisors` 函数), 194–195, 199–202
finding primes(计算素数), 190–200
improvements(提升), 199
latency(延迟), 199
memory allocation issues(内存分配问题), 203–204
Message Passing Interface (MPI), 80, 190–193, 200–206, 257–258
`msgsize` function(`msgsize` 函数), 194–195, 198–202
`n` function(`n` 函数), 194–202
nonblocking I/O(非阻塞 I/O), 204–205
overview(概述), 189
parallelism(并行), 199
performance(性能), 191, 204–205
`primepipe` function(`primepipe` 函数), 194–198
primes(素数), 193–202
Rmpi execution(Rmpi 执行), 2, 190–192, 202, 205
Rmpi installation(Rmpi 安装), 191–192
`serprime` function(`serprime` 函数), 194–195, 198
timing example(计时实例), 198, 199t
Moving average(移动平均), 236–243
muhaz package(**muhaz** 包), 271–272
Multicore machines(多核机器), 25–29
Multicore systems(多核系统), 3–4, 19, 27
Multicore tools(多核工具), 7–8
Mutual inlinks(相互内链)
C programming(C 编程), 149–151
code(代码), 150–151, 169–172
code analysis(代码分析), 151
GPU programming(GPU 编程), 170–173
sample run(样例运行), 150
timing experiments(计时实验), 173
Mutual Web outlinks(相互网页外链)
"Big O" notation(大 O 标记), 28–29
chunking in **snow**(**snow** 包中的分块), 33–36
`cluster` function(`cluster` 函数), 8–14, 34
`clusterSplit` function(`clusterSplit` 函数), 34–35
code(代码), 9–15, 70–71
code analysis(代码分析), 11–15
`doichunk` function(`doichunk` 函数), 8–9, 11, 13–14, 31, 34–35
foreach package(**foreach** 包), 67–71
`mutoutpar` function(`mutoutpar` 函数), 8, 9, 11–13, 34, 70
`mutoutser` function(`mutoutser` 函数), 4–6
parallel loop scheduling(并行循环调度), 38–39, 70–72
R parallel processing, 4–15
`Reduce` function(`Reduce` 函数), 12–14
"Round Robin" manner(轮询方法), 14
run times(运行时间), 32–33, 32f
snow examples(**snow** 实例), 8–13
solutions(解决方案), 8–15, 31–32
time complexity(时间复杂度), 28–29
timings(计时), 10–11

N

Network basics(网络基础), 23–24
Network gateway(网关), 24
Network protocol stack(网络协议栈), 24
Networked systems(网络系统), 19
"Non-embarrassingly parallel" applications(非易并行应用), 34
NVIDIA GPUs 参见 GPU programming(GPU 编程)

atomic operations(原子操作), 163, 171–174
calculating row sums(计算行和), 160–164
cores(核), 164
CUDA code(CUDA 代码), 159–160
grid configuration choices(grid 配置选项), 166
hardware details(硬件细节), 169
hardware structure(硬件结构), 164–169
latency hiding(延迟隐藏), 168
OS in hardware(硬件中的操作系统), 166–167
resource limitations(资源限制), 169
shared memory(共享内存), 159–169
streaming(流), 164–166
streaming processors(流处理器), 163
synchronization(同步), 173–174
thread divergence problem(线程分支问题), 166
threads(线程), 162–166
Xeon Phi chip(Xeon Phi 芯片), 175–176

O

Object Oriented Programming (OOP, 面向对象编程), 298
OpenBLAS performance(OpenBLAS 性能), 261–264, 263f
OpenMP
C programming(C 编程), 116, 124, 125, 149–152
caches(缓存), 152
code(代码), 150–151
code analysis(代码分析), 151
loop scheduling options(循环调度选项), 124–125
mutual inlinks(相互内链), 149–151
parallel `cumsum`(并行 `cumsum`), 239–241
processor affinity(处理器关联), 152
Quicksort(快排), 221–226
reduction operations(归并操作), 149–152
“Round Robin” manner(轮询方法), 122
rows/columns(行和列), 152
sample run(样例运行), 150
work stealing(任务窃取), 125, 126

P

Packets of information(信息包), 23–25
Page faults(缺页错误), 22–23, 31
Parallel distance computation(并行距离计算), 175–176
Parallel loop scheduling(并行循环调度)
`allcombs` functions(`allcombs` 函数), 46–49, 52, 59
chunk size(分块大小), 56, 61
chunking(分块), 33–36, 43, 55–56
`cluster` functions(`cluster` 函数), 8–14, 34–35, 38–39, 43–44, 49–50
code(代码), 42–44, 53–55, 64–71
code analysis(代码分析), 45–50, 56
code complexity(代码复杂度), 40, 41
debugging in multicore(multicore 中的调试), 78
debugging in **snow**(**snow** 包中的调试), 77–78
dispatching of work(任务分配), 48–50
distance computation(距离计算), 64–68
`dochunk` function(`dochunk` 函数), 48–50
`doichunk` function(`doichunk` 函数), 34–35
dynamic scheduling(动态调度), 36
foreach package(**foreach** 包), 67–71
multicore tool(多核工具), 57–62
mutual outlinks problem(相互外链问题), 38–39, 70–72
notions(标记), 36–37
parallelization strategies(并行策略), 41–42
partools package(**partools** 包), 52, 77–78
`pdist` function(`pdist` 函数), 64–68
`psetsstart` function(`psetsstart` 函数), 48–50
random task permutation(随机任务置换), 71–74
`Reduce` function(`Reduce` 函数), 50
regressions(回归), 41–53
reverse scheduling(反向调度), 32
“Round Robin” manner(轮询方法), 32, 43, 59, 122
sample run(样例运行), 41
snow functions(**snow** 包的函数), 38–48, 50–64
`snowapr` function(`snowapr` 函数), 38–49, 51–59
static scheduling(静态调度), 32

stride(跨度), 71
task list(任务列表), 42–43
task scheduling(任务调度), 43
timing experiments(计时实验), 48–52
timings(计时), 56–57, 64–69, 124–126, 126t
Parallel matrix multiplication(并行矩阵相乘)
algorithm(算法), 255–256
distributed storage(分布式存储), 255
GPUs, 258–259
message-passing systems(消息传递系统), 255–256
multicore machines(多核机器), 257–258
overhead issues(开销问题), 256–260
Parallel matrix operations(并行矩阵操作)
analysis(分析), 264–266
BLAS libraries(BLAS 库), 260–261
BLAS performance(BLAS 性能), 261–264
code(代码), 271
features(特性), 267
Gaussian elimination(高斯消元法), 268–269
gputools function(**gputools** 函数), 251, 254, 261, 271, 272
graph connectedness(图链接度), 264–267
Jacobi algorithm(Jacobi 算法), 270
linear equations(线性等式), 267–271
"log trick"(log 技巧), 266
LU decomposition(LU 分解), 268–272
matpow package(**matpow** 包), 266–267
multiplication(相乘), 254–259
OpenBLAS performance(OpenBLAS 性能), 261–264, 263f
parallel computation(并行计算), 266–267
parallelization strategies(并行策略), 270–271
QR decomposition(QR 分解), 271
R/gputools, 271
snowdoop approach(snowdoop 方法), 253–254
solving linear equations(求解线性等式), 267–271
sparse matrices(稀疏矩阵), 272–274
tiled matrices(平铺矩阵), 252–254
timing results(计时结果), 272
Parallel merging, 219–226
Parallel prefix scan(并行前缀扫描)
algorithm(算法), 244–245
applications(应用), 233–234
code(代码), 239–248
cumsum operations(**cumsum** 操作), 233–234, 239–242, 242f
exclusive_scan function(**exclusive_scan** 函数), 232
general formulation(一般公式), 233–234
implementations(实现), 238–242
inclusive_scan function(**inclusive_scan** 函数), 238
lambda functions(**lambda** 函数), 247–249
log-based method(基于 log 方法), 235–237
methods(方法), 235–238
moving average(移动平均), 236–243
MPI **Scan** function(MPI 的 **Scan** 函数), 238–239
parallel **cumsum** function(并行 **cumsum** 函数), 239–241, 242f
parallel **scan** function(并行 **scan** 函数), 238–239
performance(性能), 245–247
Rth code(Rth 代码), 237–238
run times(运行时间), 236, 236f
runmean function(**runmean** 函数), 245–247
stack size limitations(栈大小限制), 241
strategies(策略), 235–237
Parallel processing in R(R 中的并行处理)
cluster function(**cluster** 函数), 8–14
code(代码), 2–15
code analysis(代码分析), 11–15
machine types(机器类型), 3
mutoutpar function(**mutoutpar** 函数), 11–13
mutoutser function(**mutoutser** 函数), 4–6, 68
mutual Web outlinks(相互网页链接), 4–15
principle(原则), 1–2

"R+X" notion("R+X" 概念), 2, 115, 158, 175, 180
Reduce function(Reduce 函数), 12–14
Rmpi interface(Rmpi 接口), 2
serial code(串行代码), 5–7
snow examples(**snow** 包实例), 8–13
snow meaning(**snow** 均值), 8
speed(速度), 1–2
tool choices(工具选择), 1–8
Parallel sorting(并行排序)
Bucket sort(桶排序) 22
code(代码), 222–229
compare/exchange operations(比较交换操作), 220
distributed data(分布式数据), 230–231
Hyperquicksort, 230–231
Mergesort(归并排序), 222–226
optimality(最优), 219
Quicksort(快排), 221, 224–226
representative sorting algorithms(表征排序算法), 220–222
Rth sorting(Rth 排序), 222–224
sorting algorithms(排序算法), 220–230
timing comparisons(计时比较), 229–230
Parallel tool choices(并行工具选择), 7–8
Parallelization strategies(并行策略), 41–42, 270–271
partools package(**partools** 包), 52, 77–78, 214, 278
Predictor sets start(预测变量集合起始), 45
Primes finding(计算素数)
algorithms(带宽), 194
bandwidth(带宽), 199
code(代码), 193–202
code analysis(代码分析), 200–203
improvements(提高), 199
latency(延迟), 199
parallelism(并行), 199
pipelined method(流水线方法), 193–202
timing example(计时实例), 198
Processes/threads(进程/线程), 30–31
Processing elements (PBS), 29
Processor affinity(处理器关联), 30–31, 152–153
Processors(处理器), 26–27, 26f
Program speed(程序速度), 22, 124, 参见 Speed
Q
QR decomposition(QR 分解), 52, 271, 289
Quantile regression(分位数回归), 268, 269f
Quantiles finding(分位数计算), 181–185
quantreg package(**quantreg** 包), 268
Quick start techniques(快速入门技术), 282–295
Quicksort(快排), 221–226, 参见 Parallel sorting(并行排序)
R
R list type(R list 类型)
basics(基础), 291–292
handy utilities(趁手的工具), 294, 295
Reduce function(Reduce 函数), 292
S3 classes(S3 类), 292, 293
R parallel processing(R 并行处理), 9–15
R programming(R 编程), 参见 C programming(C 编程)
barrier function, 94–99
C++, 181
code(代码), 86–89, 97–98, 100–102, 106–112
code analysis(代码分析), 87
correspondences(对照), 282
critical sections(临界区), 90–91
GPU programming(GPU 编程), 175, 176
leveraging R(利用 R), 91
lock/unlock functions(lock/unlock 函数), 94–97
matrix algebra(矩阵代数), 290–292
matrix multiplication(矩阵相乘), 85–91
maximal burst(最大脉冲), 97, 98
parallel distance computation(并行距离计算), 175, 176
parallel processing(并行处理), 1–15
performance advantage(性能优势), 91–94
programmers(程序员), 296–299
quick start techniques(快速入门技术), 282–295
R list type(R list 类型), 291–295
race conditions(竞争条件), 90–91
sample programming sessions(编程会话样例), 283–291
shared nature of data(数据的共享本质), 89–90

shared-memory paradigm(共享内存范式), 79–113
starting R(启动 R), 294
Thrust programming(Thrust 编程), 179–188
time series(时间序列), 97–98
timing comparisons(计时比较), 90–91
timing experiments(计时实验), 104–105, 113
transforming adjacency matrix(转换邻接矩阵), 95–102
R quick start(R 快速入门)
correspondences(对照), 282
debugging techniques(调试技术), 295
handy utilities(趁手的工具), 294–295
R list type(R list 类型), 291–295
Reduce function(Reduce 函数), 292
S3 classes(S3 类), 292–293
sample programming sessions(编程会话样例), 283–291
starting R(启动 R), 283
"R+C" notion("R+C" 概念), 2
"R+X" notion("R+X" 概念), 2, 115, 158, 175, 180
Race conditions(竞争条件), 90–91
Random access memory (RAM), 19–22,29
Random task permutation(随机任务置换), 71–74
R-callable code(可供 R 调用的代码)
adjacency matrix(邻接矩阵), 132–143
code analysis(代码分析), 137
compiling(编译), 134–137
Rcpp code(Rcpp 代码), 137–139
running(运行), 134–137
Rcpp code(Rcpp 代码), 137–143
Rdsm code(Rdsm 代码), 85–86, 97–102
Rdsm package(**Rdsm** 包), 79–80, 83–93, 93t, 96–97
Reduce function(Reduce 函数)
C programming(C 编程), 149
message passing paradigm(消息传递范式), 189
parallel loop scheduling(并行循环调度), 50
parallel processing in R(R 中的并行处理), 12–14
R quick start(R 快速入门), 292
shared-memory paradigm(共享内存范式), 93
Registers(寄存器), 80–81
Regressions(回归), 41–53, 59–62
Remote direct memory access(RDMA), 188
Remote procedure call(远程过程调用), 189
Reverse scheduling(反向调度), 32
R/gputools, 271
Rmpi
advantage(优势), 1
execution(执行), 2, 191–192, 202, 205
message passing paradigm(消息传递范式), 2, 190–192, 202, 205
parallel processing(并行处理), 2
Rmpi installation(Rmpi 安装), 191, 192
Rmpi interface(Rmpi 接口), 2
shared-memory paradigm(共享内存范式), 83, 85–91
tools(工具), 7
"Round Robin"(轮询方法), 14, 32, 43, 59, 122
Row sums calculating(行和计算), 160–164
Rows versus columns(行 vs 列), 152
Rth functions(Rth 函数)
code(代码), 178–182
introduction(简介), 182
overview(概述), 177
"R+X" notion("R+X" 概念), 177
Thrust, 177–185
Rth sorting(Rth 排序), 222–224, 参见 Parallel sorting(并行排序)
S
S3 classes(S3 类), 292–293
Sample programming in C(C 中的编程实例), 296–297
Sample programming in R(R 中的编程实例), 283–290
Shared-memory paradigm(共享内存范式)
barrier function(屏障函数), 94, 97–99
C-level package(C 语言包), 115–156
code(代码), 83–89, 85–98, 100–102, 106–112
code analysis(代码分析), 87
code complexity(代码复杂度), 158
critical sections(临界区), 90–91
description(描述), 21
explanation(解释), 77–79
global variables(全局变量), 77

GPU programming(GPU 编程), 157–177
k-means clustering(*k*-means 聚类), 102–111
kmeans functions(**kmeans** 函数), 103–110
leveraging R(利用 R), 87
local variables(局部变量), 78
lock/unlock functionss(**lock/unlock** 函数), 90–93
malloc functions(**malloc** 函数), 130–131
matrix multiplication(矩阵相乘), 82–87
maximal burst(最大脉冲), 93, 113–121
myout function(**myout** 函数), 99–101
non-shared memory systems(非共享内存系统), 79
OpenMP, 112–123, 149–152
performance advantage(性能优势), 88–91
perstart function(**perstart** 函数), 114–121
R programming(R 编程), 77–110
"R + X" notion("R+X" 概念), 115, 158
race conditions(竞争条件), 90–91
Rcpp function(Rcpp 函数), 136–142
Rdsm code(Rdsm 代码), 82–83, 97–102
Rdsm package, 76–89, 89t, 91–93
registers(寄存器), 77
Rmpi, 83, 85–91
snow functions(**snow** 包的函数), 79, 88–89, 89t
stack pointer(栈指针), 81–82
stack structures(栈结构), 81–82
systems(系统), 17
time series(时间序列), 93–94, 113–121
timing comparisons(计时比较), 90–91
timing experiments(计时实验), 104–105, 113
transforming adjacency matrix(转换邻接矩阵), 99–102
Sieve of Eratosthenes(埃拉托色尼筛), 190
Snow
advantages(优势), 3
chunking(分块), 33–36, 43, 55–56
debugging(调试), 77–78
examples(实例), 8–13
meaning(意义), 7
multicore, 57–64
parallel loop scheduling(并行循环调度), 38–48, 50–64
Rdsm, 81–83, 95–89, 89t
shared-memory paradigm(共享内存范式), 83
tools(工具), 7
Snowdoop
approach to parallel matrix(并行矩阵方法), 246, 247
code(代码), 210–213
explanation(解释), 210–211
k-means clustering(*k*-means 聚类), 212
partools packages(**partools** 包), 211
word count(单词计数), 210
Software alchemy(软件炼金术), 266
Sorting algorithms(排序算法), 220–230, 参见 Parallel sorting(并行排序)
Spark, 210–213
Sparse matrices(稀疏矩阵), 272–274, 参见 Parallel matrix operations(并行矩阵操作)
Spatial locality(空间局部性), 20, 250
Speed(速度)
"Big O" notation(大 O 标记), 28–29
"Embarrassingly parallel" application(易并行应用), 29
Bandwidth(带宽), 21–25
caches(缓存), 20–23
Data serialization(数据序列化), 29
hardware platforms(硬件平台), 22–25
hardware structures(硬件结构), 16–17
latency(延迟), 21–26
locality of reference(引用的局部性), 20
memory basics(内存基础), 17–20
mutual Web outlinks(相互网页外链), 27–29
network basics(网络基础), 20–22
obstacles(障碍), 15–30
page fault(缺页错误), 19, 27
performance(性能), 16–17
processes/threads(进程/线程), 27
program speed(程序速度), 19, 121
R parallel processing(R 并行处理), 1, 2
thread scheduling(线程调度), 26
threads(线程), 23, 26
virtual memory(虚拟内存), 19–20
Stack pointer(栈指针), 78–79

Stack structure(栈结构), 78
Static scheduling(静态调度), 32
Statistical approaches(统计方法)
  $O(\cdot)$ analysis($O(\cdot)$ 分析), 268
  asymptotic equivalence(渐进等价), 267, 270, 273
  bootstraps methods(bootstraps 方法), 273
  chunk averaging(分块均值), 268–270, 272
  code(代码), 268, 272, 271t
  hazard functions(**hazard** 函数), 271
  logistic model(logistic 模型), 269–271
  non-i.i.d. setting(非 i.i.d. 配置), 273
  quantile regression(分位数回归), 268, 269f
  subset methods(子集方法), 266–274
  subsetting variables(子集变量), 274
  timing experiments(计时实验), 268–269, 269f, 270f, 272
Streaming multiprocessor(流式多处理器), 164–165
Streaming processor(流处理器), 164–165
Stride(跨度), 71, 251
Subset methods(子集方法), 266–274
Symmetric multiprocessor system(对称多处理器系统), 22–24, 22f

T

Task list(任务列表), 42–43
Task permutation(任务置换), 71–74
Task scheduling(任务调度), 43
Temporal locality(时间局部性), 20
Thread Building Blocks(TBBs), 154–155
Thread scheduling（线程调度）, 26, 120
Threaded program(多线程程序), 23
Threads(线程)
  commands(命令), 152–153
  description(描述), 23–25
  setting number(设置线程数), 120–121
  speed(速度), 23–26
Thrust programming(Thrust 编程)
  C++, 177
  code(代码), 178–182
  code analysis(代码分析), 180–182
  compile(编译), 180
  finding quantiles(计算分位数), 178–182
  overview(概述), 177
  Rth functions(**Rth** 函数), 178–182
  timings(计时), 180
Tiled matrices(平铺矩阵), 参见 Parallel matrix operations(并行矩阵操作)
Time comparisons(计时比较), 87, 224–225
Time complexity(时间复杂度), 28–29, 113, 215–217, 257, 268, 274
Time series(时间序列), 93, 113
Timesharing(分时), 26
Timeslices(时间片), 26
Timing experiments(计时实验)
  chunk averaging(分块均值), 268–272, 269f, 271f
  parallel loop scheduling(并行循环调度), 53, 66–67
  GPU programming(GPU 编程), 172
  mutual inlinks(相互内链), 172
  shared-memory paradigm(共享内存范式), 101, 102, 110
Timings(计时)
  C programming(C 编程), 121, 143, 148, 121t, 143t, 148t
  finding primes(计算素数), 196, 196t
  parallel loop scheduling(并行循环调度), 53, 66, 67, 121, 121t
  maximal burst(最大脉冲), 121, 121t
  message passing paradigm(消息传递范式), 195–196

V

Virtual memory issue(虚拟内存问题), 143–148
Virtual memory(虚拟内存), 19–20

W

Web outlinks(网页外链)
  "Big O" notation(大 O 标记), 28–29
  "Round Robin"(轮询方法), 14
  chunking in **snow**(**snow** 包中的分块), 33–36
  cluster function(**cluster** 函数), 8–14, 34
  clusterSplit function(**clusterSplit** 函数), 34–35
  code(代码), 4–7, 67–69
  code analysis(代码分析), 4–7
  doichunk function(**doichunk** 函数), 8–9, 11, 13–14, 31, 34–35
  foreach package(**foreach** 包), 67–71

mutoutpar function(**mutoutpar** 函数), 8, 9, 11–13, 34, 70
mutoutser function(**mutoutser** 函数), 4–6
parallel loop scheduling(并行循环调度), 32–33, 67–69
R parallel processing(R 并行处理), 4–14
Reduce function(**Reduce** 函数), 9, 11, 14
run times(运行时间), 27–28, 28f
snow example(**snow** 包实例), 8–10
solutions(解法), 8–10, 27, 29
time complexity(时间复杂度), 28–29
timings(计时), 9–10
Work dispatching(任务调度), 43–44
Work stealing(任务窃取), 122–123

X

Xeon Phi, 3, 175–176